高职高专系列教材
中国石油和石化工程教材出版基金资助项目

高分子化学
（第三版）

徐　玲　主　编
罗超云　副主编

中国石化出版社

内 容 提 要

全书内容共分八章，在绪论中对高分子化学中的名词和概念进行了概述，其余各章分别介绍了逐步聚合、自由基聚合、自由基共聚合、聚合方法、离子聚合、配位聚合、聚合物的化学反应，每章附有思考题。

本书适用于高职高专的化工技术类、轻化类、材料类专业，也可供相关技术人员参考。

图书在版编目（CIP）数据

高分子化学 / 徐玲主编 .—3 版 .—北京：中国石化出版社，2019.12（2026.1 重印）
高职高专系列教材
ISBN 978-7-5114-5603-8

Ⅰ. 高… Ⅱ. 徐… Ⅲ. 高分子化学—高等职业教育—教材 Ⅳ. ①O63

中国版本图书馆 CIP 数据核字（2019）第 274598 号

中国石化出版社出版发行

地址：北京市东城区安定门外大街 58 号
邮编：100011　电话：(010)57512500
发行部电话：(010)57512575
http://www.sinopec-press.com
E-mail:press@sinopec.com
北京科信印刷有限公司印刷
全国各地新华书店经销

*

787 毫米 ×1092 毫米 16 开本 14.5 印张 358 千字
2026 年 1 月第 3 版第 6 次印刷
定价：42.00 元

前　言

高分子化学是高职高专“高分子合成技术”“高分子材料加工技术”“高分子材料工程技术”等专业学生必修的专业基础课，也是“材料工程技术”等相关专业学生重要的专业基础之一。近年来，新材料行业发展迅猛，其中，新型高分子聚合物材料层出不穷，聚合技术和方法不断突破，应用领域除了传统制造业，还遍及航空航天、电子信息、新能源等行业。本书主要用于高职高专相关专业教材，也可作为相关行业技术人员的培训教材和参考资料。

本书在绪论中概括地介绍了高分子化合物的基本概念、聚合物的分类和命名、聚合反应分类等，其后，按照聚合机理和方法依次安排了逐步聚合、自由基聚合、自由基共聚合、聚合方法、离子聚合、配位聚合、聚合物的化学反应等内容。

第三版增补修订了上一版教材中的部分内容，改写了少数节、段落和个别文字，表述更简洁精炼，调整了部分章节的内容顺序，提高了科学性和严谨性；教材内容紧密结合高职高专人才培养目标定位，内容深广度适中，适当反映学科领域前沿以及科技成果；内容编排延续了上一版的特点，符合教学规律；在介绍每一种聚合原理和方法时结合典型聚合物的合成和生产实例来编排，突出理论与实践相结合的特色，具有较好的可教性和可学性；同时注意贯彻最新国家标准和法定计量单位以及更新学科术语。全书由深圳职业技术学院徐玲主编并统稿，深圳职业技术学院罗超云老师参加了部分章节的编写和修改。

限于编者的水平和经验，书中难免存在缺点和错误，敬请使用本教材的师生和读者批评指正。

目　　录

第一章　绪　论

知识目标：

1. 掌握高分子的基本概念；
2. 掌握聚合物的分类和命名方法；
3. 掌握聚合反应的分类和特点；
4. 了解高分子科学及其工业发展概况。

能力目标：

1. 能熟练命名各类聚合物；
2. 能规范写出聚合物的分子式；
3. 能辨别聚合反应类型。

第一节　高分子化合物的基本概念

一、高分子化合物

高分子化学(polymer chemistry)是研究高分子化合物的合成和反应的一门科学。

高分子化合物(简称高分子，又称高聚物、聚合物)是由分子量(现称相对分子质量)在$10^4 \sim 10^7$之间的大分子所组成的物质。但这个分子量范围没有一个严格的界限，有时也把分子量仅有几千的物质称为高分子化合物(polymer)。

二、结构单元与重复单元

高分子化合物的分子量很大，但其基本的化学组成却比较简单，一条大分子链由许多相同的基本单元通过共价键重复连接而成。例如聚丙烯腈分子可写成如下形式：

$$\sim\sim CH_2-\underset{\displaystyle CN}{\underset{|}{CH}}-CH_2-\underset{\displaystyle CN}{\underset{|}{CH}}-CH_2-\underset{\displaystyle CN}{\underset{|}{CH}}-CH_2-\underset{\displaystyle CN}{\underset{|}{CH}}\sim\sim \tag{1-1}$$

式中$\sim\sim$表示碳链主骨架。聚丙烯腈是由基本单元 $-CH_2-\underset{\displaystyle CN}{\underset{|}{CH}}-$ ，以共价键重复连接而成，

这种周期性连接的单元称为重复单元。为了书写方便，可把上式简写成：

$$\left[CH_2-\underset{\displaystyle CN}{\underset{|}{CH}} \right]_n \tag{1-2}$$

上式是聚丙烯腈的结构式，在方括号内(也可用圆括号)写重复单元，n 为重复单元的数目。许多重复单元连接成的线型大分子，好像一根链条，有时也将重复单元称为链节(chain element)。

聚丙烯腈是由丙烯腈为原料聚合而成的，在聚合中称丙烯腈为单体，单体在大分子链中形成的单元 $-CH_2-\underset{\displaystyle CN}{\underset{|}{CH}}-$ 称为结构单元(structure unit)。这种结构单元与丙烯腈单体的分子 $CH_2=\underset{\displaystyle CN}{\underset{|}{CH}}$ 相比，除电子结构有变化外，其原子种类和每种原子的个数完全相同，又称为单体单元(monomer unit)。对于聚丙烯腈一类聚合物，结构单元、重复单元、单体单元都是相同的，n 既是结构单元数又是重复单元数或链节数。

对于另一类聚合物，如尼龙-1010，其聚合物结构式另有特征。尼龙-1010 的结构式为

$$\left[\underbrace{\underbrace{NH(CH_2)_{10}NH}_{\text{结构单元}}\underbrace{CO(CH_2)_8CO}_{\text{结构单元}}}_{\text{重复单元}} \right]_n \tag{1-3}$$

它是由方括号内的单元重复连接而成，可把这样的单元称为重复单元。它的结构单元与上述聚丙烯腈也不相同，是由两种单体癸二酸[$HOOC(CH_2)_8COOH$]和癸二胺[$NH_2(CH_2)_{10}NH_2$]聚合而成的，其结构单元分别为$-CO(CH_2)_8CO-$和$-NH(CH_2)_{10}NH-$。

尼龙-1010 的重复单元是由两种结构单元构成的，其重复数为 n，结构单元数应为 $2n$。由于这两种单体在反应时有小分子生成，两种结构单元比其单体癸二胺和癸二酸少了一些原子(氢原子和氧原子)，因此，不能把这种结构单元称为单体单元。

三、聚合度

聚合度是衡量高分子大小的一个指标。若以聚合物大分子链含有的重复单元数为基准，聚合度用 DP(degree of polymerization)来表示；若以聚合物分子链所含结构单元为基准，则聚合度以 X_n 表示。

绝大多数高聚物是由不同链长的大分子所组成，从有机化学的角度来分析，聚合物是由不同聚合度和不同结构形态的同系物所组成的混合物，因此聚合物的聚合度或分子量只是这种大小不一的大分子的统计平均值，或者说聚合度或分子量具有一定的分布范围。。故一般将 DP 写成$\overline{DP}$，X_n 写成$\overline{X}_n$。

对于聚丙烯腈一类由一种单体聚合而成的聚合物，它的结构单元数等于重复单元数，即 $X_n=DP=n$；而尼龙-1010 是由两种单体聚合而成的聚合物，它的 $DP=\dfrac{X_n}{2}=n$。本书所用聚合度除特别注明以外，都以结构单元为基准，即以 X_n 表示之。

聚合度与分子量的关系式如下：

$$\overline{M}=\overline{X}_nM_0 \tag{1-4}$$

式中 $\overline{M}$——聚合物的平均分子量；

M_0——结构单元的平均分子量。

例 1 以氯乙烯单体为原料，聚合得到的聚氯乙烯的分子量，根据其用途不同可在 5 万至 15 万之间，其结构单元的分子量为 62.5，试计算其聚合度。

$$nCH_2{=}\underset{\displaystyle Cl}{\underset{|}{C}H} \longrightarrow \left[CH_2{-}\underset{\displaystyle Cl}{\underset{|}{C}H} \right]_n \qquad (1\text{-}5)$$

解 $$\overline{X}_n = \overline{M}/M_0 = (50000 \sim 150000)/62.5 = 800 \sim 2400$$

通过计算可知，聚氯乙烯的平均聚合度应在 800~2400 的范围内，也就是一个聚氯乙烯分子约由 800~2400 个氯乙烯单元构成。

例 2 制纤维用的聚乙烯醇原料，其平均聚合度通常要求为 1750，其平均分子量应为多少?

解 聚乙烯醇重复单元或结构单元 $-CH_2-\underset{\displaystyle OH}{\underset{|}{C}H}-$ 的分子量为 44，所以

$$\overline{M} = 1750 \times 44 = 77000$$

例 3 以对苯二甲酸与乙二醇为原料，经缩聚制得聚对苯二甲酸乙二醇酯，其分子量一般在 2 万左右，计算 $\overline{DP}$ 及 $\overline{X}_n$。

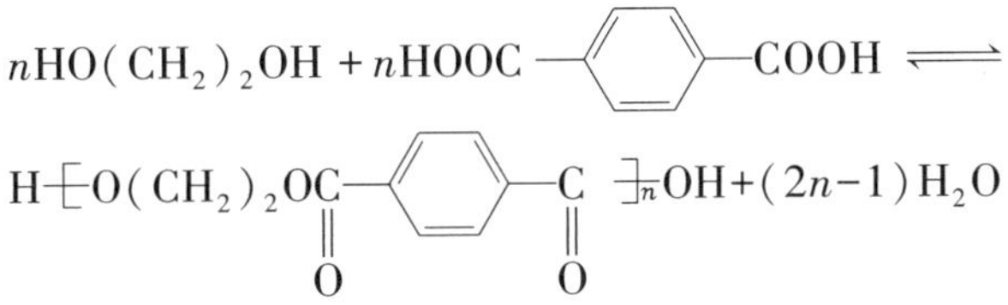

(1-6)

解 已知—$O(CH_2)_2O$—结构单元分子量为 60，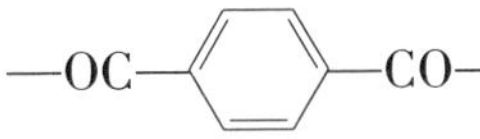结构单元分子量为 132，

由 $\overline{M}_n = \overline{X}_n \cdot \dfrac{M_{01}+M_{02}}{2}$，得

$$2000 = \overline{X}_n \frac{60+132}{2}$$

则 $$\overline{X}_n = 208$$

$$\overline{DP} = \frac{\overline{X}_n}{2} = 104$$

第二节 聚合物的分类和命名

一、聚合物的分类

通常可以从不同角度对聚合物进行分类，如来源、聚合方法、用途、聚合物结构、成型

热行为等。按来源，高分子化合物包括天然高分子和合成高分子。天然高分子存在于棉、毛、丝、麻、角、胶等天然材料及动植物机体中；合成高分子是指按人工方法合成的高分子的总称。

(一) 按聚合物性能和用途分类

聚合物主要用作材料，按材料性能及用途进行分类，一般可分为合成树脂和塑料、合成橡胶、合成纤维三大类。

合成橡胶的特性是在室温下富有弹性，在很小的外力作用下能产生较大形变，除去外力后能恢复原状。常用橡胶有天然橡胶和合成橡胶(丁苯橡胶、顺丁橡胶、异戊橡胶、乙丙橡胶等)。纤维的弹性模量大，受力时形变小。常用的合成纤维有锦纶(聚酰胺纤维)、腈纶(聚丙烯腈纤维)、涤纶(聚酯纤维)等。合成树脂和塑料形似天然树脂，弹性模量介于橡胶和纤维之间，受力能发生一定形变，随温度变化很大。根据受热时行为的不同，可把合成树脂分为热塑性树脂和热固性树脂两大类。

塑料、纤维、橡胶三类聚合物有时很难严格划分。例如聚氯乙烯是典型的塑料，但也可抽丝制成纤维，当加入适量增塑剂后，又可制成类似橡胶的软制品；不同分子量及分子量分布的聚丙烯可制成塑料制品，也可制成丙纶纤维；聚酰胺树脂既可作为工程塑料使用，又可作为合成纤维使用。

当按用途细分时，除上述三类外，还应有涂料、胶黏剂、功能高分子(具有光、电、磁等物理特性的高分子)等。

本课程重点关注与合成树脂和塑料(plastics)、合成橡胶(synthetic rubber)、合成纤维(synthetic fiber)等非生物有机高分子相关的化学。

(二) 按大分子主链的元素结构分类

根据主链所含元素，可将聚合物分为碳链、杂链、元素有机聚合物三类。

1. 碳链聚合物

大分子主链完全由碳元素组成，只在侧基上有其他元素。绝大部分烯类和二烯类聚合物都属于这一类，如聚氯乙烯、聚苯乙烯、聚丁二烯等，见表1-1。

2. 杂链聚合物

在大分子主链骨架中除有碳元素外，还有氧、氮、硫等其他元素，例如聚酯、聚醚、聚氨酯、聚硫橡胶等均属于此类，详见表1-2。这类聚合物分子链上都含有特征基团。

3. 元素有机聚合物

在聚合物主链骨架中没有碳元素，主要由硅、硼、铝、氧、氮、硫等元素组成，但其侧基却由有机的含碳基团组成，例如聚硅氧烷、聚钛氧烷等。

表1-1 碳链聚合物

单体名称	单体结构	聚合物结构	聚合物名称
乙烯	$CH_2{=}CH_2$	$-[CH_2-CH_2]_n-$	聚乙烯
乙炔	$CH{\equiv}CH$	$-[CH{=}CH]_n-$	聚乙炔
丙烯	$CH_2{=}CH(CH_3)$	$-[CH_2-CH(CH_3)]_n-$	聚丙烯

续表

单体名称	单体结构	聚合物结构	聚合物名称
异丁烯	$CH_2=\overset{\overset{CH_3}{\mid}}{\underset{\underset{CH_3}{\mid}}{C}}$	$\left[-CH_2-\overset{\overset{CH_3}{\mid}}{\underset{\underset{CH_3}{\mid}}{C}}-\right]_n$	聚异丁烯
丁二烯	$CH_2=CH-CH=CH_2$	$\left[CH_2-CH=CH-CH_2\right]_n$	聚丁二烯
异戊二烯	$CH_2=\underset{\underset{CH_3}{\mid}}{C}-CH=CH_2$	$\left[CH_2-\underset{\underset{CH_3}{\mid}}{C}=CH-CH_2\right]_n$	聚异戊二烯
苯乙烯	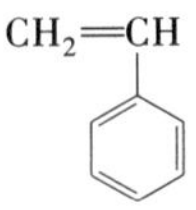	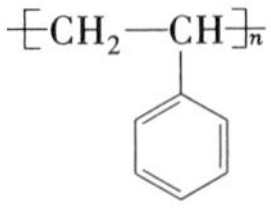	聚苯乙烯
丙烯腈	$CH_2=\underset{\underset{CN}{\mid}}{CH}$	$\left[CH_2-\underset{\underset{CN}{\mid}}{CH}\right]_n$	聚丙烯腈
醋酸乙烯酯	$CH_2=\underset{\underset{OCOCH_3}{\mid}}{CH}$	$\left[CH_2-\underset{\underset{OCOCH_3}{\mid}}{CH}\right]_n$	聚醋酸乙烯酯
乙烯醇	$CH_2=\underset{\underset{OH}{\mid}}{CH}$	$\left[CH_2-\underset{\underset{OH}{\mid}}{CH}\right]_n$	聚乙烯醇
氯乙烯	$CH_2=\underset{\underset{Cl}{\mid}}{CH}$	$\left[CH_2-\underset{\underset{Cl}{\mid}}{CH}\right]_n$	聚氯乙烯
偏氯乙烯	$CH_2=\overset{\overset{Cl}{\mid}}{\underset{\underset{Cl}{\mid}}{C}}$	$\left[CH_2-\overset{\overset{Cl}{\mid}}{\underset{\underset{Cl}{\mid}}{C}}-\right]_n$	聚偏氯乙烯
四氟乙烯	$CF_2=CF_2$	$\left[CF_2-CF_2\right]_n$	聚四氟乙烯
丙烯酸	$CH_2=\underset{\underset{COOH}{\mid}}{CH}$	$\left[CH_2-\underset{\underset{COOH}{\mid}}{CH}\right]_n$	聚丙烯酸
丙烯酸甲酯	$CH_2=\underset{\underset{COOCH_3}{\mid}}{CH}$	$\left[CH_2-\underset{\underset{COOCH_3}{\mid}}{CH}\right]_n$	聚丙烯酸甲酯
甲基丙烯酸甲酯	$CH_2=\overset{\overset{CH_3}{\mid}}{\underset{\underset{COOCH_3}{\mid}}{C}}$	$\left[CH_2-\overset{\overset{CH_3}{\mid}}{\underset{\underset{COOCH_3}{\mid}}{C}}\right]_n$	聚甲基丙烯酸甲酯
丙烯酰胺	$CH_2=\underset{\underset{CONH_2}{\mid}}{CH}$	$\left[CH_2-\underset{\underset{CONH_2}{\mid}}{CH}\right]_n$	聚丙烯酰胺

表 1-2 杂链和元素有机聚合物

类 型	单 体	单体结构	聚合物结构	聚合物名称
聚醚 —O—	甲醛	HCHO	$\left[O-CH_2\right]_n$	聚甲醛
	环氧乙烷	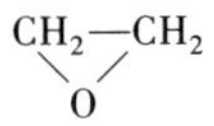	$\left[OCH_2CH_2\right]_n$	聚环氧乙烷

续表

类　型	单　体	单体结构	聚合物结构	聚合物名称
聚醚 —O—	二甲基苯酚	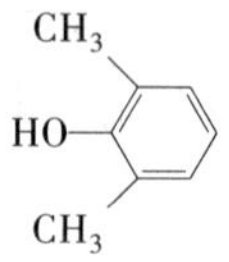	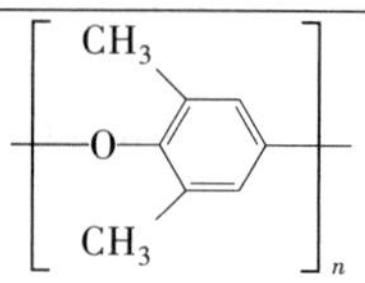	聚苯醚
	双酚 A+ 环氧氯丙烷	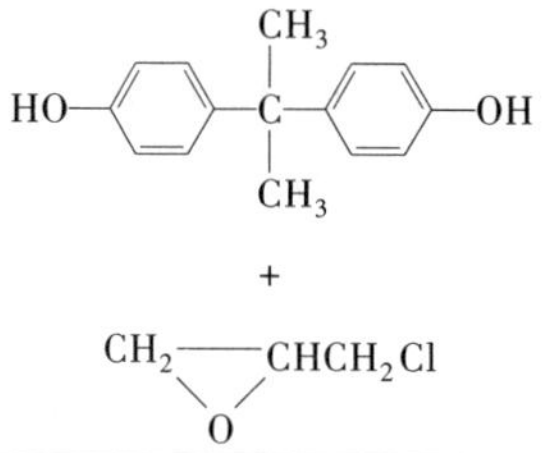	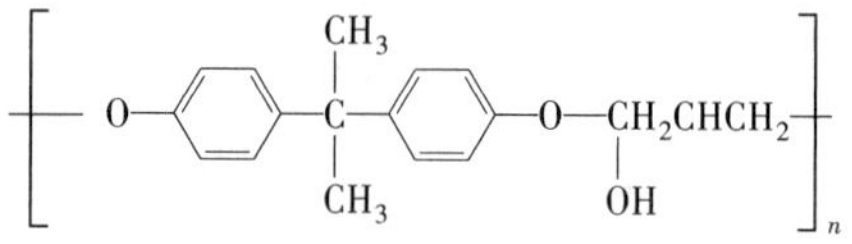	环氧树脂
聚酯 —OCO—	对苯二甲酸 + 乙二醇	 $HOCH_2CH_2OH$	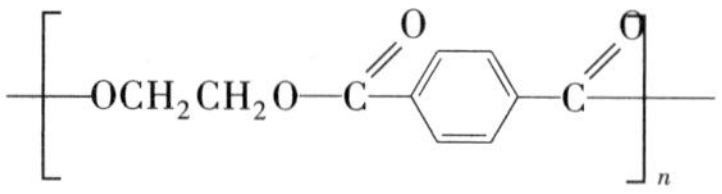	聚对苯二甲酸乙二醇酯
	双酚 A + 光气	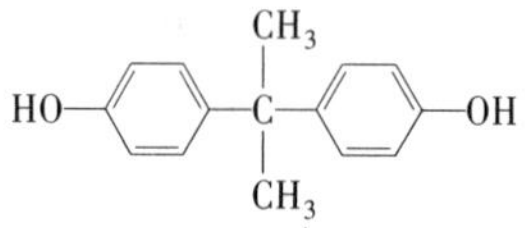 + $COCl_2$	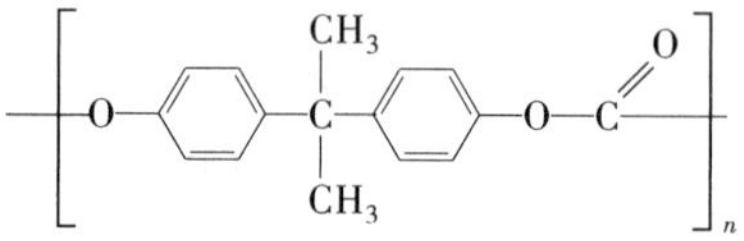	聚碳酸酯
聚酰胺 —NHCO—	己二胺 + 己二酸	$HN_2(CH_2)_6NH_2$ + $HOOC(CH_2)_4COOH$	$\text{-[}NH(CH_2)_6NHCO(CH_2)_4CO\text{]-}_n$	聚己二酰己二胺
	己内酰胺	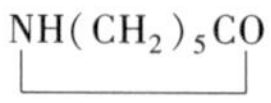	$\text{-[}NH(CH_2)_5CO\text{]-}_n$	聚己内酰胺
—NHOCO—	异氰酸酯 + 乙二醇	$OCN(CH_2)_6NCO$ + $HO(CH_2)_2OH$	$\text{-[}O(CH_2)_2OC(=O)NH(CH_2)_6NHC(=O)\text{]-}_n$	聚氨酯
—NHCONH—	己二胺 + 异氰酸酯	$H_2N(CH_2)_6NH_2$ + $OCN(CH_2)_6NCO$	$\text{-[}NH(CH_2)_6NHC(=O)NH(CH_2)_6NHC(=O)\text{]-}_n$	聚脲
—SO_2—	双酚 A + 4，4′-二氯二苯砜	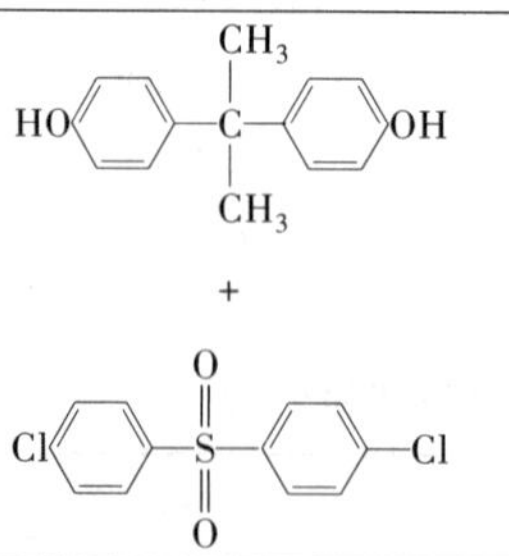	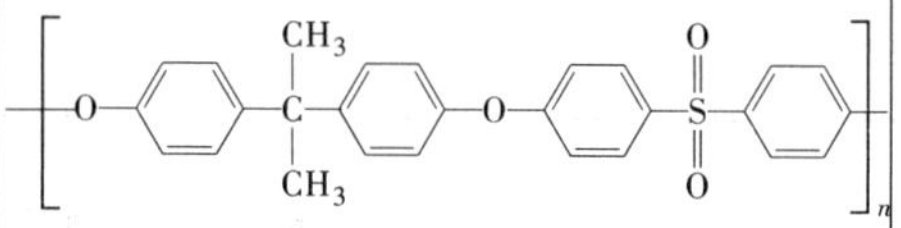	聚砜
酚醛	苯酚 + 甲醛	C_6H_5OH + HCHO	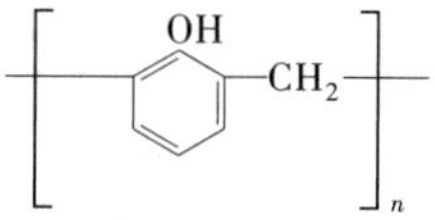	酚醛树脂

续表

类 型	单 体	单体结构	聚合物结构	聚合物名称
脲醛	尿素 + 甲醛	$CO(NH_2)_2$ + $HCHO$	$\left[NH\underset{\underset{O}{\Vert}}{C}NH-CH_2 \right]_n$	脲醛树脂
有机硅		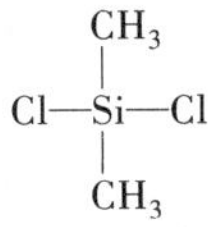	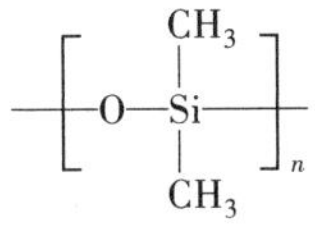	硅橡胶

二、聚合物的命名

聚合物的命名方法有多种，同一种聚合物常有几个名称。

（一）习惯命名法

按照原料单体或假想的单体名称，在它的前面加“聚”字，如氯乙烯的聚合物称为聚氯乙烯，又如聚丁二烯、聚丙烯腈等。聚乙烯醇则是以假想单体乙烯醇命名的，它是聚醋酸乙烯酯的水解产物。

由两种单体聚合而成的聚合物，有的在两种单体名称后加词尾“树脂”，有的缀词尾“共聚物”。如苯酚和甲醛、甘油和邻苯二甲酸酐的反应产物可分别称为酚醛树脂、醇酸树脂；由乙烯和醋酸乙烯酯合成的聚合物称为乙烯-醋酸乙烯酯共聚物，由乙烯和丙烯合成的聚合物称为乙烯-丙烯共聚物（或简称乙丙共聚物）等。如果共聚物属于橡胶，也可以后缀“橡胶”，如丁苯橡胶。

将己二酸和己二胺两种单体的缩聚物称为聚己二酰己二胺（尼龙-66），对苯二甲酸与乙二醇合成产物称为聚对苯二甲酸乙二醇酯（聚酯），等等。

（二）商品命名法

这种名称简单明了，多数合成纤维常用商品名称来命名。如腈纶（聚丙烯腈）、丙纶（聚丙烯）、涤纶（聚对苯二甲酸乙二醇酯，聚酯）。

商业名称尼龙是指聚酰胺一大类，如尼龙-66是己二胺、己二酸的缩聚物，尼龙后的第一个数字6表示二元胺的碳原子数，第二个6表示二元酸的碳原子数，称为聚己二酰己二胺；尼龙-610是由己二胺、癸二酸缩聚而成，称为聚癸二酰己二胺，类似的有尼龙-1010，称为聚癸二酰癸二胺。尼龙-6是己内酰胺或ω-氨基己酸的聚合物。

（三）系统命名法

上述命名法简明易记，已普遍为人们使用，但在科学上并不严格，也不能充分反映聚合物的组成和结构特征。有时采用不同单体可制出同一种聚合物，例如，$\left[OCH_2CH_2 \right]_n$，只表明了聚合物的结构，而单体结构和来源不清楚，因为环氧乙烷、乙二醇、氯乙醇等通过合适的反应途径，都能够制得上述聚合物。可见，由单体出发的命名法容易造成混淆。

国际纯粹与应用化学联合会（IUPAC）提出了系统命名法，比较严谨，可以全面地反映聚合物的组成和结构。

系统命名法的步骤为：

（1）确定重复单元的结构；

（2）排好重复单元中次级单元的次序；

(3) 对重复单元命名;

(4) 最后在重复单元名称前加“聚”字。

根据 IUPAC 命名原则，重复单元排列时，应先写有取代基的部分，如聚氯乙烯重复单元应写成 $\underset{\displaystyle Cl}{-\overset{}{CH}-}CH_2-$，可命名为聚(1-氯代乙烯)。

另一原则是所连接的侧基元素最少的部分先写，例如，聚丁二烯的重复单元应写成 $-CH{=}CHCH_2CH_2-$，称为聚(1-亚丁烯基)。

除上述命名方法之外，在书写中常用英文缩写名，例如:

PE	聚乙烯	PAM	聚丙烯酰胺
PP	聚丙烯	PMA	聚丙烯酸甲酯
PIB	聚异丁烯	PMMA	聚甲基丙烯酸甲酯
PS	聚苯乙烯	PAN	聚丙烯腈
PVC	聚氯乙烯	PVAc	聚醋酸乙烯酯
PTFE	聚四氟乙烯	PVA	聚乙烯醇
PAA	聚丙烯酸	PB	聚丁二烯
PET	聚酯	PA	尼龙(聚酰胺)

另外有些共聚物，例如:

ABS	丙烯腈-丁二烯-苯乙烯共聚物
EVA	乙烯-醋酸乙烯酯共聚物
SBR	丁苯橡胶
EPR	乙丙橡胶

第三节 聚合反应的分类

由单体(monomer)合成聚合物的化学反应称为聚合反应(polymerization)。聚合反应种类较多，可以从不同角度进行分类。如果按单体和聚合物在组成和结构上发生的变化分类，可分为缩聚反应和加聚反应；如果按聚合反应机理分类，可分为逐步聚合和连锁聚合反应。

一、按单体-聚合物结构变化分类

(一) 缩聚反应

缩合聚合反应是单体经多次缩合而聚合成大分子的反应，简称缩聚反应，生成的聚合物称为缩聚物。

缩聚反应一般为官能团之间的反应，反应过程中有低分子副产物产生。根据官能团的不同，低分子物可分别为水、醇、氯化氢、氨等。如己二胺和己二酸反应生成的尼龙-66 是缩聚反应的实例。

$$nH_2N(CH_2)_6NH_2+nHOOC(CH_2)_4COOH \rightleftharpoons H\text{-}[NH(CH_2)_6NHCO(CH_2)_4CO]_n\text{-}OH+(2n-1)H_2O \quad (1\text{-}7)$$

由上式可见，由于反应时有小分子生成，所以缩聚物化学组成与单体的不同，聚合物的结构单元比单体少了一些原子，其分子量也不是单体分子量的整数倍。

在缩聚物中，大分子链结构上往往留有特征的官能团，如酯键—OCO—、酰胺键—NHCO—、醚键—O—等。缩聚物大多为杂链聚合物。

（二）加聚反应

加聚反应是单体经加成而聚合的反应，生成的聚合物称为加聚物。加聚反应中没有小分子析出，加聚物的结构单元与原料单体相同，仅仅是电子结构发生了变化，加聚物的分子量是单体分子量的整数倍。如聚苯乙烯、聚丙烯腈、聚氯乙烯等都属于加聚反应的产物。例如，由苯乙烯聚合成聚苯乙烯的反应可表示为：

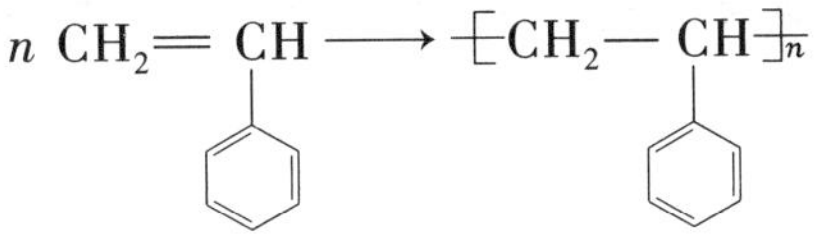

(1-8)

二、按聚合机理分类

按反应机理可分为连锁聚合反应和逐步聚合反应。

（一）连锁聚合反应

烯类单体的加成反应大多属于这类反应。连锁聚合反应需要活性种(活性中心)，单体只与活性中心反应使链增长。活性种分别有自由基、阳离子和阴离子，相应有自由基聚合、阳离子聚合和阴离子聚合。连锁聚合反应过程是由链引发、链增长、链终止等基元反应组成。

（二）逐步聚合反应

逐步聚合反应无特定的活性中心，由低分子单体转变为大分子的过程是逐步进行的。每一步反应都按相同机理和基本相同的反应速率进行。反应初期，单体很快聚合成低聚物(二聚体、三聚体、四聚体)，随反应进行分子量逐步提高。

缩聚反应大都属于逐步聚合反应。但这里应指出缩聚反应不能与逐步聚合反应等同，加聚反应也不能等同于连锁聚合反应。

上述第一种分类法是早期对聚合反应的分类法，这一传统分类法简单明了，直至目前仍在应用。

第二种分类法是随高分子科学发展而出现的方法，它可以解决某些聚合反应的归类问题。例如二异氰酸酯和二元醇之间生成聚氨酯：

$$n\ O{=}CN(CH_2)_6NC{=}O + n\ HO(CH_2)_4OH \xrightarrow{\text{分子间氢转移}} \text{-}[O(CH_2)_4OCONH(CH_2)_6NHCO]_n\text{-} \quad (1\text{-}9)$$

从上式可见聚合物结构单元与单体组成相同，反应似乎属于加成反应，但大分子主链上又有特征官能团，又似缩聚反应的产物。若从反应机理考虑，它的大分子增长具有明显的逐步性，应归属于逐步聚合反应，更确切地说这类反应为逐步加成反应。

另外，还有开环聚合，如环氧乙烷的开环生成聚环氧乙烷的反应：

$$n\ \underset{\diagdown\ \diagup}{\mathrm{CH_2{-}CH_2}}\ \xrightarrow{\text{开环}}\ \mathrm{[\!-OCH_2CH_2-\!]_{\mathit{n}}} \qquad (1\text{-}10)$$
$$\mathrm{O}$$

若按加聚或缩聚这一传统法来分，很难归类，而按聚合反应机理来分类就比较合理。如己内酰胺开环聚合生产尼龙-6，若以水-酸作催化剂则属于逐步聚合；若以碱作引发剂则属于阴离子连锁聚合。但是开环聚合的单体种类较多，因此按第一种方法分类时，有人将开环聚合与加聚、缩聚并列。

总之，按机理分类非常重要，因为它可以反映聚合反应的本质，人们可以根据反应机理的特征来控制聚合速率和聚合物的分子量等重要指标。

第四节　聚合物的平均分子量及其分布

聚合物是作为材料使用的，对材料最基本的要求是有一定的强度。聚合物的强度与分子量大小有密切关系，因此不论在合成、加工、应用时首先应考虑分子量。

聚合物强度随聚合度变化规律如图 1-1 所示，*A* 为初具强度的聚合度，在 *A* 点以上强度随聚合度增加而迅速增加；到临界点 *B* 点以后，强度的增加就变得缓慢；到达 *C* 点以后，随聚合度增加其强度几乎不再增加。*A*、*B* 的值与聚合物的极性有关，如聚酰胺 *A* 为 40，*B* 为 150；许多乙烯基聚合物 *A* 在 100 以上，*B* 为 400 以上。

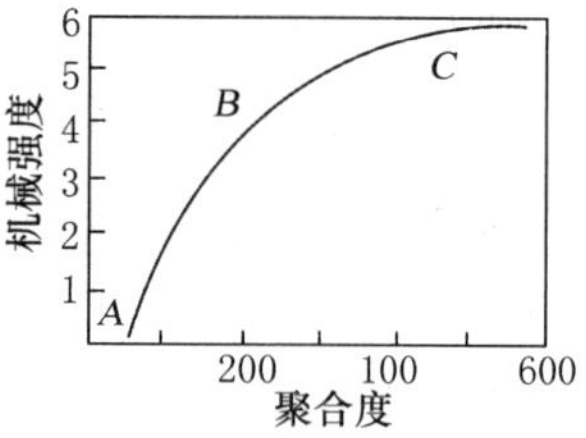

图 1-1　聚合物的机械强度与聚合度的关系

大多数常用聚合物的聚合度约在 200~2000 之间，相应的分子量为 2 万~20 万，天然橡胶和纤维素一般超过这个值。表 1-3 为典型聚合物的分子量范围。

表 1-3　常用聚合物分子量范围

塑　料		纤　维		橡　胶	
低压聚乙烯	6 万~30 万	涤纶	1.8 万~2.3 万	天然橡胶	20 万~40 万
聚氯乙烯	5 万~15 万	尼龙-66	1.2 万~1.8 万	丁苯橡胶	15 万~20 万
聚苯乙烯	10 万~30 万	维尼纶	6 万~7.5 万	顺丁橡胶	25 万~30 万
聚碳酸酯	2 万~6 万	纤维素	50 万~100 万	氯丁橡胶	10 万~12 万
		聚丙烯（纤维级）	12 万~18 万		

一、平均分子量

前面提到，聚合物的分子量是大小不一的分子的统计平均值。如果测定分子量的方法和计算分子量的统计方法不同，所得到的平均分子量也不同。平均分子量(average molecular weight)表示方法有：数均分子量 $\overline{M}_n$、重均分子量 $\overline{M}_w$、黏均分子量 $\overline{M}_v$、Z 均分子量 $\overline{M}_z$ 等。

（一）数均分子量

这种平均分子量是用聚合物中不同分子量的大分子的分子数分布来表示的，运用数学统计的加和性，$\overline{M}_n$可以认为是每种分子的分子量乘以分子分数的总和：

$$\overline{M}_n \equiv \frac{N_1M_1+N_2M_2+\cdots+N_iM_i}{N_1+N_2+\cdots+N_i}=\frac{\Sigma N_iM_i}{\Sigma N_i}=\Sigma \not{N}_iM_i \tag{1-11}$$

式中 N_1、N_2、…、N_i——分子量为 M_1、M_2、…、M_i 的聚合物的分子数；

$\not{N}_i$——相应的分子所占的数量分数。

通常可用渗透压法、蒸气压法等测得聚合物的数均分子量。低分子量部分对数均分子量有较大的贡献。

（二）重均分子量

重均分子量定义为每种分子的分子量乘以其质量分数的总和，用数学统计式表示为：

$$\begin{aligned}\overline{M}_w &\equiv \frac{W_1M_1+W_2M_2+\cdots+W_iM_i}{W_1+W_2+\cdots+W_i}\\ &=\frac{N_1M_1^2+N_2M_2^2+\cdots+N_iM_i^2}{N_1M_1+N_2M_2+\cdots+N_iM_i}\\ &=\frac{\Sigma N_iM_i^2}{\Sigma N_iM_i}=\Sigma \not{W}_iM_i\end{aligned} \tag{1-12}$$

式中 W_1、W_2、…、W_i——分子量为 M_1、M_2、…、M_i 的聚合物分子的质量，g；

$\not{W}_i$——相应的分子所占的质量分数。

通常用光散射法测定重均分子量。高分子量部分对重均分子量有较大的贡献。

（三）黏均分子量

用黏度法测得的分子量为黏均分子量，可表示为：

$$\overline{M}_v \equiv \left(\frac{\Sigma W_iM_i^{\alpha}}{\Sigma W_i}\right)^{\frac{1}{\alpha}}=\left(\frac{\Sigma N_iM_i^{\alpha+1}}{\Sigma N_iM_i}\right)^{\frac{1}{\alpha}} \tag{1-13}$$

式中 α——高分子稀溶液特性黏度与分子量关系式中的指数，一般在 0.5~0.9 之间。

二、分子量分布

低分子物质都是由同样大小的分子组成，其分子量均一，如甲烷为 16，水为 18，甘油为 92 等。而高分子化合物在合成过程中，由于反应条件的变化，反应几率不等，所形成的高聚物的分子量并不完全相同，即使是某“纯粹”的高分子物质，它也是由分子量不等的同系物的混合物所组成。这种分子量的不均一性称为分子量的多分散性。平均分子量相同的聚合物，其分散程度也不一定相同，即不同分子量的分子所占的比例不同。因此，高分子化合物存在一个分子量分布的问题。

高聚物的使用性能不仅与其分子量大小有关，而且与其分子量的分布有密切关系。低分子部分将使聚合物强度降低，但分子量过高的部分又使成型加工困难。所以不同的聚合物材料应有其合适的分子量分布，如合成橡胶的分布可稍宽些，而合成纤维则要求分布稍窄。聚合物分子量多分散性的表示方法有两种。

（1）分子量分布曲线，聚合物分子量分布（molecular weight distribution）可用微分质量分布曲线表示，如图 1-2 所示。从图中可直观而形象地看出分子量的多分散性。由图 1-2 可知，试样 1 的分子量分布较宽，而试样 2 的分子量分布较窄，或者说试样 1 比试样 2 分子量的分散程度大，尽管它们可以有数值相近的平均分子量。图 1-3 为典型的质量分数分布曲线。把 $\overline{M}_n$、$\overline{M}_w$、$\overline{M}_v$分别按大小示意地标在横坐标上，由图可见，数均分子量处于分布曲线的顶峰附近，近于最可几的平均分子量。

(2)以 $\overline{M}_w/\overline{M}_n$的比值来表示分子量分布的宽窄，将该比值称为分布指数 α。对于分子量均一的聚合物 $\overline{M}_n=\overline{M}_w$，$\alpha$ 为 1。例如由阴离子聚合得到的活性聚合物，其 α 值接近于 1。对于分子量不均一的聚合物，一般 $\overline{M}_w>\overline{M}_n$，$\alpha$ 值大于1；α 值越大，表明分布越宽。由一般合成方法制得的聚合物，其分布指数在 1. 5~2 至 20~50 之间波动。

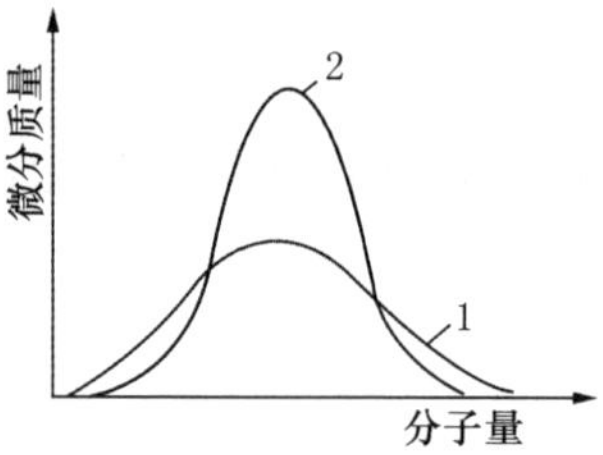

图 1-2　微分质量分布曲线

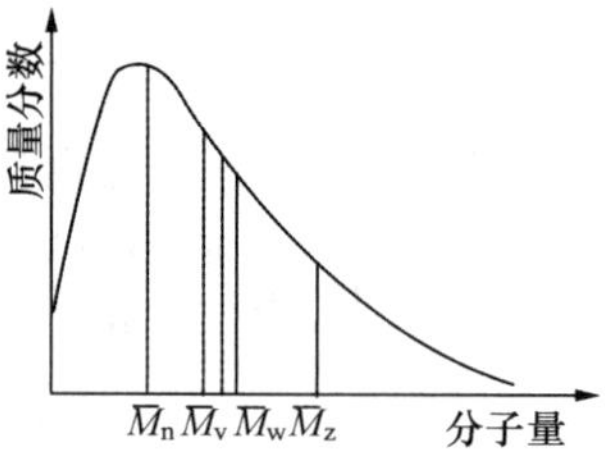

图 1-3　聚合物的分子量分布曲线

例 4　有两种聚合物，其分子量分别为 10^4 和 10^5。如果①以等物质的量相混，②以 1mol 和 5mol 相混，试求混合物的 $\overline{M}_n$、$\overline{M}_w$ 及 α 值。

解　①等物质的量相混

$$\overline{M}_n=\frac{\Sigma N_iM_i}{\Sigma N_i}=\frac{1\times10^4+1\times10^5}{1+1}=55000$$

$$\overline{M}_w=\frac{\Sigma N_iM_i^2}{\Sigma N_iM_i}=\frac{1\times(10^4)^2+1\times(10^5)^2}{1\times10^4+1\times10^5}\approx91800$$

$$\alpha=\frac{\overline{M}_w}{\overline{M}_n}=\frac{91800}{55000}=1.67$$

②1mol 分子量为 1×10^4 的聚合物，与 5mol 分子量为 1×10^5 的聚合物相混

$$\overline{M}_n=\frac{1\times10^4+5\times10^5}{1+5}=85000$$

$$\overline{M}_w=\frac{1\times(10^4)^2+5\times(10^5)^2}{1\times10^4+5\times10^5}=98235$$

$$\alpha=\frac{\overline{M}_w}{\overline{M}_n}=\frac{98235}{85000}=1.16$$

例 5　将分子量分别为 10^4 和 10^5 的两种聚合物以 2%和 98%的质量分数相混，试求其 $\overline{M}_n$、$\overline{M}_w$ 和 α 值。

解　$$\overline{M}_n=\frac{\Sigma N_iM_i}{\Sigma N_i}=\frac{\Sigma M_i}{\Sigma W_i/M_i}=\frac{0.02+0.98}{\frac{0.02}{10000}+\frac{0.98}{100000}}=84746$$

$$\overline{M}_w=\frac{\Sigma N_iM_i^2}{\Sigma N_iM_i}=\frac{\Sigma W_iM_i}{\Sigma W_i}$$

$$=\frac{0.02\times10000+0.98\times100000}{0.02+0.98}=98200$$

$$\alpha=\frac{\overline{M}_w}{\overline{M}_n}=\frac{98200}{84746}=1.15$$

第五节　聚合物的分子形状和物理状态

一、聚合物的分子形状

聚合物分子链形状可分为线型大分子、支链型大分子和体型大分子，见图 1-4。

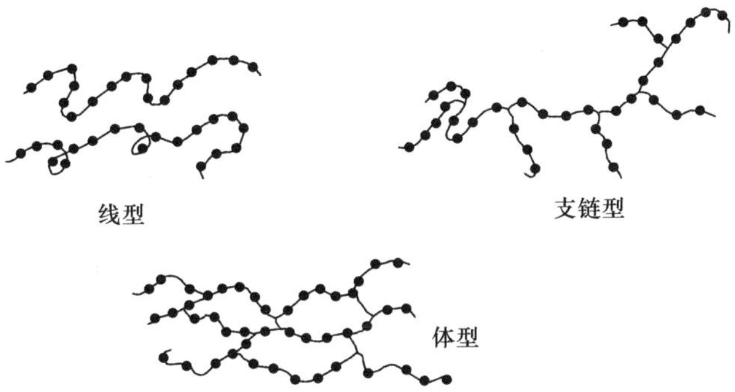

图 1-4　大分子的形状

线型大分子是由许多结构单元连接而成的线状大分子，其长度很长，可达几百纳米，直径却只有零点几纳米，由于长径比极大，故线型大分子在自然状态下是卷曲的。支链型大分子是在线型大分子主链上带有许多支链的大分子。典型的例子是高压聚乙烯和接枝共聚物。

线型和支链型大分子是靠分子间作用力聚集在一起的，因此，加热可使它熔化，也能用适当的溶剂使之溶解，如低压聚乙烯、聚丙烯、聚苯乙烯、聚酯等加热可以塑化的热塑性(thermoplastic)聚合物，均属线型大分子，其塑料制品或纤维的加工都可通过聚合物的熔融或溶解进行。支链型大分子不易紧密堆砌，因此结晶度低，如带有短支链的高压聚乙烯，其密度、结晶度、熔点、硬度等都比低压聚乙烯低；长支链的存在会影响聚合物溶液性质和熔体的流动性。

体型结构的大分子可看作是许多线型或支链型大分子由化学键连接而成的交联结构。这类聚合物一般不能被溶剂溶解，加热也不能熔融。但若交联度较小，则加热时可软化，在适当溶剂中也可溶胀。酚醛树脂、脲醛树脂、醇酸树脂等一般都是先合成它们的预聚体，然后再经成型加工后成为体型结构的聚合物。故根据其受热表现，又可称之为热固性(thermosetting)高聚物。

二、聚合物的物理状态及转变

物质及材料的物理状态随着温度的变化，可呈固态、液态或气态。由于高分子的分子量很大，分子间的作用力也很大，因而高分子物质的聚集态只有固态和液态，没有气态。

固态高聚物有结晶和非晶(无定形)两种聚集态；液态高聚物是具有黏性流动的熔融体，故又称为黏流态。

有些聚合物处于较完全的无定形态，而另一些聚合物的结晶度却很高，但无论怎样，结晶度不可能达到100%。还有一部分聚合物可以处于无定形或部分结晶状态，随外界条件而定。

如线型聚乙烯分子结构简单，分子链又柔顺，很易结晶，带支链的低密度聚乙烯结晶度也可达55%~60%。聚酰胺分子结构与聚乙烯类似，它有强极性的酰胺键，因氢键而有较大的次价力，对结晶有利。聚氯乙烯、聚苯乙烯、聚甲基丙烯酸甲酯等大分子主链上有侧基，使大分子链的刚性加强，故结晶倾向极低。

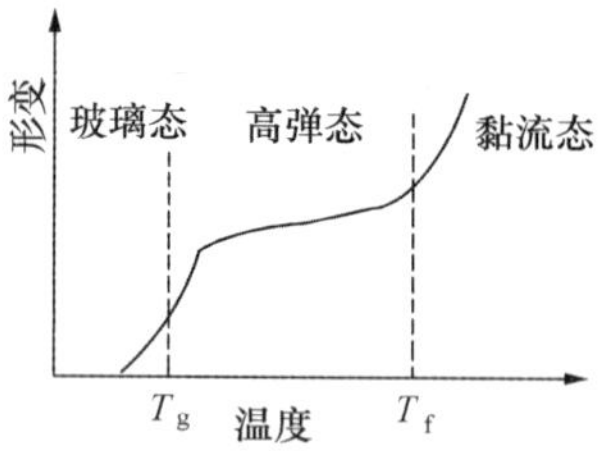

图 1-5 非晶态聚合物的温度-形变曲线

无定形高聚物的物理状态及力学性质可随温度而变化。如图1-5所示，在一定荷重下，当加热升温时，聚合物在不同温度下处于不同的力学状态。这里有两个特征温度 T_g(玻璃化转变温度)和 T_f(黏流温度)和三个力学状态(玻璃态、高弹态、黏流态)。

在较低温度时(低于 T_g)，无定形高聚物处于玻璃态，其质硬，无弹性；温度较高时(大于 T_g)，转变为高弹态，质软而有弹性。玻璃态和高弹态均属固态，它们之间的转变温度称为玻璃化转变温度 T_g。当温度高达 T_f时，高聚物呈黏流态，属于液态。

结晶高聚物与其他结晶化合物一样，也有熔点 T_m。由于有晶格的束缚，在熔点 T_m以下时，结晶高聚物只能处于玻璃态。如其分子量不甚大，则加热到 T_m后就直接产生流动而进入黏流态；如分子量较大，则要经过一个小的高弹形变区，最后才进入黏流态。

T_m和 T_g是结晶高聚物和无定形高聚物的主要热转变温度，也是衡量聚合物耐热性的重要指标。T_m为结晶聚合物的使用上限温度，T_g是无定形聚合物的使用上限温度。

第六节　高分子化学发展简史

多少世纪以来，人类就在使用天然高分子物，如将棉、毛、丝、麻用作织物原料，竹、木用作建筑材料。但在相当长时间内，仅停留在对高分子物进行利用和加工的水平上。但是随着工业的发展，天然高分子已远不能适应人们的物质需要。于是，早在19世纪中期，人们就设法利用化学方法来改变天然高分子材料的性质，如天然纤维的化学改性、天然橡胶的硫化等。

到19世纪末20世纪初，科学家们通过研究，确定了天然橡胶、纤维素、淀粉的组成，对以后高分子概念的建立起了很大的作用。在20世纪初，高分子合成工业已有了初步的发展，如小型酚醛树脂工厂的建立、苯乙烯和双烯烃类共聚物的合成等。

与高分子工业建立的同时，科学家们不但确立了高分子的基本概念，同时对合成高分子的实验技术和理论研究工作也在进行。如Staudinger提出了大分子的概念；Carothers对缩聚反应进行了系统的研究，从而开拓性地合成了聚酯和聚酰胺类高聚物，并促使尼龙-66实现了工业化。

20 世纪 30 年代工业化了一系列烯烃类加聚物，许多通过自由基聚合反应而得的聚合物，如聚氯乙烯、聚甲基丙烯酸甲酯、高压聚乙烯等应运而生。可见在这个时期缩聚反应和自由基聚合奠定了高分子化学学科发展的基础。

到 40 年代，高分子工业以更快速度发展，相继开发了丁苯橡胶、丁腈橡胶、丁基橡胶及 ABS 树脂、有机硅、聚氨酯、环氧树脂、聚丙烯腈纤维及涤纶纤维。Flory 在聚合原理和高分子溶液方面的理论工作取得卓越成果并获得诺贝尔奖。

50 年代 Ziegler-Natta 等开发了配位络合引发剂，并制得了高密度聚乙烯和聚丙烯，使高分子合成进入了新领域。同期 Szwarc 对阴离子聚合和无终止的活性聚合进行了深入的研究，为 60 年代以后的聚烯烃、异戊橡胶、乙丙橡胶及 ABS 嵌段共聚热塑性弹性体的大规模发展提供了理论基础。

50 年代后半期又发展了聚甲醛、聚碳酸酯等新品种，60 年代大量开发工程塑料如聚砜、聚苯醚、聚酰亚胺等许多耐高温和高强度的合成材料。

70~80 年代以来，高分子化工生产向大型工业化发展，合成技术日趋成熟，新聚合方法不断出现，Robert B. Merrifield 发明了固相聚合法，获得了 1984 年诺贝尔化学奖。功能高分子得到大力的研究、开发和应用，如超高强度、超高模量、耐热、抗静电、耐高温、耐油性、低温柔性材料等；此外，光电功能、生物功能高分子研究成为热点。2000 年，由于在导电聚合物方面的发现和贡献，白川秀树、Alan G. MacDiarmid 和 Alan J. Heeger 获得诺贝尔化学奖，高分子进入一个崭新的发展阶段。

进入 21 世纪以来，高分子化学、高分子物理以及聚合物加工技术的成果极大地推动了材料行业的发展。高分子材料质轻、强度好、可加工成各种形状，广泛应用于社会生产和人们生活中的方方面面；同时，伴随着高分子科学与生物学、信息学、医学、能源科学等学科的交叉，高分子材料还在生物医药材料、电子信息材料、新能源材料等高新技术发展中扮演极其重要的角色，可以说，人类已经进入一个“高分子时代”。

习　题

1. 用下列单体合成聚合物，写出反应式，并对其单体和聚合物命名，注明聚合物的结构单元、重复结构单元。

$CH_2{=}CHF$；$CH_2{=}C(CH_3)COOCH_3$；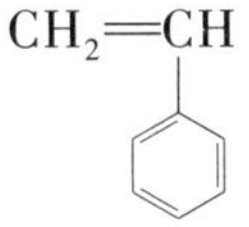

$H_2N(CH_2)_6NH_2+HOOC(CH_2)_4COOH$；$HO(CH_2)_5COOH$

2. 写出下列聚合物的习惯名称、聚合反应式。

$\text{-}[CH_2-CH(OCOCH_3)]_n\text{-}$；$\text{-}[CF_2-CF_2]_n\text{-}$；$\left[CH_2-C(CH_3)_2 \right]_n$

$\text{-[}NH(CH_2)_5CO\text{]-}_n$；

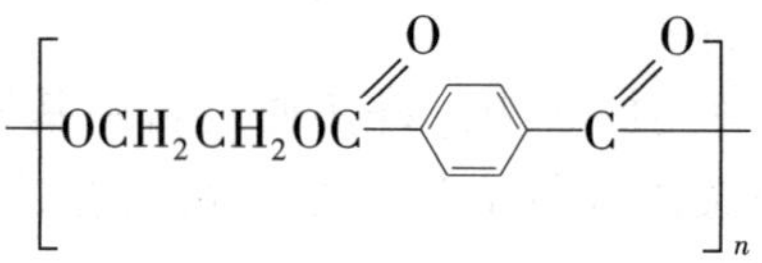

3. 写出下列聚合物的结构单元、所用的单体。

聚丙烯腈；丁苯橡胶；聚甲醛；聚苯醚

4. 常用聚氯乙烯分子量在 $5\times10^4 \sim 15\times10^4$ 范围，聚苯乙烯分子量 $10\times10^4 \sim 30\times10^4$，计算其聚合度。

5. 计算$\overline{DP}$值为 100 的涤纶、尼龙-66 的分子量。

6. 何谓重复单元、结构单元？

7. 何谓分子量的多分散性？分子量分布的表示方法？

8. 平均分子量的统计平均值有几种表示法？

9. 某一聚合物由下列级分组成，计算其 $\overline{M}_n$、$\overline{M}_w$ 及 α 值。

级分	物质的量/mol	分子量
1	5	1×10^4
2	1	1×10^5
3	1	5×10^5

10. 举例说明塑料、纤维、橡胶的性能特征和主要差别。

本章小结

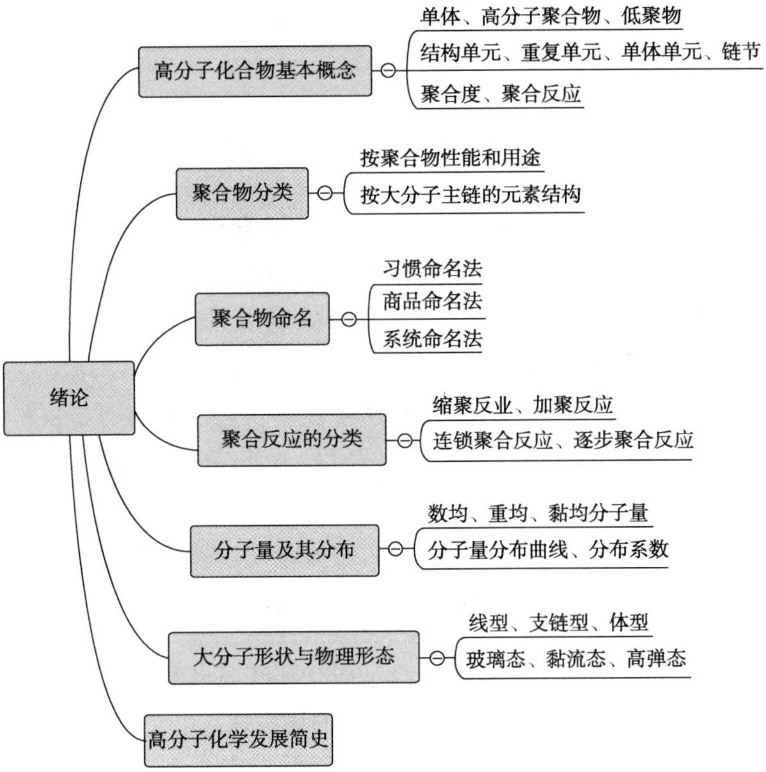
绪论
高分子化合物基本概念
单体、高分子聚合物、低聚物
结构单元、重复单元、单体单元、链节
聚合度、聚合反应
聚合物分类
按聚合物性能和用途
按大分子主链的元素结构
聚合物命名
习惯命名法
商品命名法
系统命名法
聚合反应的分类
缩聚反业、加聚反应
连锁聚合反应、逐步聚合反应
分子量及其分布
数均、重均、黏均分子量
分子量分布曲线、分布系数
大分子形状与物理形态
线型、支链型、体型
玻璃态、黏流态、高弹态
高分子化学发展简史

第二章　逐步聚合

知识目标：

1. 了解逐步聚合反应的基本概念、特点和分类；
2. 掌握线型缩聚反应机理和影响因素；
3. 掌握线型缩聚物聚合度的影响因素和控制方法；
4. 掌握体型缩聚反应机理和特点；
5. 掌握体型缩聚反应凝胶点的预测方法；
6. 熟悉重要线型缩聚物和体型预聚物的结构和合成方法。

能力目标：

1. 能进行原料配比、聚合度、凝胶点等重要参数的必要计算；
2. 能合理制定缩聚反应工艺条件的控制方法。

按照反应机理分类，本章讨论的各种聚合反应均属于逐步聚合反应(step polymerization)类型。顾名思义，它的主要特征是形成大分子过程的逐步性。

与连锁聚合反应相比，这类反应没有特定的反应活性中心。每个单体分子的官能团，都有相同的反应能力。所以在反应初期形成二聚体、三聚体和其他低聚物，反应时间延长、分子量逐步增大，低聚物增长为高聚物。在链增长过程中，每一步产物都能独立存在，在任何时候都可以终止反应，在任何时候又能使其继续以同样活性进行反应。这种特征也是连锁聚合反应增长过程所没有的。

逐步聚合反应包括逐步缩合聚合反应和逐步加成聚合反应。本章将以线型平衡缩聚反应为主，讨论逐步聚合反应的基本特点和规律。

第一节　缩聚反应

一、缩聚反应

在有机化学中许多官能团之间的反应均属于缩合反应，例如，醋酸与乙醇间的酯化反应是典型的缩合反应，其产物为醋酸乙酯。

$$CH_3COOH+HOC_2H_5 \xrightleftharpoons{H^+} CH_3COOC_2H_5+H_2O \tag{2-1}$$

如果采用二元酸(如己二酸)和二元醇(如乙二醇)进行酯化反应，情形就不同。一分子己二酸与一分子乙二醇缩合一次，形成的二聚体仍含有羟端基和羧端基，可以进一步与原料醇或酸反应。

$$HOOC(CH_2)_4COOH+HO(CH_2)_2OH \rightleftharpoons HOOC(CH_2)_4CO\cdot O(CH_2)_2OH+H_2O \tag{2-2}$$

$$HOOC(CH_2)_4CO\cdot O(CH_2)_2OH+HO(CH_2)_2OH \rightleftharpoons HO(CH_2)_2O\cdot CO(CH_2)_4CO\cdot O(CH_2)_2OH+H_2O \tag{2-3}$$

也可以与另一个二聚体分子缩合。这样，反应逐步进行下去，就形成线型高分子聚酯，可综合表示为下式：

$$n\ HOOC(CH_2)_4COOH+n\ HO(CH_2)_2OH \rightleftharpoons HO{+}CO(CH_2)_4CO\cdot O(CH_2)_2O{+}_nH+(2n-1)H_2O \tag{2-4}$$

若用不同的二元酸和二元醇进行反应，就能得到不同品种的聚酯，可用通式表示之：

$$n\ aAa+n\ bBb \rightleftharpoons a{+}AB{+}_nb+(2n-1)ab \tag{2-5}$$

缩聚反应(condensation polymerization)是缩合聚合反应的简称，是缩合反应多次重复形成聚合物的过程，大多数缩聚反应在机理上属于逐步聚合反应。

缩聚反应在高分子合成中占重要地位。人们所熟悉的一些聚合物，例如酚醛树脂、不饱和聚酯树脂、环氧树脂、氨基树脂、聚酰胺以及聚酯等，都是通过缩聚反应合成的。性能优异的工程塑料，如聚碳酸酯、聚砜、聚苯醚、聚酰亚胺等也是通过缩聚反应制得的。

二、缩聚反应的分类

缩聚反应的类型多种多样，可从不同角度对缩聚反应进行分类。

(一) 按生成聚合物分子的结构分类

1. 线型缩聚反应

参加反应的单体都含有两个官能团，反应中形成的大分子向两个方向增长，得到线型缩聚物，这类反应称为线型缩聚反应。如二元酸与二元醇反应生成聚酯，二元胺与二元酸生成聚酰胺的反应等。在反应进行过程中，随分子量增加，体系的黏度逐渐变稠，产物具有可溶可熔性。涤纶、尼龙、聚碳酸酯等均按此类反应制得。

2. 体型缩聚反应

参加反应的单体，至少有一种单体含有两个以上的官能团，反应中形成的大分子向三个方向增长，得到体型结构的聚合物，称此种反应为体型缩聚反应。如邻苯二甲酸酐与甘油或季戊四醇反应，除了按线型方向进行链增长外，侧基也可参加缩聚而形成体型结构。体型缩聚一般分两个阶段进行：第一阶段制成带有支链并含活性基团的低分子预聚体，该预聚体具有可溶可熔性，便于加工；第二阶段经过加热加压，将仍具有反应活性的预聚体转变成体型结构。这种经固化成形后的产物不能再塑化，即不溶不熔。

(二)按参加反应的单体分类

1. 均缩聚

只有一种单体参与的缩聚反应，称为均缩聚。

如

$$n\ H_2N{+}CH_2{+}_5COOH \rightleftharpoons H{+}NH(CH_2)_5CO{+}_nOH+(n-1)H_2O \tag{2-6}$$

2. 混缩聚

由两种单体参与的缩聚反应，称为混缩聚。如二元酸与二元醇的反应属此类型。

3. 共缩聚

共缩聚有两种情况，一种是相对均缩聚而言，即在均缩聚体系中再加入第二、第三种单体参与反应，称之为共缩聚。另一种是相对于混缩聚体系而言，即在此体系中另外加入第三种单体进行的缩聚反应，也称为共缩聚。

除以上分类法外，还可按照反应后形成键合基团的性质分为聚酯、聚酰胺、聚醚等，或按反应的热力学特征分为平衡缩聚与不平衡缩聚等。

三、缩聚反应的单体及其官能度

从反应式(2-4)和式(2-5)可见，参与缩聚反应的反应物是一种或二种含有两个或两个以上官能团的单体。官能团的性质、数目、相互搭配情况等都直接影响单体活性、缩聚反应的类型和产品的性能。

(一) 单体的反应能力

单体的反应能力与单体所带官能团的活性有关，如合成聚酯时，由不同的羧基衍生物与醇反应都能得到聚酯，但不同的衍生物，其反应能力并不相同，其反应能力按下列顺序递减：

酰氯>酸酐>酸>酯

因此，在选择聚合所用单体时，应正确估计不同反应基团的反应能力，这是合理制定工艺路线的重要依据。

(二) 单体的官能度

在单体中所含的官能团数目不仅对缩聚反应有重要影响，而且对高聚物的结构也有影响，所以这里提出官能度概念。

一个反应物分子中能参加反应的官能团数为官能度。

(1) 醋酸与乙醇都带有一个官能团，可进行酯化反应，该体系就称作 1-1 官能度体系。判断某化合物的官能度不能仅着眼于结构上的基团数，须从参加反应的类型来考虑。例如苯酚有一个羟基，一般认为官能度应为 1，但当它与甲醛反应时，其邻、对位上三个活泼氢都可参与反应，故此时应属于 3 官能度。

(2) 单官能度的丁醇与二官能度的邻苯二甲酸酐反应，则称为 1-2 官能度体系。

$2C_4H_9OH+$ 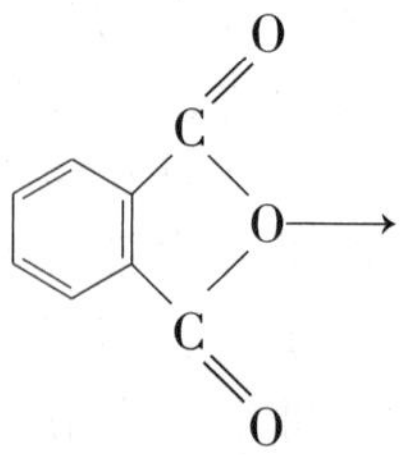 ⟶ 邻苯二甲酸二丁酯 (2-7)

(3)二元酸与二元醇为 2-2 官能度体系，它们进行酯化反应，可生成线型缩聚物。

(4)由邻苯二甲酸与丙三醇反应，属于 2-3 官能度体系。除了按线型方向缩聚外，侧基也能聚合，先形成支链，进而可形成体型结构缩聚物。

(5)如果同一分子上带有能相互反应的官能团 a 和 b，如羟基酸、氨基酸等，就可经自身缩聚，形成类似的线型缩聚物。

$$n\ \mathrm{HORCOOH} \xrightarrow{-\mathrm{H_2O}} \mathrm{H{\left[ORCO \right]}_{n}OH} \qquad (2\text{-}8)$$

$$n\ \mathrm{H_2NRCOOH} \xrightarrow{-\mathrm{H_2O}} \mathrm{H{\left[NHRCO \right]}_{n}OH} \qquad (2\text{-}9)$$

将上述单体称作 2 官能度体系，其缩聚通式如下：

$$n\ \mathrm{aRb} \rightleftharpoons \mathrm{a{\left[R \right]}_{n}b} + (n-1)\mathrm{ab} \qquad (2\text{-}10)$$

由上述可知，欲生产线型缩聚物，首要条件应选用 2-2 或 2 官能度体系作原料。表 2-1 列出缩聚反应和其他逐步聚合反应常用单体及其官能团。

表 2-1　缩聚反应常用单体及官能团

单体种类	官能团	单体名称	官能度
醇	—OH	乙二醇 $HO(CH_2)_2OH$	2
		丙三醇 $C_3H_5(OH)_3$	3
		季戊四醇 $C(CH_2OH)_4$	4
酚	—OH	双酚A 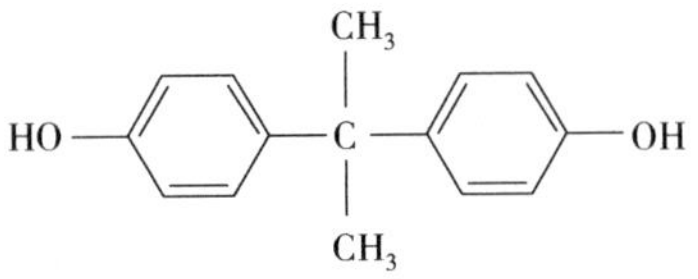	2
	H	苯酚 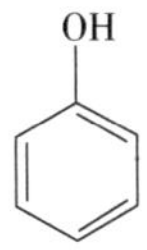	1 或 3
		间苯二酚 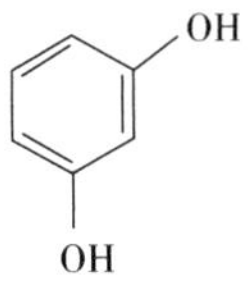	3
		2,6-二甲基苯酚 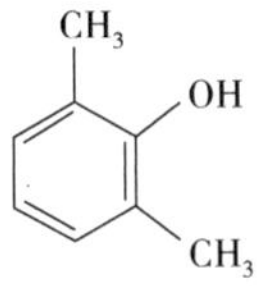	2
羧酸	—COOH	己二酸 HOOC—$(CH_2)_4$—COOH	2
		对苯二甲酸 	2
		均苯四甲酸 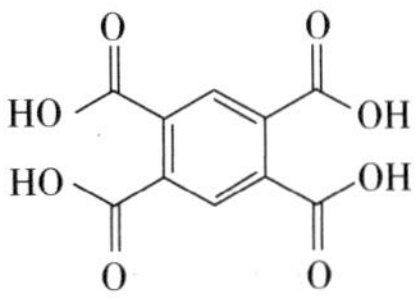	4

续表

单体种类	官能团	单体名称	官能度
酸酐	$—(CO)_2O$	邻苯二甲酸酐 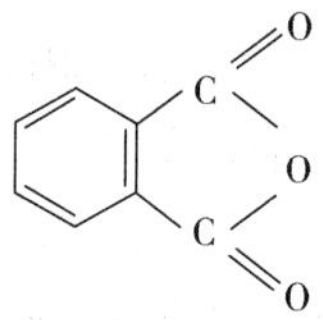	2
		均苯四甲酸二酐 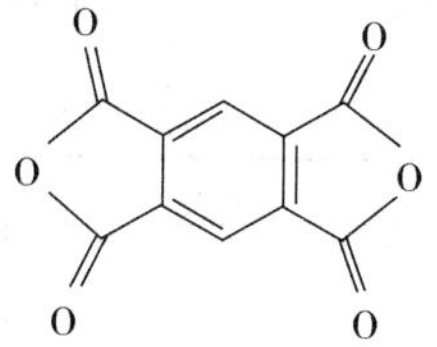	4
		马来酸酐(顺丁烯二酸酐) 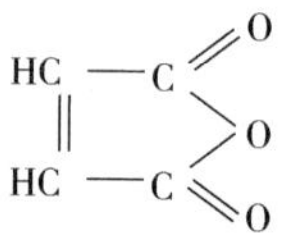	4
酯	$—COOCH_3$	对苯二甲酸二甲酯 	2
酰氯	—COCl	光气 $COCl_2$	2
		己二酰氯 $ClOC—(CH_2)_4—COCl$	2
胺	$—NH_2$	己二胺 $H_2N—(CH_2)_6—NH_2$	2
		尿素 $CO(NH_2)_2$	2
		间苯二胺 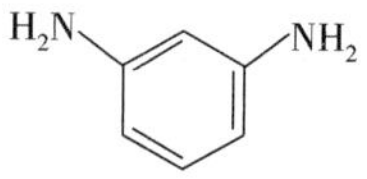	2
		三聚氰胺 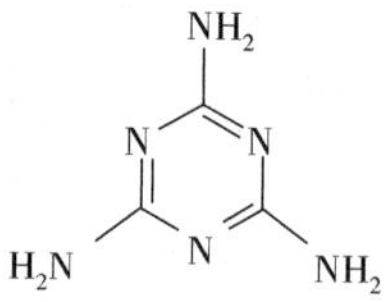	6

续表

单体种类	官能团	单体名称	官能度
异氰酸酯	—N ═C ═O	甲苯二异氰酸酯 	4
		六亚甲基二异氰酸酯 $OCN—(CH_2)_6—NCO$	4
醛	—CHO	甲醛 HCHO	2
氯	—Cl	环氧氯丙烷 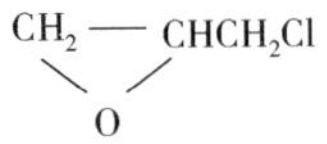	2
		二氯二苯砜 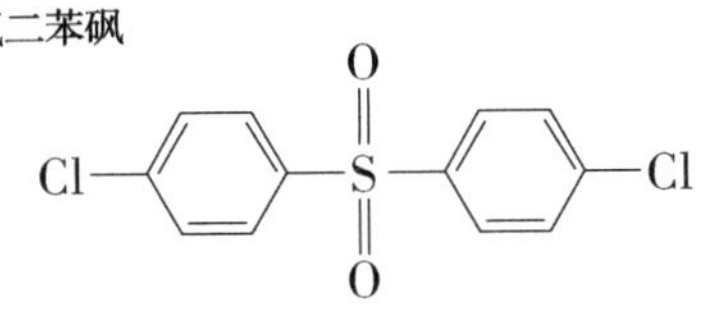	2

第二节　线型缩聚反应的机理

根据反应机理，缩聚反应属于逐步聚合。它应有以下特点：

(1) 缩聚反应的链增长是逐步进行的；

(2) 缩聚反应大多为可逆平衡反应；

(3) 缩聚反应较为复杂，除主反应外，还有链裂解、链交换及其他副反应。

一、逐步性

现以 2-2 官能度体系的二元酸与二元醇的缩聚反应为例，来说明线型缩聚的逐步性。

第一步，二元醇与二元酸反应先形成二聚体(羟基酸)：

$$HOROH+HOOCR'COOH \rightleftharpoons HORO\cdot COR'COOH+H_2O \qquad (2-11)$$

第二步，由于二聚体仍带有端基，可以与二元醇或二元酸进一步反应，形成三聚体：

$$HORO\cdot COR'COOH+HOROH \rightleftharpoons HORO\cdot COR'CO\cdot OROH+H_2O \qquad (2-12)$$

$$HOOCR'COOH+HORO \cdot COR'COOH \rightleftharpoons HOOCR'CO \cdot ORO \cdot COR'COOH+H_2O \quad (2-13)$$

二聚体也可相互反应，形成四聚体。三聚体和四聚体还可相互反应、自身反应或与单体、二聚体反应。总之，含羟基的任何聚合体和含羧基的任何聚合体都可以进行缩聚。下面用通式表示：

$$n\ 聚体 + m\ 聚体 \rightleftharpoons (n+m)聚体+水 \quad (2-14)$$

缩聚反应的链增长是逐步进行的。在反应开始阶段，单体因参加反应而很快消失，转变成低聚物(二聚体、三聚体、……)，然后低聚物之间再发生缩合，形成更高分子量的聚合物。所以缩聚反应的转化率，在一开始就急剧增加，继续反应则变化不大，聚合度是逐步增长的，延长聚合时间只是为了提高缩聚物的分子量，而不是为了提高转化率。因此，对缩聚反应或逐步聚合反应来说，转化率的意义不大，可用反应程度来描述反应的深度。缩聚反应的活化能较高，如酯化反应活化能 $E_P \approx 60kJ/mol$，故形成大分子的速率较慢。

二、可逆平衡

缩聚反应大多为可逆平衡反应，当反应进行到一定程度时，就达到平衡状态，这时缩聚物分子量不再随反应时间的延长而增长。要使分子量达到工艺要求，必须将体系中生成的低分子物不断除去，只有不断打破平衡，才能促使反应向形成聚合物的方向进行。由于随着反应的进行，缩聚物的分子量不断地增长，体系的黏度也随之增加，使低分子物更不易排出，且副反应也剧增，故一般缩聚物的分子量总是较低的。在熔融缩聚过程中，虽然在高真空度下不断排除低分子物，但分子量也只能达到 2 万左右，缩聚物的分子量一般总是低于加成聚合物的分子量。

对于一个可逆平衡反应而言，常用平衡常数 K 来衡量反应到达平衡时正、逆反应进行的程度。K 值越大，表明达到平衡时产物的浓度积越大，未参加反应的单体浓度积越小。对低分子化合物的可逆反应而言，K 值大小仅标志平衡时产率的高低。而对缩聚反应而言，平衡常数还影响缩聚产物的分子量，这与前者有着本质上的不同。

以聚酯反应为例：

$$—OH+—COOH \underset{k_{-1}}{\overset{k_1}{\rightleftharpoons}} —OCO—+H_2O \quad (2-15)$$

$$K=\frac{k_1}{k_{-1}}=\frac{[—OCO—][H_2O]}{[—OH][—COOH]} \quad (2-16)$$

根据 K 值大小，可将线型缩聚大致分为三类：

(1) 平衡常数较小的反应，如聚酯化反应，$K\approx4$。由于 K 值较小，达到平衡时，低分子产物浓度的大小对聚合物分子量的增长有重要影响，因此在反应过程中应尽可能除去低分子产物。

(2) 平衡常数中等的反应，如聚酰胺反应，$K\approx300\sim500$，低分子物的量对聚合物分子量有所影响。

(3) 平衡常数很大的反应，可看作不可逆反应，如聚砜、聚碳酸酯等的合成，其平衡常数较大，一般在几千以上。

在科学研究、化工生产过程中，人们可以根据单体特性、材料要求，依据平衡常数的差异，选用不同的缩聚生产路线和工艺。

三、线型缩聚与成环反应

2-2 或 2 官能度体系是线型缩聚的必要条件，但是单体除形成大分子外，还可能发生分子内缩合形成环状化合物。环的结构决定了环的稳定性，5 元和 6 元环最稳定，不易形成线型聚合物；3 元环和 4 元环，以及 8~11 元环均不稳定，很难成环，易形成线型聚合物；7 元环因有一定稳定性，故以形成线型聚合物为主，只有少量环状物，两者构成平衡；12 元以上的成环倾向与 7 元环相近。环的稳定性可按下列顺序排列：

3、4、8~11<7、12<5、6

通过分析单体成环和成链的倾向，合理选择缩聚单体。例如，羟基酸既可形成聚酯，也可形成环状内酯：

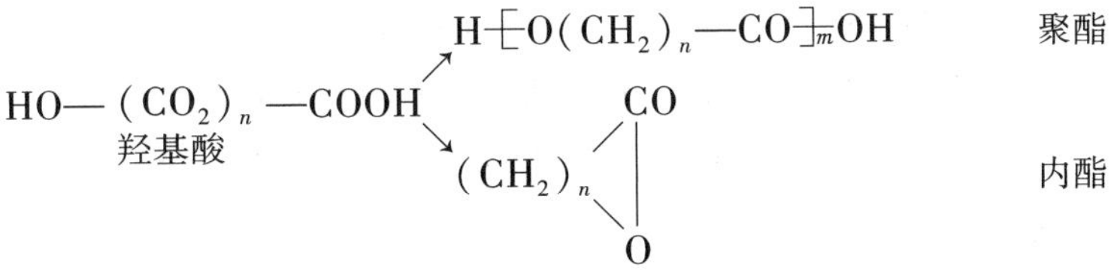

(2-17)

氨基酸也有类似情况：

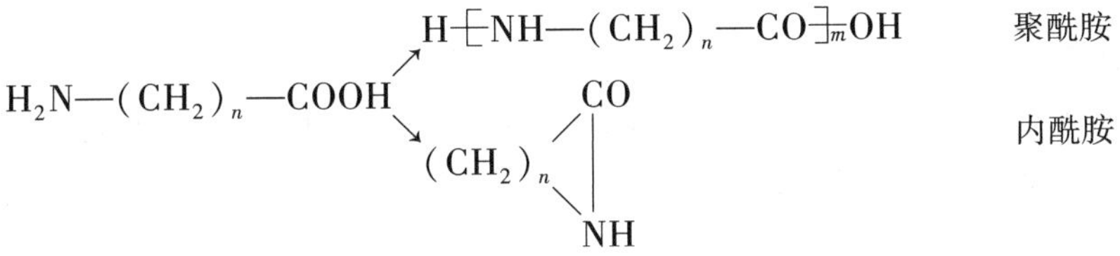

(2-18)

当环上取代基或环上元素改变时，环的稳定性也有相应的变化。例如硅氧烷可形成 8 元环且较为稳定。

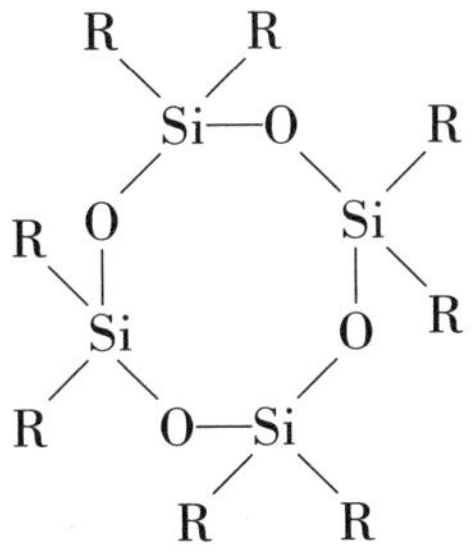

(2-19)

缩聚是双分子反应，一般较高单体浓度，有利于线型缩聚。成环是单分子反应，一般在单体浓度较低时有利于成环反应。

不仅单体分子有成环倾向，增长中的大分子链，由于链端基团的作用，会引起大分子内邻近弱键裂解，形成环状低聚物。例如，聚对苯二甲酸乙二醇酯中一般含有 2%~3%的低聚物，经过分析证明其中 90%~95%为环状三聚体。其环状低聚物为：

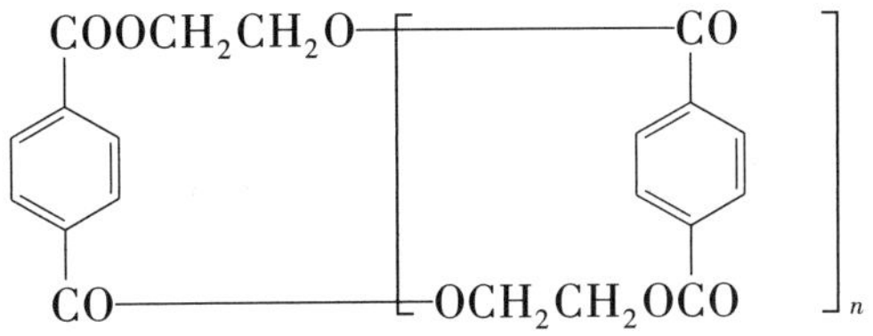

(2-20)

这些环状低聚物在高温下与熔融聚合物形成平衡状态。在这种环状低聚物除去之后，在280℃、1h之内，又能生成平衡量的环状低聚物。

四、缩聚过程中的副反应

在缩聚过程中，与大分子链增长的同时，体系中还伴随有许多副反应，前面所述环化反应也可看作是线型缩聚的一种副反应。由于反应体系中长链分子与原料物质共存，它们在反应过程中可以相互作用，尤其在反应后期副反应更为剧烈，如化学降解、链交换反应等。

（一）官能团的消去反应

合成聚酯时，所用的二元羧酸单体，在高温下会发生脱羧反应，引起原料官能团物质的量比的改变，影响缩聚物的聚合度。

$$HOOC(CH_2)_nCOOH \longrightarrow HOOC(CH_2)_nH+CO_2 \qquad (2-21)$$

合成聚酰胺时，所用二元胺也会发生分子内或分子间的脱氨反应。

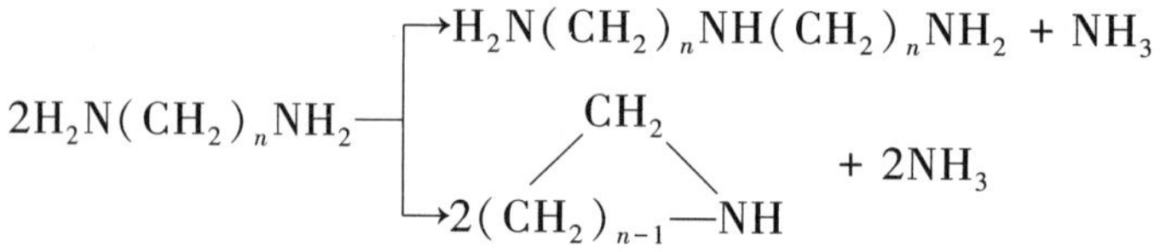

(2-22)

（二）化学降解

聚酯、聚酰胺大分子链上有较弱的酯键(—COO—)和酰胺键(—CONH—)，在反应过程中，由于与原料物质共存，它们可相互作用，发生裂解反应。

1. 酸解反应

大分子链上弱键(如聚酯分子链上的酯键)在原料酸作用下，引起酸解反应。

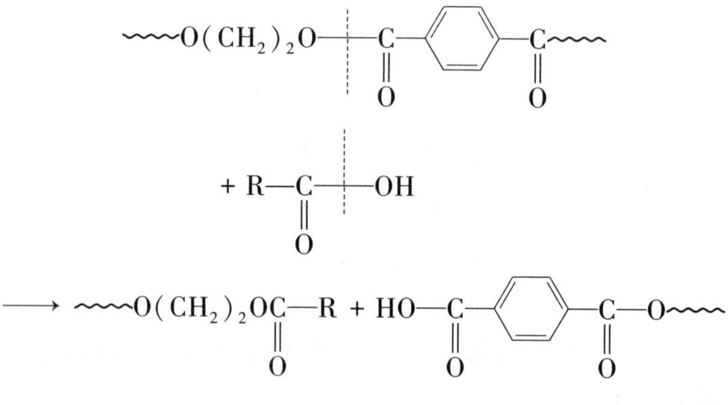

(2-23)

2. 醇解反应

在原料醇作用下聚酯发生醇解。

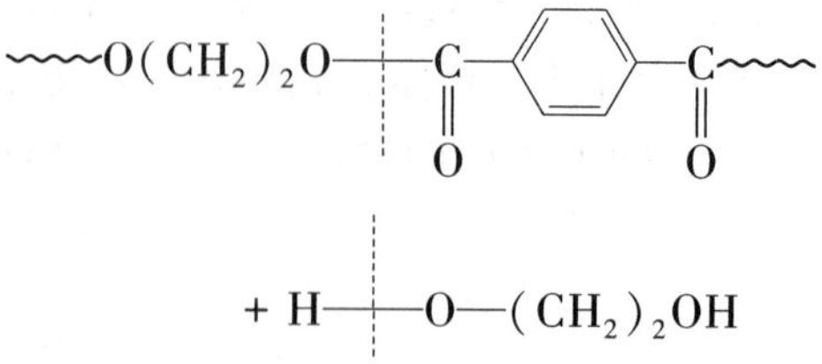

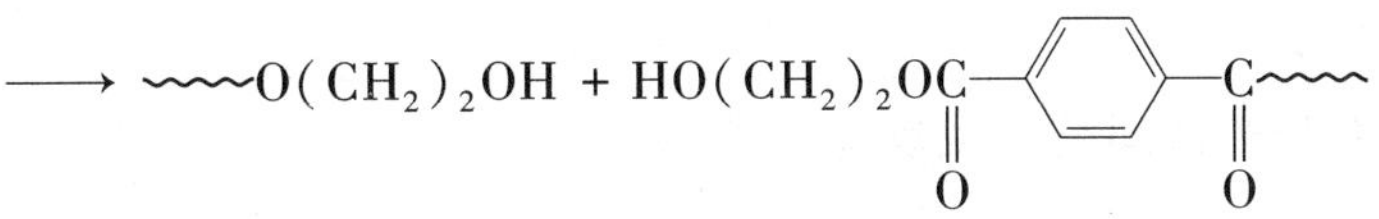
(2-24)

3. 胺解反应

聚酰胺上的弱键在原料胺作用下发生胺解。

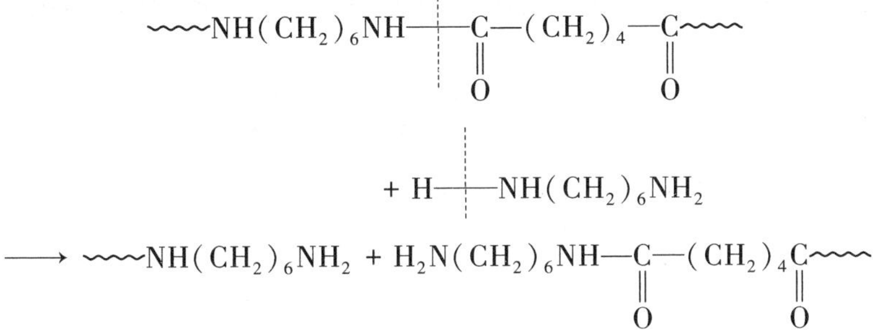
(2-25)

4. 水解反应

聚酯、聚酰胺在水存在下易发生水解反应。

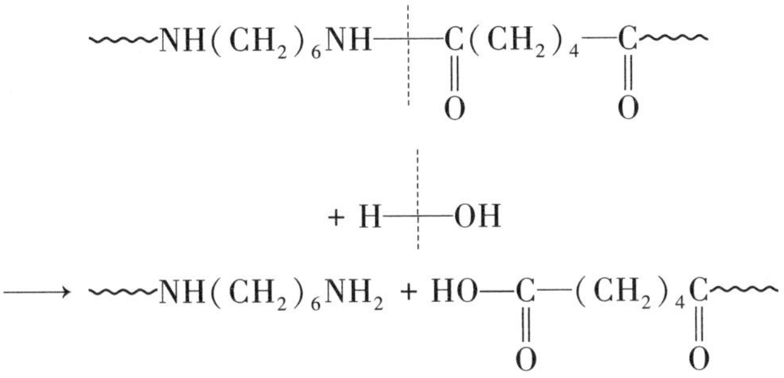
(2-26)

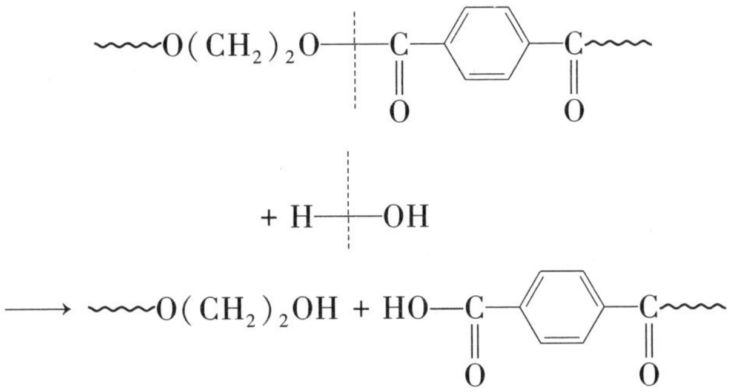
(2-27)

水的存在除对聚酯化、聚酰胺化过程有影响外，在树脂加工成型过程中，水对它们的降解作用也不能忽视。如聚酯在纺丝前，必须进行切片干燥，严格控制水分，以免在高温熔融纺丝时，高聚物严重水解，影响可纺性。另外，未反应完的原料酸、醇、胺等在聚合物成型过程中，也会引起化学降解。

当然人们还可利用化学降解作用，回收利用高聚物，变废为宝。如合成酚醛树脂过程中，一旦交联固化，可加入过量酚，使之酚解成低聚物，然后回收利用。

（三）链交换反应

上述各类反应均属于大分子和低分子之间的反应，而大分子的端基也可与另一大分子中间的弱键进行链交换反应，这也可归属于醇解或酸解反应。另外，两条大分子之间的弱键也能进行链交换。

1. 链端与另一大分子链间的交换反应

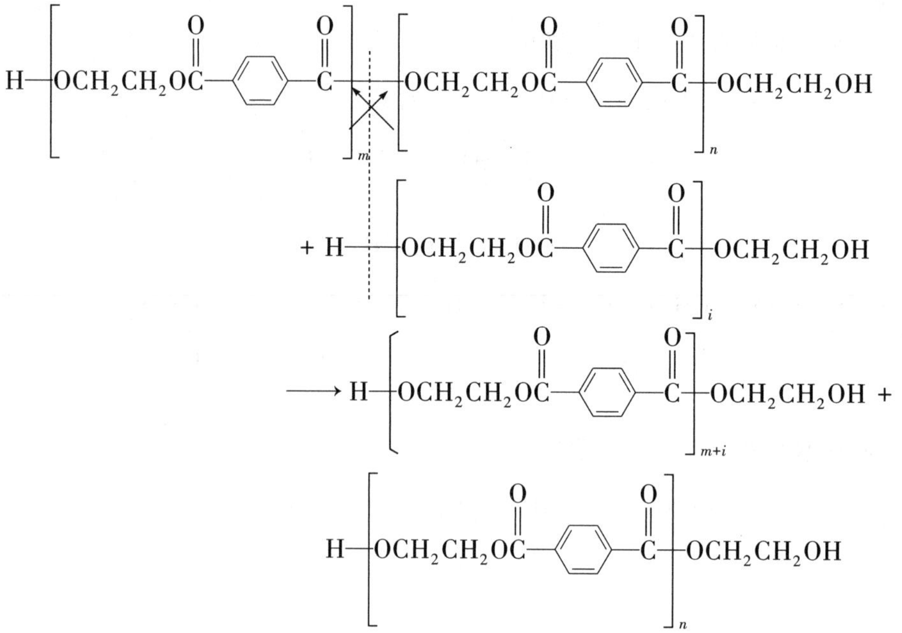

(2–28)

2. 两条大分子链间的交换反应

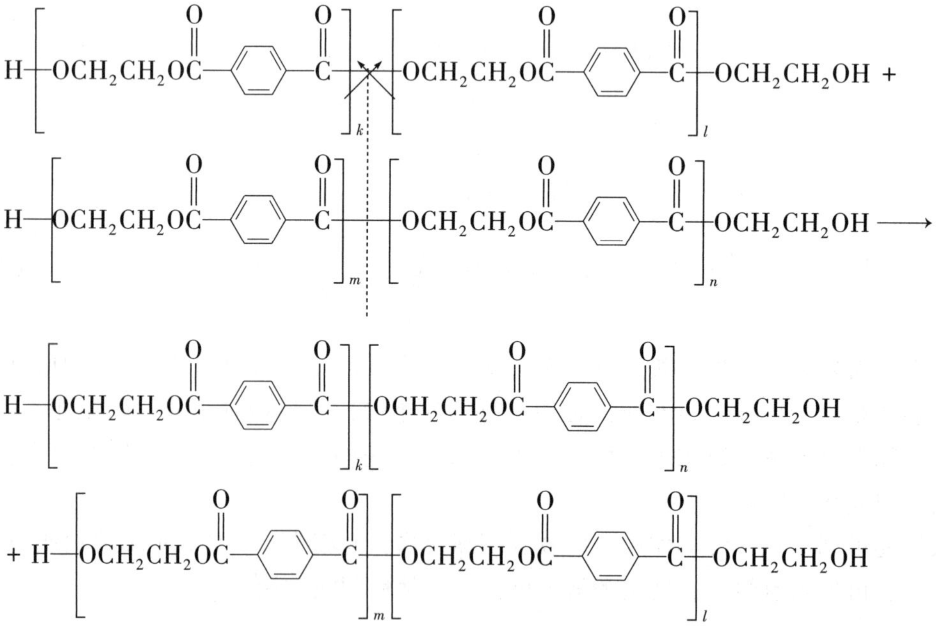

(2–29)

实验表明，链交换速度与聚合温度、催化剂浓度有关。聚合温度越高，催化剂浓度越大，则链交换速度越快。

第三节　线型缩聚物的聚合度

一、聚合度的定义

对于线型缩聚物聚合度的定义分两种情况。一种是将聚合物的重复单元数定义为聚合度，并以 $\overline{DP}$ 表示。如 aRb 型缩聚物，其重复单元数与结构单元数相同，因此 $\overline{DP}=\overline{X}_n=n$；而 aABb 类混缩聚型聚合物，它是由两种单体缩聚的，因此其结构单元为(A+B)，而它的重复单元为—AB—，那么 $\overline{DP}=n=\overline{X}_n/2$，在此情况下 $\overline{DP}$ 值都与 n 值一致。另一种情况是将结构单元数定义为聚合度，用 $\overline{X}_n$ 表示。如以 aRb 为单体，进行均缩聚，结构单元数为 n，则 $\overline{X}_n=n$；若用两种单体 aAa 和 bBb，缩聚物的结构单元数为 $2n$，则 $\overline{X}_n=2n$。

二、聚合度的影响因素

缩聚物的聚合度受反应程度、可逆平衡性、单体官能团的摩尔比等因素的影响。

（一）反应程度的影响

反应程度 P 定义为参加反应的官能团数(N_0-N)占起始官能团数 N_0 的分率

$$P=\frac{\text{已反应的官能团数}}{\text{起始官能团数}}=\frac{N_0-N}{N_0}=1-\frac{N}{N_0} \tag{2-30}$$

如果将进入大分子链的平均总单体数(或结构单元数)定义为平均聚合度，则

$$\overline{X}_n=\frac{\text{单体数}}{\text{大分子数}}=\frac{\text{结构单元总数}}{\text{大分子数}}=\frac{N_0}{N} \tag{2-31}$$

聚合度与反应程度关系式：

$$\overline{X}_n=\frac{1}{1-P} \tag{2-32}$$

下面用 aRb 型单体的缩聚反应为例来说明。如果是 3 个单体分子参加反应，

$$2aRb+aRb \rightleftharpoons a\!\left[R\right]_3\!b+2ab \tag{2-33}$$

起始官能团数为 6，反应了 4 个，则 $P=4/6=0.66$，$\overline{X}_n=3$。如果是 4 个单体分子参加反应，起始官能团数为 8，反应了 6 个，则 $P=0.75$，$\overline{X}_n$ 为 4。由此类推，可得出表 2-2 的结果。将表中数据以 P 对 $\overline{X}_n$ 作图，得图 2-1。

表 2-2　聚合度与反应程度的关系

P	0.5	0.8	0.9	0.95	0.98	0.99	0.995
$\overline{X}_n$	2	5	10	20	50	100	200

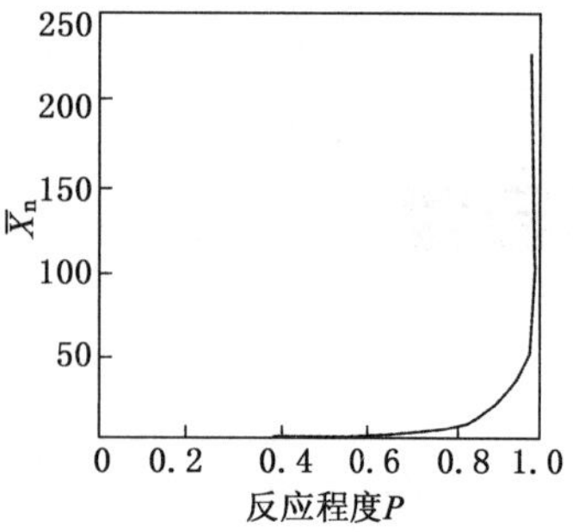

图 2-1　聚合度与反应程度的关系

由表 2-2 和图 2-1 可见，在两种单体等物质的量的条件下，或者本身就是 aRb 型的单体，进行不可逆缩聚时，聚合度随反应程度加深而增加。当反应程度达 0.95 时，聚合度仅为 20，远未满足材料的要求。涤纶、尼龙、聚砜、聚碳酸酯等缩聚物，一般作为材料使用时聚合度需在 100～200 以上，因此反应程度应提高到 0.99～0.995 以上。

（二）缩聚平衡对聚合度的影响

缩聚反应是由一系列相继进行的平衡反应构成的，从形式上看它们是完全不同的，因为各阶段反应物的分子链长短是不同的。但根据官能团等活性原则，就可以简单地用官能团来描述反应，用一个平衡常数 $K=\frac{k_1}{k_{-1}}$ 来表征该平衡反应。由于缩聚反应中分子量受到平衡限制，分子量不能无限增长，因此，要进一步了解平衡常数与聚合度关系。

下面以聚酯的平衡缩聚为例进行讨论。

聚酯化反应是平衡常数较小的可逆反应，假设羧基和羟基摩尔数相等，令其起始浓度 $c_0=1$，时间 t 时浓度为 c，则酯的浓度应为 $1-c$。在未排除低分子水的情况下，水的浓度也为 $1-c$。如果有部分水被排出，则令其残留浓度为 n_w。

$$\text{—COOH} + \text{—OH} \underset{k_{-1}}{\overset{k_1}{\rightleftharpoons}} \text{—OCO—} + H_2O$$

起始	1	1	0	0
t 时，水未排除	c	c	$1-c$	$1-c$
水部分排除	c	c	$1-c$	n_w

聚酯反应的净速率为正、逆两反应速率之差，水未排除时，净速率应为：

$$R=\frac{-dc}{dt}=k_1c^2-k_{-1}(1-c)^2 \tag{2-34}$$

水部分排除时，净速率为：

$$R=\frac{-dc}{dt}=k_1c^2-k_{-1}(1-c)n_w \tag{2-35}$$

反应程度 P 是时间 t 时羧基或羟基参加反应数的分率，将式(2-30)中 N_0、N 以羧基或羟基的浓度代替，则可推导得：

$$c=c_0(1-P) \tag{2-36}$$

将式(2-36)和平衡常数 $K=k_1/k_{-1}$ 代入式(2-34)和式(2-35)，得：

$$\frac{dP}{dt}=k_1[(1-P)^2-\frac{P^2}{K}] \tag{2-37}$$

$$\frac{dP}{dt}=k_1[(1-P)^2-\frac{Pn_w}{K}] \tag{2-38}$$

上式说明，总反应速率决定于反应程度、平衡常数及低分子物含量。

1. 低分子物未排除情况下

若在封闭体系中反应，由于不能排除低分子物，缩聚反应为可逆反应，所以得不到高反

应程度和高聚合度。当正、逆反应达到平衡时，总聚合速率为零，则由式(2-39)，得

$$(1-P)^2-\frac{P^2}{K}=0 \tag{2-39}$$

所以

$$P=\frac{\sqrt{K}}{\sqrt{K}+1} \tag{2-40}$$

$$\overline{X}_n=\frac{1}{1-P}=\sqrt{K}+1 \tag{2-41}$$

式(2-41)表明，在封闭体系中，聚合度取决于平衡常数。一般聚酯化的 $K\approx4$，从式(2-40)可以计算得到 $P=2/3$，$\overline{X}_n$只有 3；聚酰胺 $K\approx400$，P 值最高也只达 0.95，$\overline{X}_n$小于 21。只有当 $K=10^4$时，$\overline{X}_n$才能达到 100。

2. 不断排除低分子物

若反应在敞开体系中进行，由于低分子物不断除去，n_w值减小，所以反应能不断进行下去，可获得较高的反应程度和聚合度。

根据式(2-39)，得：

$$\overline{X}_n=\frac{1}{1-P}=\sqrt{\frac{K}{Pn_w}}\approx\sqrt{\frac{K}{n_w}} \tag{2-42}$$

应注意，式(2-42)中的 P 应趋近于 1(0.99)，才能得到高分子量的缩聚物。式(2-42)为缩聚平衡方程，这是平衡缩聚反应的平均聚合度与平衡常数及平衡时低分子物含量三者之间的关系的近似表达式。但是这一方程式有局限性，因为在推导时就假定了：

(1) 官能团等活性，可用一个 K 来表征；

(2) 体系是体积变化不大的均相体系，这样不会因为体积变化而引起浓度变化；

(3) 官能团总数不变；

(4) 反应程度趋近于 1。

从式(2-42)可知，聚合度与平衡常数平方根成正比，与低分子产物浓度平方根成反比。如聚酯化 $K\approx4$，由于 K 较小，要得到 $\overline{X}_n=100$ 的缩聚物，必须除去低分子物，使残留低分子物浓度低于 4×10^{-4}mol/L，故要求反应体系压力小于 66.6Pa。聚酰胺化时，$K\approx400$，故低分子物含量可高些，如 4×10^{-2}mol/L，反应体系压力可高一些。至于 K 值很大(10^3)时，且对聚合度要求不高(几到几十)时，例如可溶性酚醛树脂预聚物，完全可以在水介质中进行。

三、聚合度的控制

反应程度和平衡条件是影响线型缩聚物聚合度的重要因素，却不能用作控制的手段。控制分子量的有效办法有两种。一种是由两种单体进行混缩聚时，使一种单体稍稍过量；另一种是在反应体系中加一种单官能团物质，使其与大分子端基反应，起封端作用，使反应程度稳定在一定数值上，制得预定聚合度的产物。

(一) aAa 和 bBb 两种单体反应，其中 bBb 单体稍过量

两种单体非等物质的量比有过量分数 q 和摩尔系数 r 两种表示方法，工业上常用过量摩尔分数表示，理论分析时常用摩尔系数表示。

两种单体混缩聚的反应如下：

$$aAa+bBb \rightleftharpoons aABb+ab$$

设 N_a、N_b 分别为官能团 a、b 的起始数目，则它们分别为 aAa、bBb 分子数的两倍。两官能团数之比称为摩尔系数，以 r 表示，因为 bBb 过量，则 $r=\frac{N_a}{N_b}\leqslant 1$。bBb 过量摩尔分数 q 与 r 的关系，可用下式表示：

$$q=\frac{\left(\frac{N_b-N_a}{2}\right)}{\frac{N_a}{2}}=\frac{1-r}{r} \tag{2-43}$$

若官能团 a 的反应程度为 P，则官能团 a 的反应数为 N_aP，也等于 b 的反应数。a 官能团的残留数为 N_a-N_aP，而 b 的残留数为 N_b-N_aP，(a+b)的总残留数为 $N=N_a+N_b-2N_aP$。由于每一个大分子链有两个端基，因此大分子总数为端基数的一半，即$\frac{[N_a+N_b-2N_aP]}{2}$。

根据聚合度的定义，$\overline{X}_n$ 等于结构单元数除以大分子总数，故得：

$$\overline{X}_n=\frac{\frac{(N_a+N_b)}{2}}{\frac{(N_a+N_b-2N_aP)}{2}}=\frac{1+r}{1+r-2rP}=\frac{q+2}{q+2(1-P)} \tag{2-44}$$

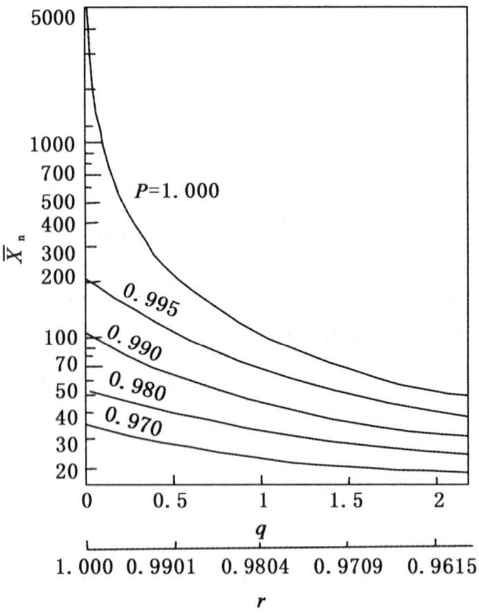

图 2-2 聚合度与反应程度、过量摩尔分数或摩尔系数的关系

上式表明了聚合度与摩尔系数 r(或过量摩尔分数 q)、反应程度 P 三者之间的定量关系，见图 2-2。

例 1 等物质的量乙二醇与己二酸缩聚，另外加入 1.5%(摩尔)的醋酸，当 $P=0.995$ 时，聚酯的聚合度为多少？

解 $q=1.5\%$

$=0.015\text{mol}$

$$\overline{X}_n=\frac{q+2}{q+2(1-P)}$$

$$=\frac{0.015+2}{0.015+2(1-0.995)}=80.6$$

式(2-42)有两种极限情况：

(1)若两种单体完全等物质的量，即 $r=1$ 或 $q=0$，则式(2-44)可简化为：

$$\overline{X}_n=2\,\overline{DP}=\frac{1}{1-P} \tag{2-45}$$

(2)若 $P=1$，则得：

$$\overline{X}_n=\frac{1+r}{1-r}=\frac{2}{q}+1\approx\frac{2}{q}=2\,\overline{DP} \tag{2-46}$$

当完全等物质的量($r=1$ 或 $q=0$)和 $P=1$ 时，聚合度将变为无穷大，理论上成为一条大分子。

（二）加入单官能团物质进行端基封锁

aAa 和 bRb 等物质的量，另外加入少量单官能团物质 C_b，此时式(2-44)仍适用，但摩尔系数和过量摩尔分数 q 应按下式计算：

$$r=\frac{N_a}{N_a+2N_c} \tag{2-47}$$

$$q=\frac{2N_c}{N_a} \tag{2-48}$$

上两式中，系数 2 代表 C_b 相当于一个过量 bBb 分子的作用（C_b 中一个官能团能起封端作用；另一端虽然不带官能团，但也能封端）。

在 aRb 型单体缩聚时，亦可采用加入单官能团物质的办法控制分子量。

上述分析表明，线型缩聚物的聚合度与两官能团的摩尔系数或过量摩尔分数有密切关系。故在生产中，要获得高分子量产物，必须保证单体官能团严格地等物质的量比。为此，首先要保证单体有足够纯度，因为杂质存在会影响摩尔比的精确性，另外杂质中若含有官能团 a 或 b，就会限制分子量的增长。其次，应尽量减少单体因挥发、分解等造成的损失。

第四节　聚合度分布

按照官能团等活性原则，在反应时，每个官能团均有同等机会参加反应，所以缩聚物是各种不同聚合度的同系物的混合物，即聚合物的聚合度具有多分散性。多分散性可用聚合度分布表示，聚合度分布可从实验测得，也可以用统计的方法或动力学方法从理论上进行推导。下面用统计方法推导线型缩聚物的聚合度分布。

以 HORCOOH 单体合成聚酯为例，设在反应过程中，官能团等活性，则各步反应速率相等，也就是各个键的成键几率相等。

从反应程度 P 的定义可知，P 值等于在该时刻已参加反应的羧基数目与起始羧基数目之比值。从统计角度看这个比值，它是在 t 时刻反应系统中羧基参加反应而生成酯键 —C(=O)—O— 的几率，即 $P=\frac{N_0-N}{N_0}=\frac{\text{参加反应的羧基数目}}{\text{起始羧基数目}}$ = 生成一个酯键的成键几率，而 $1-P$ = 不成键几率。

单体反应形成 n 聚体，可以表示如下：

$$\underset{\quad}{\text{HO—R—CO—}}\underset{1}{\text{ORCO—}}\underset{2}{\text{ORCO}}\cdots\cdots\underset{n-1}{\text{ORCO}}\text{—OH} \tag{2-49}$$

在分子链中含有 $(n-1)$ 个酯键，需要有 $(n-1)$ 个羧基参加反应，另外在末端有一个不成键羧基存在。

已知构成一个酯键的几率为 P，生成 n 聚体需有$(n-1)$个酯键构成，其几率为各个单独成键几率的乘积 P^{n-1}。同时 n 聚体的末端还有一个不成键的羧基，其几率为$(1-P)$，所以 n 聚体的生成几率应该为 $P^{n-1}(1-P)$。

当然，此时体系中的羧基还会以不同的几率生成不同聚合度的大分子链(各种分子生成几率的总和为1)。上述 n 聚体生成的几率，应等于该体系中 n 聚体分子数 N_n 对大分子总数 N 的比值：

$$\frac{N_n}{N}=P^{n-1}(1-P)$$

$$N_n=NP^{n-1}(1-P)$$

而
$$N=N_0(1-P)$$

故
$$N_n=N_0P^{n-1}(1-P)^2 \tag{2-50}$$

式(2-50)为弗洛里分布式，它表示线型缩聚体系在反应程度为 P 时，n 聚体的数量分布函数。

n 聚体的质量分布函数可以下式表示：

$$W_n=\frac{nN_n}{N_0}=nP^{n-1}(1-P)^2 \tag{2-51}$$

图2-3和图2-4是由式(2-50)、式(2-51)分别作图得到的分布曲线图。

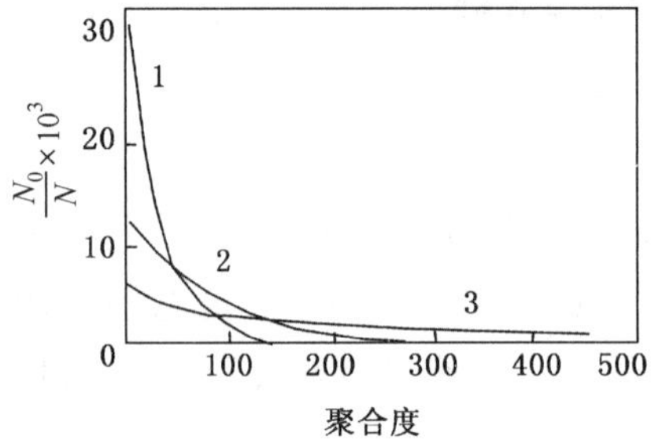

图2-3　不同反应程度时线型缩聚物聚合度的数量分布曲线

1—$P=0.9600$；2—$P=0.9875$；3—$P=0.9950$

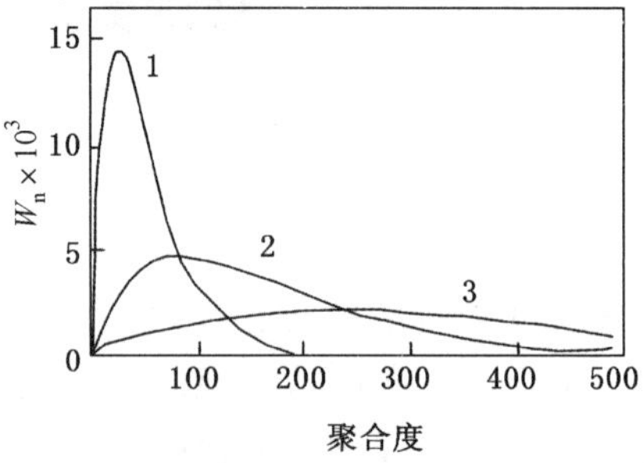

图2-4　不同反应程度时线型缩聚物聚合度质量分布曲线

1—$P=0.9600$；2—$P=0.9875$；3—$P=0.9950$

由上两图可见，随反应程度增加，聚合度分布变宽。

由弗洛里分布函数还可以求出缩聚物的数均聚合度和重均聚合度。

$$\overline{X}_n=\frac{1}{1-P} \tag{2-52}$$

$$\overline{X}_w=\frac{1+P}{1-P} \tag{2-53}$$

聚合度分布指数用下式表示：

$$\frac{\overline{X}_w}{\overline{X}_n}=1+P\approx2 \tag{2-54}$$

尼龙-66经凝胶渗透色谱分级后，测得其聚合度分布与理论推导的结果十分接近。许多逐步聚合反应所得聚合物的$\frac{\overline{X}_w}{\overline{X}_n}$值大多接近于2。

以上分布函数推导的前提是基于官能团等活性理论，且反应过程中无其他消耗官能团的副反应，否则，聚合度分布就要复杂得多。

第五节　线型缩聚反应速率

研究缩聚反应速率及其影响因素的内在规律，便于指导工业生产，为提高产量和产品质量服务。

一、官能团的等活性概念

关于缩聚反应的逐步性，前面已进行讨论，对于这种分子链不断在增长，且分子量有一定分布的体系，若反应的每一步，都分别具有不同平衡常数和速率常数，则对反应平衡和反应速率的分析，就相当困难。

因此人们考虑，对于具有平衡特性的缩聚反应，能否用一个平衡常数来表征每一步反应的平衡特征，用一个反应速率常数来表征各步反应的速率常数。其本质问题是反应过程中官能团的反应能力是否会改变。为此，人们提出了官能团等活性的概念，即假定任何反应阶段，不论是单体、二聚体、三聚体、多聚体或高聚物，其两端官能团的反应能力不随分子链的增长而变化，那么每一步反应的平衡常数必然相同。整个缩聚过程可用一个平衡常数K表示。这样，缩聚反应速率也与低分子反应的相似，即不论哪一步反应，其速率常数都将保持不变。

弗洛里研究了十二碳醇与月桂酸、癸二醇与己二酸的酯化反应，并得出它们具有相同的速率常数和反应级数的结论，验证了反应速率常数与分子链长短无关这一官能团等活性的假设。

有人通过实验，测定了一系列一元酸$H(CH_2)_nCOOH$与乙醇的酯化速率常数。

$$H(CH_2)_nCOOH+C_2H_5OH(\text{过量很多})\xrightarrow{[H^+]}H(CH_2)_nCOOC_2H_5+H_2O \qquad (2-55)$$

从表2-3中数据可见，当$n=1$、2、3时，酯化速率常数确实降低了。但当$n\geqslant3$以后，该系列反应速率常数k接近于7.5×10^4L/mol·s。上述事实证明，同系列单官能团化合物，当分子链长达到一定值之后，官能团的反应能力与分子链长无关。

对于双官能团化合物，也有类似结果，见表2-3。

由于官能团的等活性，因此各步反应的速率常数相等，即：

$$k_1=k_2=k_3=k_4\cdots\cdots=k_n$$

$$k_{-1}=k_{-2}=k_{-3}=k_{-4}\cdots\cdots=k_{-n}$$

表 2-3　羧酸系列的酯化速率常数(25℃)　　　$L\cdot(mol\cdot s)^{-1}$

分子大小(n 值)	$H(CH_2)_nCOOH$ $k\times10^4$	$(CH_2)_n(COOH)_2$ $k\times10^4$
1	22.1	
2	15.3	6.0
3	7.5	8.7
4	7.5	8.4
5	7.4	7.8
6		7.3
8	7.5	
9	7.4	
11	7.6	
13	7.5	
15	7.7	
17	7.7	

下面再讨论大分子扩散速率对官能团反应能力的影响。

根据阿累尼乌斯方程，在一定温度下反应速率常数决定于碰撞频率 A、有效碰撞几率 P 和反应活化能 ΔE。一般认为大分子中官能团的反应活化能与分子链长无关。但随着大分子链的增长，体系黏度增加，必然会使大分子扩散速率降低，这样似乎会降低大分子上官能团碰撞的次数。但弗洛里认为，大分子中官能团的碰撞频率不能与整个大分子链扩散速率混淆起来。由于分子的热运动，大分子链上每一个部分都以一定频率在不停地运动着，大分子上末端官能团的活动能力很强，且远超过整个大分子的活动能力。由于大分子两端的官能团可以在相当大的区域内活动而与其他分子上的官能团碰撞，又由于官能团迁移会受大分子运动缓慢的牵制，因而反应双方的官能团接触的持续时间就较长，反复碰撞的机会反而增多，因此，总的碰撞次数近似于一个常数，不会因反应的连续进行和黏度的增大而改变。也就是说，分子链上官能团活性与基团的碰撞频率有关，并不决定于整个大分子的扩散速率。总之，大分子的反应能力和分子链长无关。

弗洛里官能团等活性原则的结论是，不同大小的分子上相同官能团具有相同的反应能力。

在一般缩聚反应体系中，官能团等活性原则只能近似地加以引用。到缩聚后期，体系黏度过大，聚合速率为扩散控制，且不能保持反应基团的平衡浓度，这样，官能团活性和反应速率会受影响。

二、线型缩聚反应速率

根据上述等活性概念，在推导反应速率时可以简化处理。以二元酸和二元醇的聚酯化反应为例，来说明缩聚或逐步聚合的反应速率。

(一) 外加酸催化缩聚反应

酯化(或聚酯化)反应一般需要酸(或金属氧化物、金属盐类)作催化剂，而且要使反应进行下去，产率(或分子量)提高，必须不断排出低分子副产物，这类情况属于不可逆条件。外加酸催化缩聚反应，机理大致如下。

1. 羧酸质子化

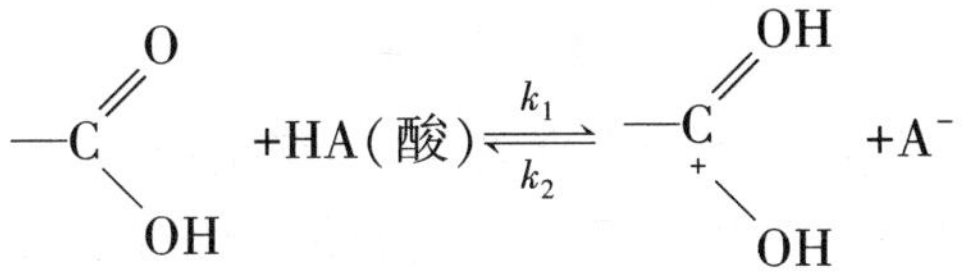

(2-56)

2. 已质子化种与醇反应生成酯

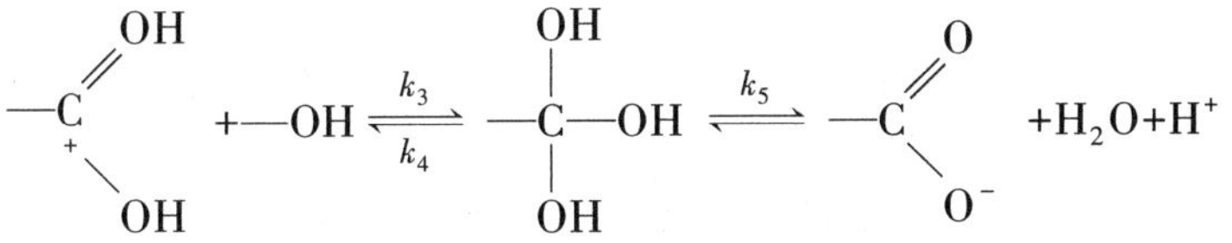

(2-57)

聚酯化反应的速率可用羧基消失速率表示。在上述二步反应中，k_1、k_2、k_5 都比 k_3 大，由于不断排除小分子，反应是不可逆的，k_4 就不存在。因此聚酯化总速率可用第二步中的反应速率表示。

$$R_P=\frac{-d[COOH]}{dt}=k_3[C^+(OH)_2][OH] \tag{2-58}$$

式中的质子化种的浓度较难测定，这里引用平衡常数 K' 加以消去。

$$K'=\frac{k_1}{k_2}=\frac{[C^+(OH)_2][A^-]}{[COOH][HA]} \tag{2-59}$$

联立式(2-58)和式(2-59)，得下式：

$$\frac{-d[COOH]}{dt}=\frac{k_1k_3[COOH][OH][HA]}{k_2[A^-]} \tag{2-60}$$

催化剂酸的离解可用下式表示：

$$HA \rightleftharpoons H^+ + A^- \tag{2-61}$$

其离解平衡常数 K_{HA} 为：

$$K_{HA}=\frac{[H^+][A^-]}{[HA]} \tag{2-62}$$

联立式(2-60)和式(2-62)，得：

$$\frac{-d[COOH]}{dt}=\frac{k_1k_3[COOH][OH][H^+]}{k_2K_{HA}} \tag{2-63}$$

在整个缩聚过程中，作为催化剂用的氢离子浓度$[H^+]$不变，所以酯化反应速率与羧基和羟基浓度乘积成正比，故式(2-63)又可简化成：

$$\frac{-dc}{dt}=kc^2 \tag{2-64}$$

将式(2-64)积分，得

$$\frac{1}{c}-\frac{1}{c_0}=kt \tag{2-65}$$

式中　c、c_0——时间 t 和起始时($t=0$)的羧基和羟基浓度。

将式(2-36)代入式(2-65)，得：

$$\frac{1}{1-P}=kc_0t+1 \tag{2-66}$$

若引入聚合度与反应程度的关系，则可得到聚合度随时间变化的定量关系：

$$\overline{X}_n = kc_0t + 1 \qquad (2-67)$$

上式表明 $\overline{X}_n$ 与 t 呈线性关系，即聚合度随反应时间增加而线性增长。例如，以对甲苯磺酸为催化剂，己二酸与癸二醇、一缩二乙二醇进行缩聚反应，其反应程度曲线如图 2-5 所示。由图可知，当 P 在 0.80~0.99 范围内，即 $\overline{X}_n$ 在 5~90 范围内，$\frac{1}{1-P}$-t的线性关系良好。这说明官能团等活性概念具有一定的可靠性。另外，由直线部分的斜率，可求得速率常数 k。

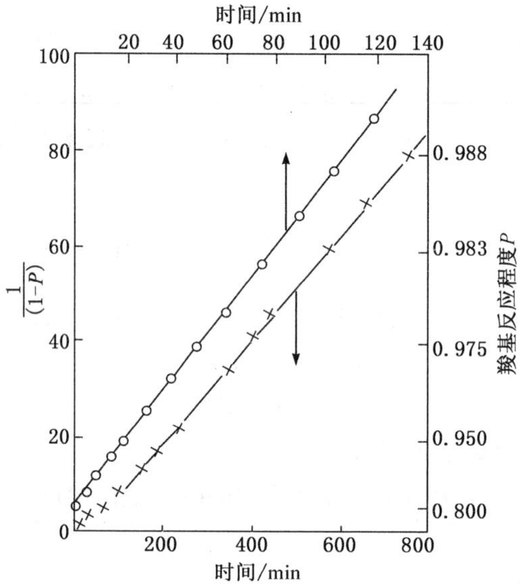

图 2-5 以对甲苯磺酸为催化剂己二酸聚酯化反应程度曲线

○—癸二醇，161℃；×—一缩二乙二醇，109℃

有人研究了对苯二甲酸β-双羟乙酯的缩聚反应速率，发现以 $Mn(OAc)_2$、$Al(OAc)_3$、GeO_2 为催化剂，在 260~280℃时进行缩聚，和以 $Sb(OAc)_3$ 为催化剂在 260~290℃进行缩聚，直至聚合度 150 都能很好地服从式(2-67)。但当温度过高时，由于热裂解反应加剧，其线性关系有偏离现象，见图 2-6。

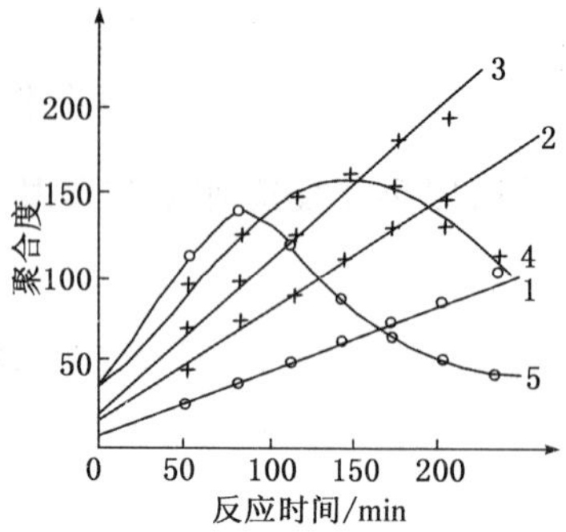

图 2-6 对苯二甲酸β-双羟乙酯的缩聚聚合度曲线

1—260℃；2—280℃；3—290℃；4—300℃；5—310℃

催化剂：$Sb(OAc)_3$；3×10^{-4}mol/mol

(二) 自催化缩聚

无外加酸时，二元酸单体自身可作催化剂，即 $[HA]=[COOH]_0$，假设羧基与羟基浓度相等，并以 c(mol/L)表示，将式(2-63)中所有常数综合成 k'，则可得：

$$\frac{-dc}{dt} = k'c^3 \qquad (2-68)$$

上式表明自催化的缩聚反应速率与羧基或羟基浓度的三次方呈线性关系。将上式分离变量，经积分，得：

$$\frac{1}{c^2} - \frac{1}{c_0^2} = 2k't \qquad (2-69)$$

式中 c、c_0——时间 t 和起始时($t=0$)的羧基或羟基浓度。

将式(2-36)，代入式(2-69)，得：

$$(\frac{1}{1-P})^2=2k'c_0^2t+1 \tag{2-70}$$

再将式(2-32)代入式(2-70)，得：

$$(\overline{X}_n)^2=2k'c_0^2t+1 \tag{2-71}$$

上式$(\overline{X}_n)^2$与t呈线性关系，说明聚合度随反应时间延长而缓慢增加，聚合度的增加速度随反应的进行而减慢。因此要获得高分子量的缩聚物，需要较长的反应时间。另外，自催化反应速率常数k'比有外加酸催化的速率常数k要小2个数量级。图2-7是己二酸在自催化条件下，与不同的二元酸进行缩聚反应的反应程度曲线。

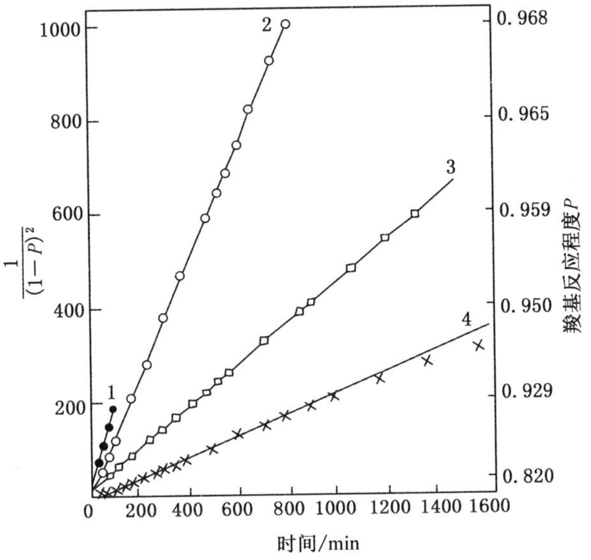

图2-7　己二酸自酸催化酯化反应程度曲线

1—癸二醇，202℃；2—癸二醇，191℃；3—癸二醇，161℃；4——缩二乙二醇，166℃

三、缩聚反应速率影响因素

1. 温度影响

温度对缩聚反应速率的影响符合阿累尼乌斯公式：$k=Ae^{-E/RT}$。在工业生产中，提高反应温度是加速反应的有效办法。但提高温度会有一定限制，因为，除正反应外，还伴随有副反应。如聚合物降解反应也会随温度提高而加剧，从而影响产品质量。

2. 压力

缩聚反应过程中，降低反应压力有利于低分子物的除去，使平衡向生成高聚物的方向移动，从而提高分子量。但减压会使单体因挥发而改变官能团的摩尔比。因此在反应初期，往往要根据情况采用不同压力和温度，有时甚至带压操作。如尼龙-66的生产，反应初期在密闭体系中，在260℃时，0.17MPa压力下使尼龙-66盐(己二胺己二酸盐)初步缩聚，这样可保证己二胺不挥发，己二酸不分解。然后随反应进行逐步降压，最后在2.66kPa下操作。由于反应后期压力低，对反应器的气密性有较高要求，所以设备质量往往决定了反应物的最大分子量。

3. 催化剂

缩聚反应采用催化剂，可降低反应活化能，提高正逆反应速率。涤纶生产常加醋酸锑类催化剂。

第六节　重要的线型缩聚物

一、聚碳酸酯

聚碳酸酯(polycarbonate)是分子主链中含有碳酸酯结构的聚合物，于 1957 年工业化，已发展成一类重要的工程塑料。典型的聚碳酸酯的合成反应为：

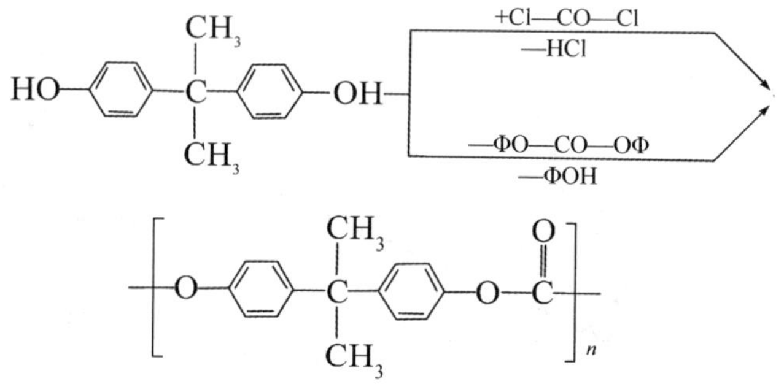

(2-72)

式中，Φ 代表苯基。

以上是用双酚 A 为原料，与光气反应或与碳酸二苯酯经酯交换反应合成聚碳酸酯。

此高聚物在结构上引入了苯环，提高了耐热性、坚韧性和硬度，可在 135℃下长期使用。其抗冲性能好、耐蠕变、透明、尺寸稳定性好，是一种重要的工程塑料。

二、聚芳砜

聚芳砜(polyaryl sulfone)可用双酚 A 的钠盐与 4,4′-二氯二苯砜经芳族取代反应制备而得。

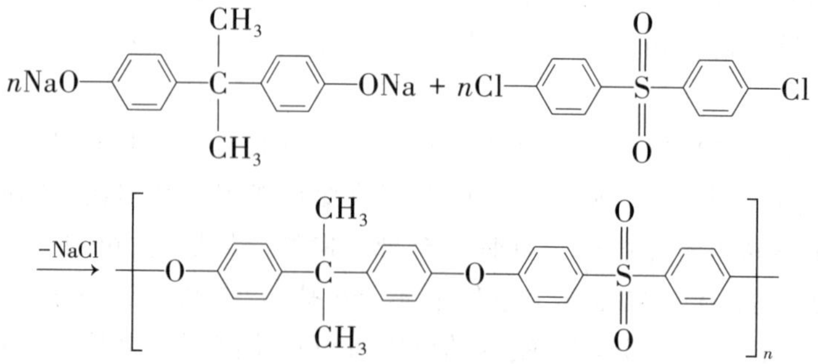

(2-73)

聚芳砜为无定形聚合物，玻璃化转变温度为 195℃，能在 150℃下长期使用。因为其主链引入了较多的苯环，刚性大，因此其耐热性和机械性能均比聚碳酸酯好，且耐热氧化性能也良好。

三、聚苯醚

以亚铜盐-三级胺类为催化剂，将氧通入2，6-二甲基苯酚和有机溶剂中，于室温下，经过氧化偶合反应，即可形成聚苯醚（polyphenylene oxide，PPO）。

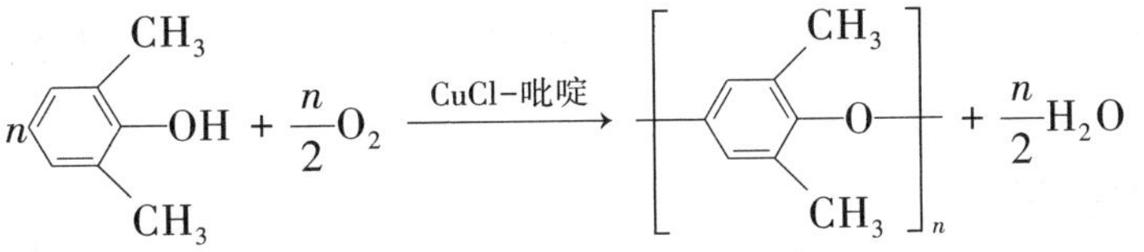

（2-74）

以上反应为自由基过程，属于逐步聚合机理，这是一种使用温度范围广（-170~190℃），抗水性好的热塑性塑料。

四、聚酯

聚酯（polyethylene terephthalate）是由二元或多元醇和二元或多元酸缩聚而成的高分子化合物的总称，包括聚酯树脂、聚酯纤维（涤纶）和聚酯橡胶等。以对苯二甲酸（或对苯二甲酸二甲酯）与乙二醇合成的聚酯（英文缩写为PET），因为其主链中有苯环，所以它的刚性和熔点较高，可以制成合成纤维或工程塑料。

现代化大规模生产PET的工艺为直接酯化缩聚法，先用纯度较高的对苯二甲酸与乙二醇反应生成对苯二甲酸二乙二醇酯（BHET），再由BHET缩聚制得聚合物。反应式如下：

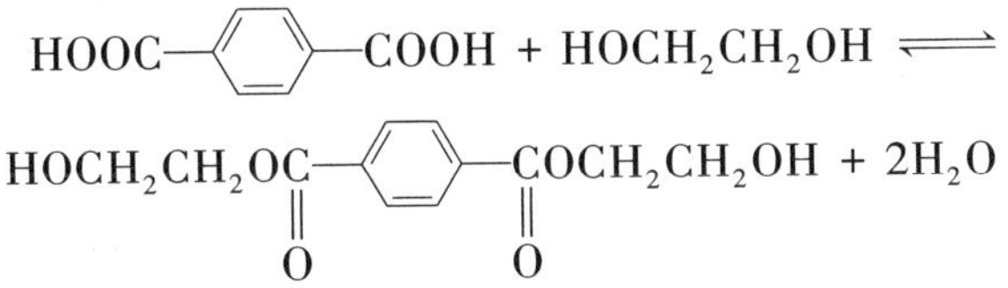

（2-75）

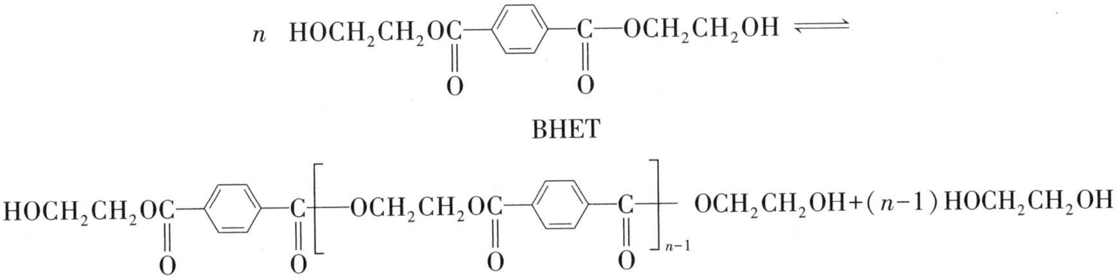

（2-76）

另一种工艺路线是以对苯二甲酸二甲酯与乙二醇为原料，进行酯交换、缩聚反应制得PET。酯交换是在150~200℃下，使对苯二甲酸二甲酯和乙二醇进行酯交换形成二乙二醇酯和少量低聚物。两原料的物质的量比为1∶2.3~2.5，可以用醋酸钙、醋酸钴、醋酸锌或它们的复合物作催化剂。

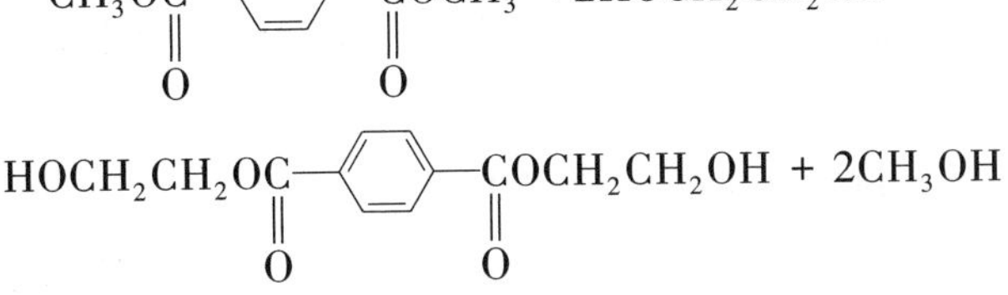

（2-77）

为提高产率，必须不断除去甲醇，使反应向右移动。

缩聚反应是在260~285℃温度下进行，用三氧化二锑作催化剂，BHET可以自缩聚。在缩聚过程中，要不断抽真空除去乙二醇，以提高聚合度。

在酯交换阶段，不必考虑两原料的物质的量比，而在缩聚阶段，通过控制乙二醇的排出量，不断打破平衡，自然地调节两官能团的物质的量比。但乙二醇应适当过量，封锁分子链两端，以达到预定聚合度。

五、聚酰胺

聚酰胺(Polyamide)主链上含有许多重复的酰胺基($—NH—C(=O)—$)，其商品名称为尼龙。聚酰胺合成方法有两类：一类由二元胺和二元酸合成，如尼龙-66、尼龙-1010等；另一类是由氨基酸自缩聚或己内酰胺开环聚合而成，如尼龙-6。

1. 尼龙-66

尼龙-66是聚酰胺中最重要的品种。合成尼龙-66的单体是己二胺和己二酸，生产中先将这两种单体中和形成66盐，以达到官能团等物质的量比的目的。

$$NH_2(CH_2)_6NH_2+HOOC(CH_2)_4COOH \longrightarrow [NH_3^+(CH_2)_6NH_3^{+-}OOC(CH_2)_4COO^-] \quad (2-78)$$

66盐并不稳定，因此操作时应避免其中己二胺挥发，己二酸在高温下脱羧。可将60% 66盐水溶液加入少量醋酸，在密闭体系中，于215℃的较低温度下，加热1.5~2h，然后逐渐升温(约2~3h)到尼龙-66熔点以上(约270~275℃)，水的蒸气压保持余压为1.62~1.72MPa，在水溶液中进行缩聚。由于酰胺化的平衡常数较大，因此在反应前期可以不考虑平衡移动问题。以后可在270~275℃下，继续反应，并不断排汽，将压力降至常压，最后在2.67kPa的余压下缩聚一段时间。当反应程度达到一定值，聚合度满足产品要求时，可以结束反应。由于酰胺化反应速率较快，所以缩聚过程中一般不必加催化剂。

聚酰胺的分子量，可以用单官能团物质如醋酸(0.2%~0.3%)进行端基封锁来控制。

2. 水解开环聚合制备尼龙-6

己内酰胺可用碱、酸、水等不同物质来引发开环聚合。如以Na、NaOH引发的己内酰胺开环聚合，属阴离子连锁聚合机理，由于引发后可直接浇入模内聚合，故所得产物有铸型尼龙之称。本节讨论的己内酰胺开环聚合，是用水作活化剂的水解开环聚合，反应属于逐步聚合机理，目前已大规模用于工业生产。逐步聚合的反应时间很长，有时需数十小时，分子量也只有2万左右；而阴离子聚合可在十几分钟内使分子量达到数十万。这种差别主要是由反应机理所决定的。

在己内酰胺水解开环聚合中，活化剂用量会影响聚合速率，用量大则反应速率快，但不论用量的多少，反应都存在诱导期。增加水量，可缩短诱导期，也可缩短达到平衡的时间。当单体的转化率达到40%~42%时，反应速率最大，以后反应速率又逐渐变小，反应具有自动催化加速效应。

己内酰胺水解开环聚合过程分为三个阶段进行。

(1)链的引发和加成反应。在一定的反应温度下，当体系中加入水后，己内酰胺在活化剂作用下发生水解开环，形成氨基己酸，其反应式如下：

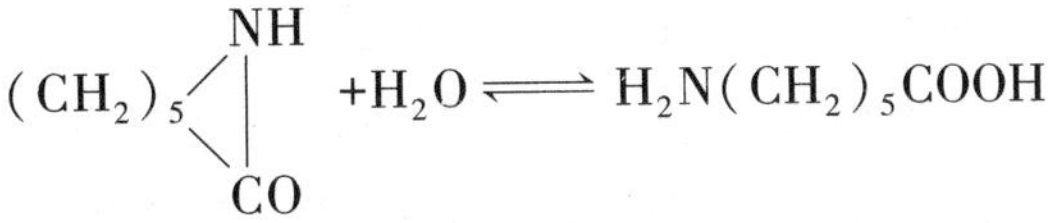

(2-79)

若在体系中加入适量的酸，如有机酸、无机酸，可以发生以下反应：

$$HA(酸)+H_2O \rightleftharpoons H_3O^+ + A^- \tag{2-80}$$

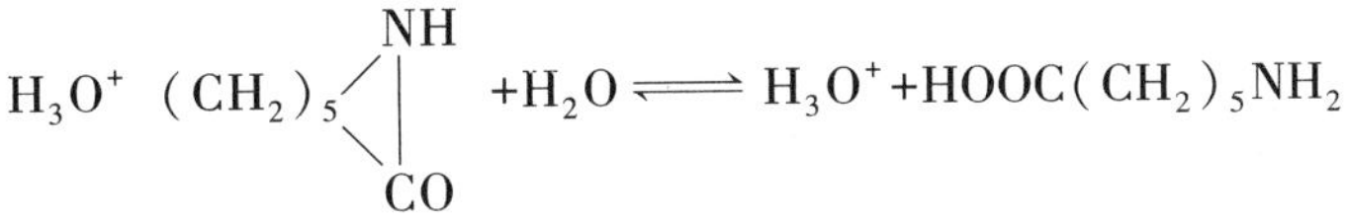

(2-81)

它们可以加速开环，缩短诱导期，并加速到达平衡的时间。氨基己酸也能加速开环：

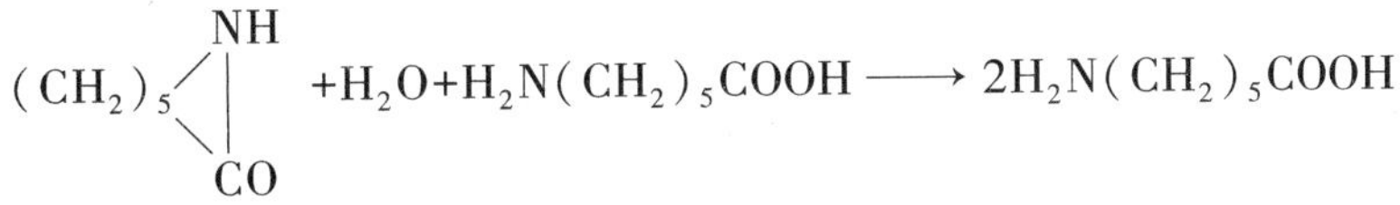

(2-82)

单体的水解开环是己内酰胺聚合过程中反应最慢的一步，这个反应决定诱导期的长短，但是一旦生成氨基己酸，它就可起催化剂作用，加速己内酰胺水解。另外，氨基己酸也能与单体作用使单体开环，使分子链不断增长，其反应过程如下：

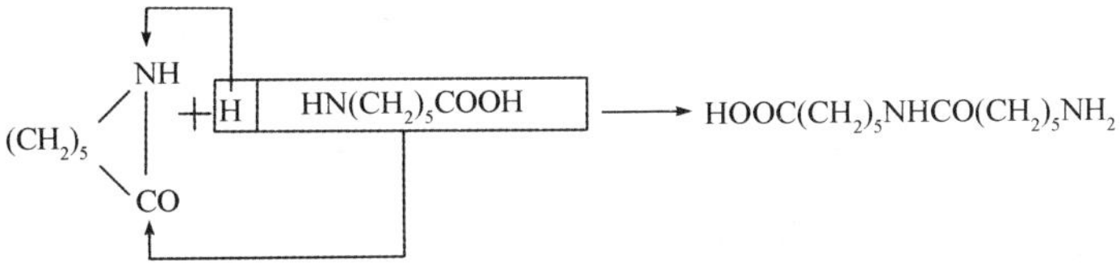

(2-83)

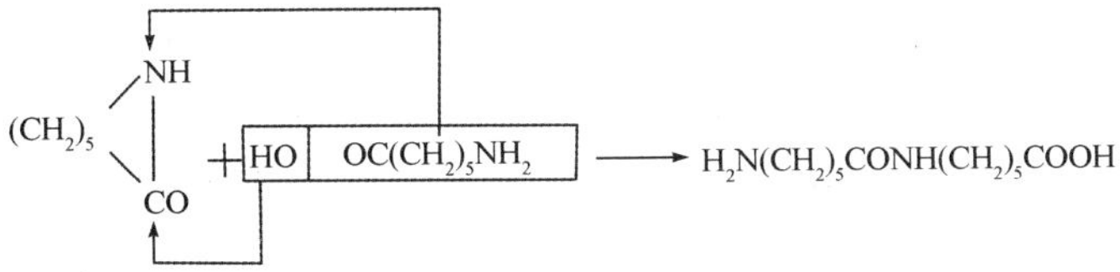

(2-84)

这是一个逐步加成聚合的过程，其增长反应式表示如下：

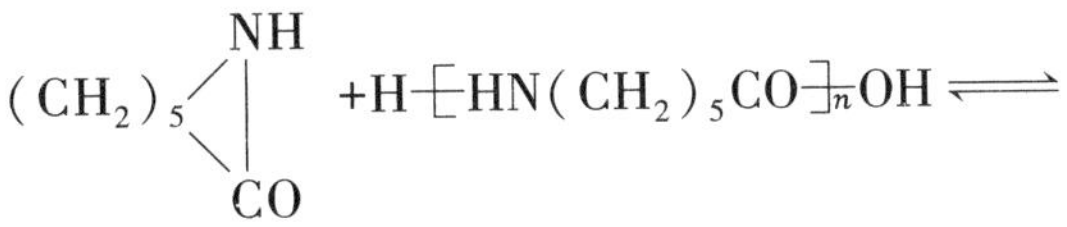

$$H\left[HN(CH_2)_5CO\right]_{n+1}OH \tag{2-85}$$

由于己内酰胺水解开环生成氨基己酸，体系中—NH_2、—COOH 基不断增加，这些端基可以促进开环，所以反应会随端基的增加而加速。当端基的浓度达到最大值时，反应速率也达到最大，反应能自动催化加速。

除发生引发和加成反应外，由于有官能团的存在，低聚物之间还可发生缩聚反应，反应生成的水又可作为开环的活化剂。

$$H_2N\sim\sim M_n\sim\sim COOH + H_2N\sim\sim M_m\sim\sim COOH \rightleftharpoons H_2N\sim\sim M_{n+m}\sim\sim COOH + H_2O \tag{2-86}$$

在引发阶段，由于水量很少，所以参与水解的己内酰胺很少，但一旦形成氨基己酸后，就有大量的己内酰胺进行加成反应，逐步使主链增长。

(2)缩聚反应。第二阶段为缩聚反应，通过第一阶段反应后，大部分单体通过加成而成为聚合体，体系中—NH_2 和—COOH 浓度增加，所以第二阶段以短链聚合体之间的缩聚反应为主，同时还存在着少量的引发和加成反应。

(3)平衡阶段。反应的后阶段为平衡阶段，当分子量达到一定值后，链交换反应占主导地位。

①大分子链的交换反应——链-链交换平衡。

$$\begin{array}{l} H\text{-}[HN(CH_2)_5CO]_n\text{-}OH \\ \quad + \\ HO\text{-}[OC(CH_2)_5NH]_m\text{-}[OC(CH_2)_5NH]_l\text{-}H \rightleftharpoons \\ H\text{-}[HN(CH_2)_5CO]_n\text{-}[NH(CH_2)_5CO]_m\text{-}OH + HO\text{-}[OC(CH_2)_5NH]_l\text{-}H \end{array} \tag{2-87}$$

交换反应的结果会使体系的分子量分布趋于均一。

②链交换反应发生在分子链本身——环-链平衡。

$$\begin{array}{l} HO\text{-}[OC(CH_2)_5NH]_n\text{-}[OC(CH_2)_5NH]_m\text{-}H \rightleftharpoons \\ HO\text{-}[OC(CH_2)_5NH]_n\text{-}H + \boxed{[OC(CH_2)_5NH]_m} \end{array} \tag{2-88}$$

交换的结果析出环状低聚体或环状单体。

所生成的环状单体及低聚物，又可通过逆反应再进入聚合体的酰胺键上，成为大分子链上的一部分。这种环-链平衡的结果会影响平均分子量及分子量分布。

由以上可知，整个反应体系存在着引发、加成、缩聚、链交换反应。随着反应的进行，体系逐渐趋于平衡，最后达到单体、环状低聚物、不同分子量的线型聚合物以及少量的水之间的一个总的平衡。其聚酰胺平均分子量约为 2 万～3 万，分子量分布较为均匀。

第七节 体型缩聚

一、体型缩聚反应的特点

若由一种 2 官能度的单体与另一种 2 官能度以上的单体缩聚，则会发生支化和交联，这种反应称为体型缩聚。其特点是反应初期产物能溶解也能熔融，但当反应进行到一定程度时，体系黏度将突然急剧增大，迅速转变成具有弹性的凝胶状态，进而形成不溶不熔的坚硬固体，其产物为热固性树脂。这种热固性树脂可看成由无数网络结构组成的一个巨大分子，它的热稳定性和耐热性很高，又由于有高的强度和坚硬度，所以是一种良好的结构材料。

下面以典型的酚醛树脂的合成，来说明体型缩聚的过程。苯酚与甲醛缩聚时，需有催化剂，如用碱作催化剂，先形成线型树脂，然后才形成体型树脂，反应过程如下：

（1）等物质的量比的苯酚与甲醛反应：

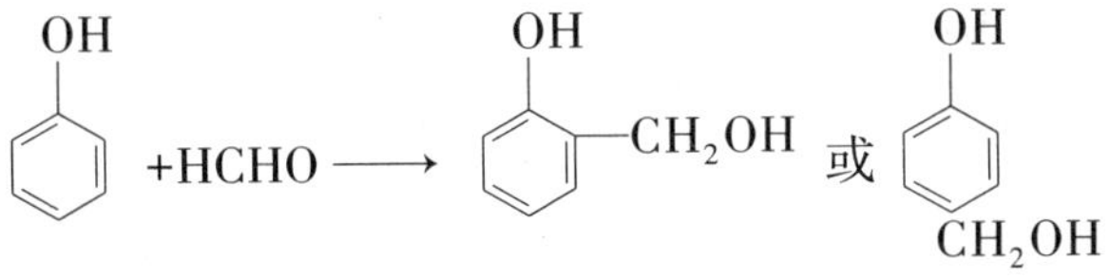

（2-89）

（2）甲醛过量时：

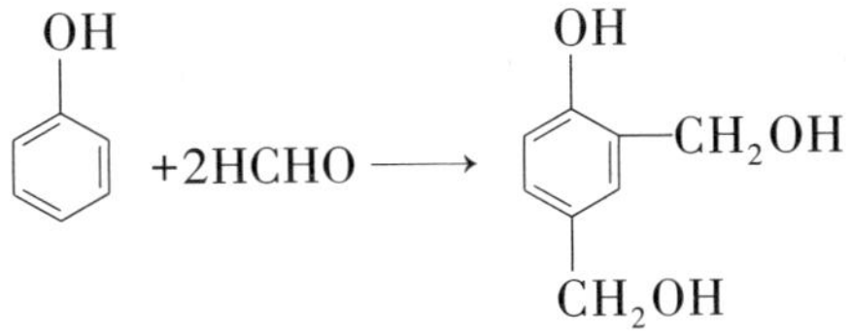

（2-90）

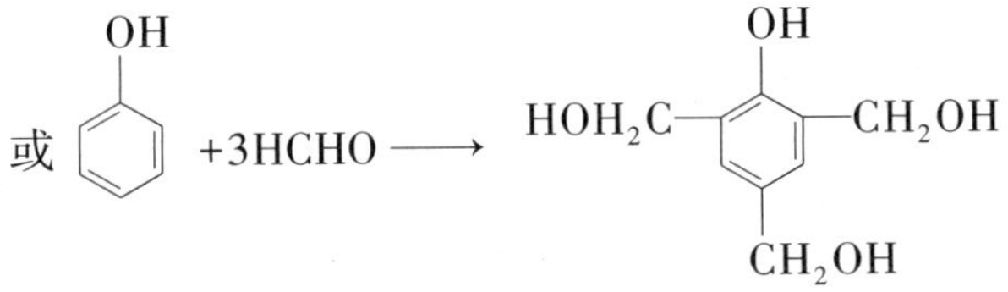

（2-91）

（3）生成的中间产物相互作用，形成线型树脂，具有可溶可熔性：

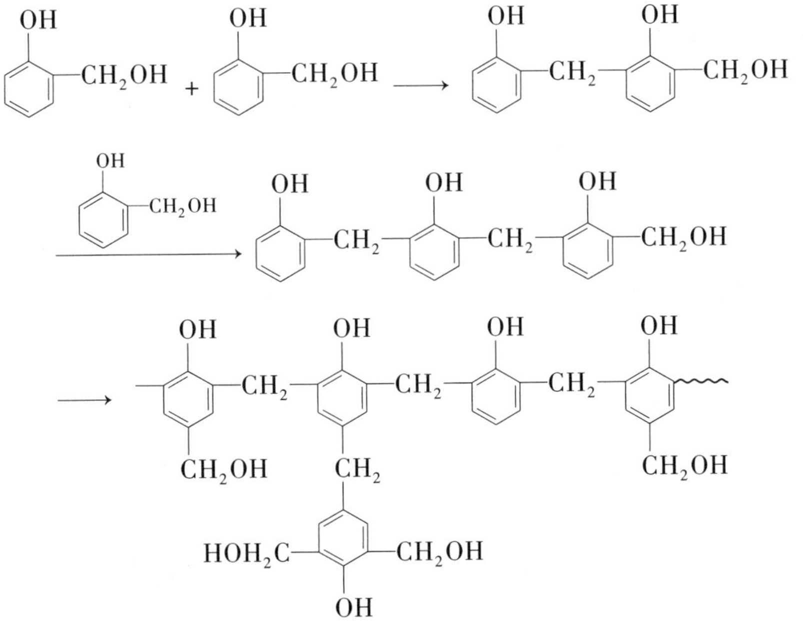

（2-92）

（4）继续反应形成体型结构：

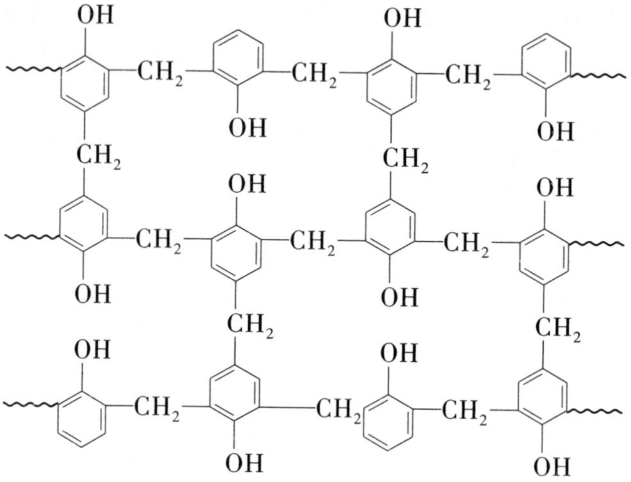

(2-93)

如果用酸作催化剂，则仅形成线型树脂：

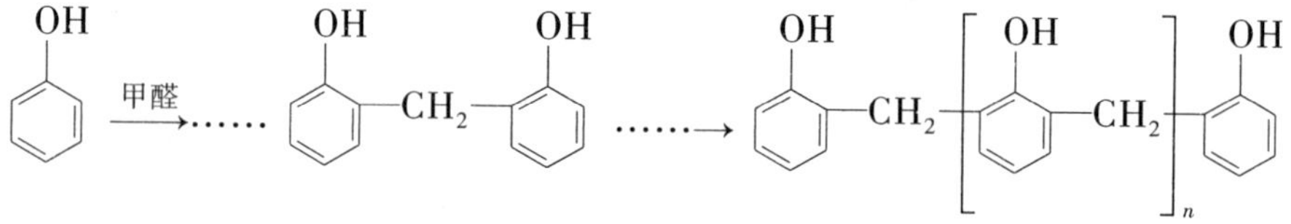

(2-94)

这种树脂需用六亚甲基四胺(或大量甲醛)来交联固化，才能形成体型树脂。

二、凝胶化和凝胶点预测

如前所述，体型缩聚的基本特征是反应进行到一定程度时，体系黏度突然增加，并且形成具有弹性的凝胶状物质。这种现象称为凝胶化作用。出现凝胶时的反应程度为凝胶点(gel point)，可用 P_c 表示之。

凝胶点可以通过实验测定，也可以从理论上推算，下面介绍 Carothers 推导的公式。

(一)两官能团等物质的量

在 A 和 B 官能团等物质的量时，Carothers 对出现凝胶时的反应程度 P_c 与平均官能度 $\bar{f}$ 间的关系作了如下推导。平均官能度 $\bar{f}$ 是指单体混合物的每一个分子平均带有的官能度数，即：

$$\bar{f}=\frac{\sum N_i f_i}{\sum N_i} \tag{2-95}$$

式中 N_i——官能度为 f_i 的单体的分子数。

例 2 体系中有 2mol 甘油($f=3$)和 3mol 邻苯二甲酸酐($f=2$)，试求 $\bar{f}$。

解 $\bar{f}=\frac{2\times3+3\times2}{2+3}=2.4$

按 Carothers 方法推导凝胶点时，设 N_0 为起始时单体分子总数，N 为反应后体系的大分子总数，则起始官能团数为 $N_0\bar{f}$，由于两种单体 A、B 以等物质的量混合，反应每一步消耗两个官能团，所以反应中消耗的官能团数为 $2(N_0-N)$，于是反应程度可写成：

$$P=\frac{2(N_0-N)}{N_0\bar{f}} \tag{2-96}$$

由于聚合度 $\overline{X}_n=\frac{N_0}{N}$，代入式(2-96)，则得：

$$P=\frac{2}{\bar{f}}(1-\frac{1}{\overline{X}_n}) \tag{2-97}$$

假定 $\overline{X}_n$ 为无穷大，则出现凝胶点时临界反应程度 P_c 为：

$$P_c=\frac{2}{\bar{f}} \tag{2-98}$$

根据式(2-98)，可计算例 2 中 2mol 甘油与 3mol 苯酐反应时的 P_c 值为 0.8333，而实验测得 $P_c<0.833$，也即反应程度应小于 0.833，否则反应体系会产生凝胶效应。式(2-98)中假定了 $\overline{X}_n$ 为无穷大，而实际上在凝胶化时，$\overline{X}_n$ 值并非无穷大。

(二)两官能团非等物质的量

当两官能团非等物质的量时，式(2-98)并不适用。如以 1mol 甘油和 5mol 邻苯二甲酸酐两种单体反应为例，它们的羟基和酸酐的官能团物质的量比 $r=\frac{1\times3}{2\times5}=\frac{3}{10}=0.3$，显然苯酐过量很多，当 1mol 甘油与 3mol 苯酐反应后，端基即被封锁，留下 2mol 苯酐不能再反应。

在官能团非等物质的量时，另有方法计算平均官能度，即以非过量组分的官能团数的两倍除以体系分子总数来求取。含量少的反应组分决定了反应程度与交联与否。另一反应物质的过量部分并不参加反应，相反只会使体系的平均官能度降低。因此，上例中的 $\bar{f}=\frac{2\times3}{(1+5)}=1$ 小于 2，说明该体系只能生成低分子物，不会凝胶化。

对于两种以上单体的非等物质的量的平均官能度，计算式如下：

$$\bar{f}=\frac{2(N_Af_A+N_Cf_C)}{N_A+N_B+N_C} \tag{2-99}$$

式中　N_A、N_B、N_C——A、B、C 三种单体的分子数；

　　　f_A、f_C——A、C 两种单体的官能度数。

上式假定了 A 和 C 有相同的官能团(如 A)，且单体 B 过量，即 $(N_Af_A+N_Cf_C)<N_Bf_B$。

例 3　由邻苯二甲酸酐与等物质的量的季戊四醇缩聚，求 $\bar{f}$ 及 P_c 值。

解　根据式(2-95)，得：

$$\bar{f}=\frac{4\times2+2\times4}{4+2}=2.67$$

$$P_c=\frac{2}{2.67}=0.749$$

当反应程度达 0.749 时，会产生凝胶。

例 4　由以下三种单体缩聚，求 $\bar{f}$ 及 P_c。

名　　称	甘油(A)	邻苯二甲酸酐(B)	乙二醇(C)
单体官能度数	3	2	2
单体分子数	0.99	1.50	0.001

其中 A 与 C 官能团相同。

解　体系官能度数 A 小于 B，据式(2-99)，得：

$$\bar{f}=\frac{2(0.99\times3+0.001\times2)}{0.99+1.50+0.001}=2.4$$

$$P_c=\frac{2}{\bar{f}}=0.833$$

计算表明，当反应程度达 0.833 时，会产生凝胶。

三、预聚物及其分类

热固性高聚物固化后(即形成体型结构后)，就失去流动性，不能再成型加工。在固化前的聚合物称预聚物(prepolymer)，预聚物的分子量一般不超过 500~5000，它可以是液体或固体。热固性高聚物可分成两大类。第一类是双官能团单体与官能度大于 2 的单体反应所生成的聚合物。当反应程度 $P<P_c$ 时，用冷却的办法使反应终止，此种低聚物称为无规预聚物。属于无规预聚物的有碱催化的酚醛树脂、脲醛树脂，以及邻苯二甲酸酐与甘油反应的醇酸树脂等。它们的固化反应靠温度来控制，有时需加一定压力。第二类为已知结构的预聚物，这种预聚物结构较清楚，其固化过程可在催化剂或其他交联剂存在下进行。这类预聚物的应用范围和产量都在以非常快的速度增长。

(一) 无规预聚物

1. 酚醛树脂(phenol-formaldehycle resin)

苯酚和甲醛在碱催化下，先进行第一段反应形成单环、双环或多环的酚醇，是一种较复杂的混合物。苯酚和甲醛的物质的量比一般为 6∶7，其官能团的物质的量比为 9∶7。催化剂可选用氨、碳酸钠或氢氧化钡。酚-醛缩聚反应的 K 值较大，因此可看作不可逆反应，可在水溶液中缩聚，反应形成低聚物，一般回流反应 1~2h 即可。然后中和呈微酸性，使反应暂停，再经真空脱水、冷却即得甲阶酚醛树脂，也就是酚醛预聚物。甲阶酚醛树脂在成型阶段加热，继续反应，完成交联固化。

2. 脲醛树脂(urea-formaldehycle resin)

用尿素(f=4)或三聚氰胺(f=6)与甲醛缩聚，可制得脲醛树脂。

尿素与甲醛首先在水溶液中发生加成反应，生成一羟甲脲：

$$\begin{array}{c}NH_2\\|\\C{=}O\\|\\NH_2\end{array}+HCHO\longrightarrow\begin{array}{c}NHCH_2OH\\|\\C{=}O\\|\\NH_2\end{array}\qquad(2\text{-}100)$$

一羟甲脲再与甲醛反应生成二羟甲脲，由于脲含有四个活性氢原子，因此可反应生成各种羟甲脲。同时羟甲脲分子中由于存在活泼的羟甲基(—CH_2OH)，可以进一步发生缩合反应，从而使产物分子量增大而生成聚合物。脲醛树脂的合成需碱或酸作催化剂，反应程度由 pH 值和温度来控制，反应速率随酸度而增加。预聚物固化时，需加酸性催化剂并加热。

酚醛树脂或脲醛树脂配入填料(如纤维素、木粉、玻璃纤维等)和各种助剂，可制成塑料制品，产品的强度高，刚性和尺寸稳定性好，耐热性强；也可作为胶黏剂，生产刨花板和层压板。

（二）结构预聚物

1. 具有端羟基的聚醚 $H\text{+}OR\text{+}_nOH$ 或聚酯型 $H\text{+}OCORCOOR'\text{+}_nOH$ 低聚物

端羟基的聚醚或聚酯低聚物可广泛用于制备聚氨酯的预聚物。将它们与过量的二异氰酸酯作用，可以得到端基为异氰酸酯的预聚物。

$$nHO\sim\sim OH + (n+1)\ OCN\sim\sim R\sim\sim CNO \longrightarrow OCN\!\left[R-NHCOO\sim OOCNHR\right]_n NCO \qquad (2\text{-}101)$$

上述预聚物带有异氰酸酯端基，可加入小分子二元氨作为扩链剂：

$$2OCN\sim NCO + H_2N-R-NH_2 \longrightarrow OCN\sim\sim NHCONHRNHCONH\sim\sim NCO$$

聚合物分子量增加，同时，形成聚合物分子中的“硬段”，可提高强度；体系中过量的二异氰酸酯与预聚物分子中的酰胺基进一步反应交联，得到聚氨酯。

$$OCN\sim\sim NHCONHRNHCONH\sim\sim NCO \xrightarrow{OCN\sim\sim NCO}$$

$$\begin{array}{c} OCN\sim\sim NHCONHR\underset{|}{N}CONH\sim\sim NCO \\ CO \\ | \\ NH \\ \wr \\ NH \\ | \\ CO \\ | \\ OCN\sim\sim NHCONHRNCONH\sim\sim NCO \end{array} \qquad (2\text{-}102)$$

通过改变低聚物的分子量和结构，可调节聚氨酯的性质。

2. 环氧树脂(epoxy resin)预聚体

环氧树脂是指含有一个以上(两个及两个以上)环氧基团的高分子化合物的混合物。环氧树脂预聚物是由双酚 A 与环氧氯丙烷反应制备的。

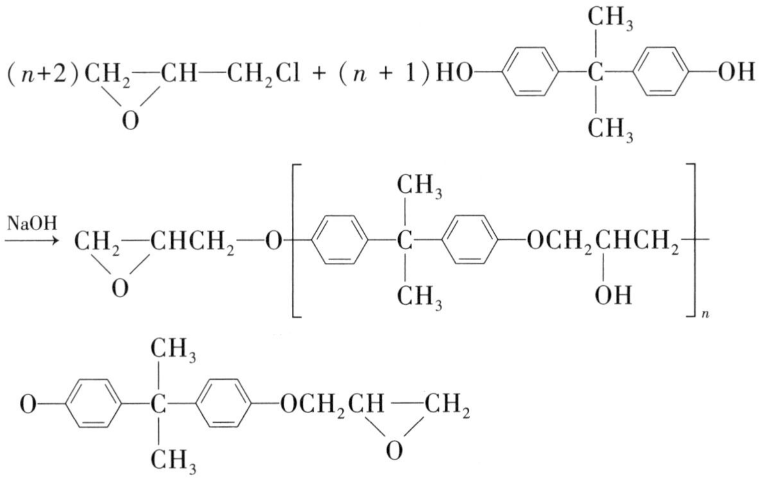

(2-103)

式中　$n=0\sim12$。

环氧端基或羟基可与胺类、酸酐等交联固化。环氧树脂固化后粘结力强、绝缘性好、耐腐蚀、耐热、耐溶剂，被广泛用于复合材料、涂料、胶黏剂等。

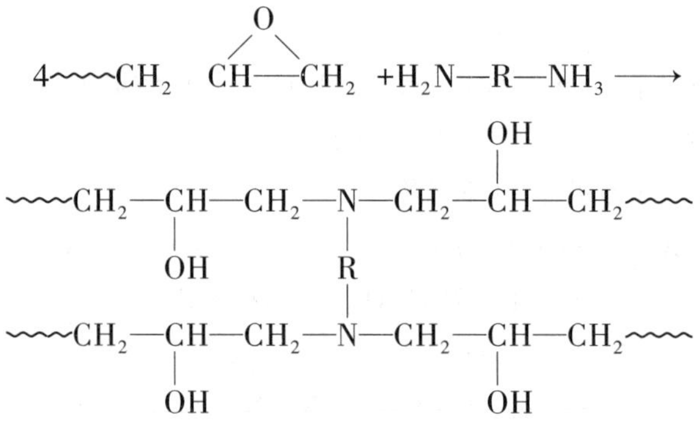

(2-104)

3. 不饱和聚酯树脂(unsaturated polyester resin)

不饱和二元酸，如马来酸酐，与二元醇缩聚，可制得带不饱和双键的聚酯，称之为不饱和聚酯树脂。

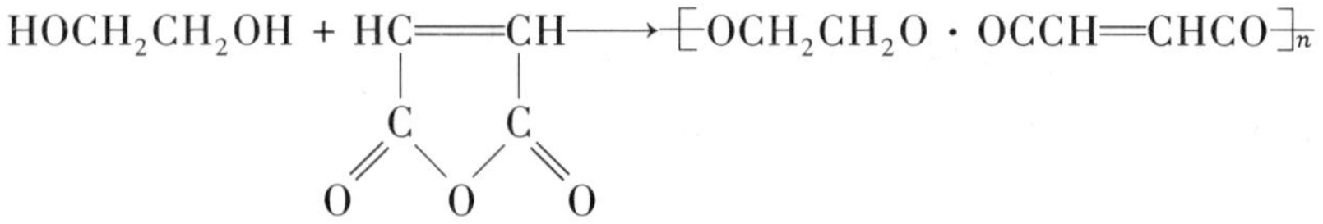

(2-105)

为了调整不饱和树脂的性能，可以用丙二醇、一缩二乙二醇代替部分乙二醇，用苯酐代替马来酸酐，这样可降低交联密度，达到改性的目的。上述预聚物制备反应，属于线型缩聚反应，其分子量约为3000~4000。

预聚物的交联是通过双键与烯类单体如苯乙烯(S)，用自由基型引发剂引发，经共聚反应而进行的。

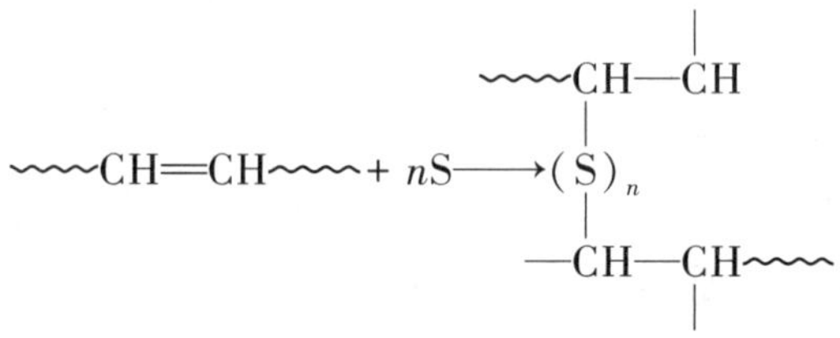

(2-106)

不饱和聚酯树脂主要用作玻璃钢室温固化的粘结剂、不饱和树脂涂料等。

第八节　逐步聚合方法

逐步聚合法有熔融缩聚、溶液缩聚、界面缩聚、固相缩聚四种。

一、熔融缩聚

熔融缩聚是指反应温度高于单体和缩聚物的熔点，反应体系处于熔融状态下进行的反应。这个方法特点是配方较简单，只有单体和少量催化剂；生产设备利用率高，便于连续化生产。

聚酯、聚酰胺等通常都用此法生产。为了提高反应速率，反应温度一般在 200～300℃之间，比生成的聚合物熔点高 10～20℃。由于反应温度较高，因此，只有当单体和缩聚物在熔融温度下比较稳定时，该法才能使用。本法反应时间较长，这样有利于提高产物的分子量。对于平衡缩聚，则需减压，以排除低分子副产物。

二、溶液缩聚

单体加适当催化剂在溶剂(包括水)中的缩聚称作溶液缩聚。溶液缩聚可在纯溶剂或混合溶剂中进行，可用来生产涂料、胶黏剂等，特别是可用于不适宜采用熔融缩聚法制备的分子量高又难熔的耐高温聚合物，如聚酰亚胺、聚苯醚、聚芳香酰胺等的合成。溶液缩聚的温度较低，故副反应较少，但要求单体活性较高。如属于平衡缩聚，可通过精馏或加碱成盐除去副产物。溶液缩聚的缺点是用大量溶剂，要增设溶剂提纯、回收设备。

三、界面缩聚

两单体分别溶解于两不互溶的溶剂中，反应在界面上进行的缩聚称之为界面缩聚。此法用于不可逆聚合，属于非均相体系，要求单体活性高。但由于反应快，须加适当搅拌，以增强单体扩散。

以己二胺和癸二酰氯缩聚为例，将己二胺的水溶液加入癸二酰氯的四氯化碳溶液中，当不加搅拌时，在几分钟内，便可在两相界面上出现聚酰胺薄膜，用玻璃棒卷绕牵引拉出，聚合物可连续不断形成，直至单体耗尽为止。由于反应在室温下进行，反应条件缓和，能得到分子量很高的产物，在常温下甚至可得到分子量为 50 万的产物。目前这种生产方法已在聚酯、聚酰胺合成上得到广泛应用。新型的聚间苯二甲酰间苯二胺纤维——诺梅克斯的聚合体，就是用界面缩聚法制备的。

四、固相缩聚

固相缩聚是使单体或低聚物在熔点以下温度进行的缩聚反应。由于反应温度较低，故适用于热稳定性不好和高温下易分解的缩聚物的合成。这种缩聚反应比在高温下熔融状态时的缩聚要缓和。

工业上，聚酯和聚酰胺类常采用固相缩聚法来合成高黏度聚合物，由于产物质量好。故可以满足高强度轮胎帘子线的要求。

几种逐步聚合方法的比较见表 2-4。

表 2-4　逐步聚合方法的比较

项　目	熔融缩聚	溶液缩聚	界面缩聚	固相缩聚
温度	高	低于溶剂的熔点和沸点，一般在室温左右	低于溶剂的熔点和沸点，一般在室温左右	若用预聚物作原料，温度应稍低于其熔点
对热的稳定性	要求稳定	无要求	无要求	有一定要求
动力学	平衡、逐步	平衡、逐步	通常不可逆，宏观来看，类似连锁反应	逐步、平衡
反应时间、产率	1h 至几天，高	几分钟至 1h，低到高	几分钟至 1h，低到高	较长时间
物质的量比	要求严格	要求严格	要求稍不严格	制备预聚物时要求严格

续表

项　目	熔融缩聚	溶液缩聚	界面缩聚	固相缩聚
单体纯度	要求高	要求稍低	要求较低	制备预聚物时有要求
设备	特殊要求，气密性要好	简单、敞开	简单、敞开	如抽真空则有气密性要求
压力	一般要抽真空	常压	常压	根据要求不同可通氮气，也可抽真空

习　题

1. 简要说明缩聚反应的特征？分哪几类？各举一例。

2. 写出下列缩聚反应所形成的聚酯结构。

a. HO—R—COOH

b. HOOCRCOOH+HO—R′—OH

c. HO—R—COOH + HO—R″—OH（R″上连有 OH）

d. HO—R—COOH + HO—R′—OH + HO—R″—OH（R″上连有 OH）

3. 以 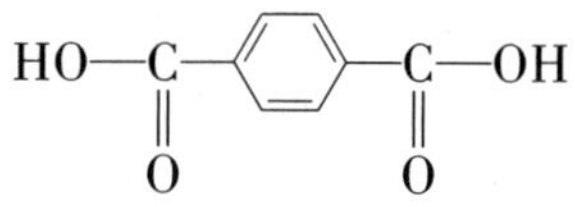 与 $HOCH_2CH_2OH$ 为单体，反应生成聚酯为例，写出可能进行的主要反应。

4. 癸二胺与癸二酸进行缩聚，反应程度为 0.500、0.800、0.900、0.950、0.970、0.980、0.990、0.995 时，试求 $\overline{X}_n$ 及 $\overline{DP}$，计算对应的分子量，并用 $\overline{X}_n \sim P$ 作图。

5. 何谓平均官能度？并用数学式表示之。说明平均官能度与聚合物结构形态的关系。

6. 等物质的量的二元胺与二元酸进行缩聚，如平衡常数为 350，在密闭体系内反应，不除去小分子，试求反应程度和聚合度。如羧基的起始浓度为 2mol/L，要使聚合度达 200，须将水降低到何种程度？

7. 等摩尔二元醇和二元酸缩聚，另外用 1%，(摩尔)苯甲酸调节分子量，问在 $P=0.995$ 和 0.999 时，聚酯聚合度为多少？

8. 计算生产 1t 数均分子量为 1.5×10^4 的尼龙-66，需要己二胺、己二酸、醋酸各为多少？

9. 由 0.8mol 亚麻仁油酸($f=1$)，1.8mol 邻苯二甲酸酐($f=2$)，1.2mol 甘油($f=3$)，0.4mol 1,2-丙二醇($f=2$)反应，求 $\bar{f}$，P_c。

10. 解释下列术语，并说明两者关系或差异。

a. 反应程度和转化率；

b. 两原料的摩尔系数和过量摩尔分数；

c. 平均官能度与凝胶点；

d. 界面缩聚和溶液缩聚。

本章小结

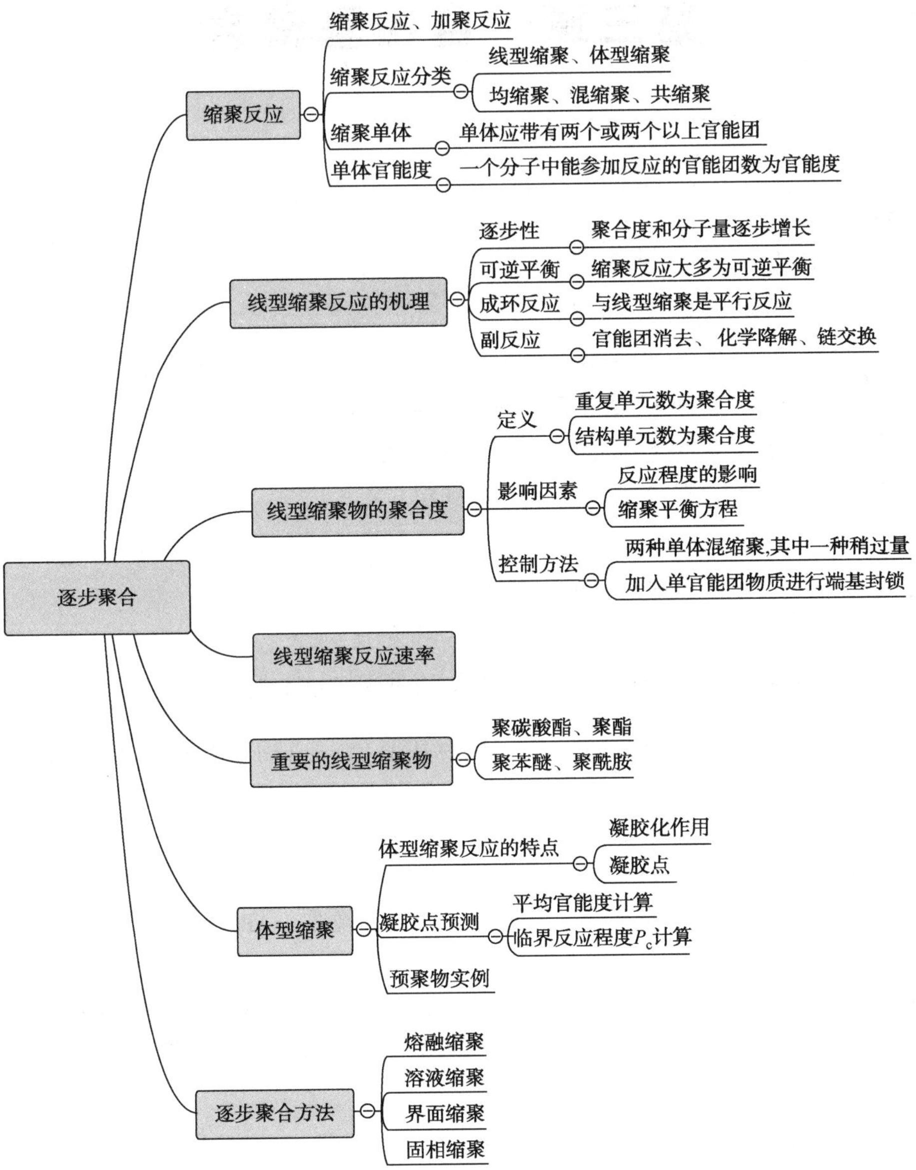
逐步聚合
缩聚反应
缩聚反应、加聚反应
缩聚反应分类
线型缩聚、体型缩聚
均缩聚、混缩聚、共缩聚
缩聚单体
单体应带有两个或两个以上官能团
单体官能度
一个分子中能参加反应的官能团数为官能度
线型缩聚反应的机理
逐步性
聚合度和分子量逐步增长
可逆平衡
缩聚反应大多为可逆平衡
成环反应
与线型缩聚是平行反应
副反应
官能团消去、化学降解、链交换
线型缩聚物的聚合度
定义
重复单元数为聚合度
结构单元数为聚合度
影响因素
反应程度的影响
缩聚平衡方程
控制方法
两种单体混缩聚,其中一种稍过量
加入单官能团物质进行端基封锁
线型缩聚反应速率
重要的线型缩聚物
聚碳酸酯、聚酯
聚苯醚、聚酰胺
体型缩聚
体型缩聚反应的特点
凝胶化作用
凝胶点
凝胶点预测
平均官能度计算
临界反应程度P_c计算
预聚物实例
逐步聚合方法
熔融缩聚
溶液缩聚
界面缩聚
固相缩聚

第三章　自由基聚合

知识目标：

- 掌握连锁聚合反应的特征；
- 掌握自由基聚合反应机理；
- 掌握自由基聚合常见单体、引发剂、阻聚剂的种类和特点；
- 熟悉自由基聚合反应速率变化规律和控制方法；
- 理解平均聚合度的影响因素和控制方法；
- 理解聚合温度对聚合反应的影响规律。

能力目标：

- 能判断单体的聚合能力和反应类型；
- 能合理选择常见引发剂并正确书写引发反应式；
- 能正确书写常见聚合物自由基聚合的基元反应式。

本章和以后几章将讨论连锁聚合反应。自由基聚合(radical polymerigation)是连锁聚合反应之一。

自由基聚合产物占聚合物产量的60%以上。许多大吨位的通用塑料、合成橡胶、某些化学纤维是通过自由基聚合生产的，如广泛使用的低密度聚乙烯、聚氯乙烯、聚苯乙烯、聚甲基丙烯酸甲酯、聚丙烯腈、丁苯橡胶、丁腈橡胶、氯丁橡胶、ABS 树脂等。

自由基聚合不仅在工业生产上处于重要地位，在理论上也已进入较完善的阶段，有关自由基活性中心的产生和性质，各基元反应和反应机理、聚合反应动力学和热力学等理论较为成熟，其他类型的连锁聚合也常用自由基聚合的基本规律作为比较和借鉴。

第一节　连锁聚合反应

由烯类单体加聚而成的高聚物，其反应机理绝大部分属于连锁聚合(chain polymerigation)。

连锁聚合反应是由称作引发剂的化合物所产生的活性种 R^* 引发的。

$$I \longrightarrow R^*$$

活性种(reactive center)可以是自由基、阳离子和阴离子。它可以打开烯类单体的 π 键，加成一个单体形成单体活性种，以活性种为中心不断加成单体进行链增长，最后活性消失生成大分子。各基元反应的表达式如下：

链引发　$I \longrightarrow R^*$

$R^* + M \longrightarrow RM^*$

链增长　$RM^* + M \longrightarrow RMM^* \cdots\cdots \longrightarrow RM_n^*$

链终止　$RM_n^* \longrightarrow$ 大分子

一、连锁聚合反应和逐步聚合反应的比较

下面就两种不同机理的反应进行比较，以便理解连锁聚合反应的特征。

(1) 基元反应。连锁聚合反应可以分为链引发(chain initiation)、链增长(chain propagation)、链终止(chain termination)等基元反应，其中以链引发速率为最小；而逐步聚合反应无基元反应可分。

(2) 形成大分子的过程。连锁聚合反应是以一增长活性种为中心，逐一加成单体，只有链增长才使聚合度增加，且增长速率极快，因此反应体系中没有中间产物，只有聚合物和增长活性链。逐步聚合反应没有特定的反应活性中心，由于官能团具有相同的反应能力，因此，增长反应可通过大分子与大分子、大分子与单体进行，反应体系中有二聚体、三聚体等低聚物。

(3) 分子量与时间的关系。由于两种反应的机理不同，决定了两者分子量与时间关系有明显的区别，见图 3-1。连锁聚合反应在聚合过程中分子量很快达到定值，它与反应时间关系不大，延长反应时间仅使转化率提高。逐步聚合反应中，大分子是逐步形成的，因此，聚合物分子量随反应时间逐步增加，延长反应时间可使产物分子量提高。

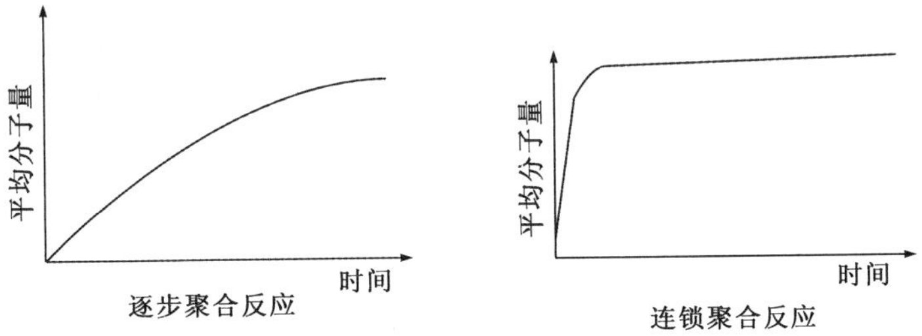

图 3-1　平均分子量与反应时间的关系

(4) 转化率与时间的关系。连锁聚合反应中，单体随反应时间延长而逐步消失，转化率逐渐提高。逐步聚合反应中，在聚合初期，单体几乎全部缩聚成低聚物，以后再由低聚物转变成高聚物，转化率变化甚微，反应程度逐步增加。两者的比较见图 3-2。

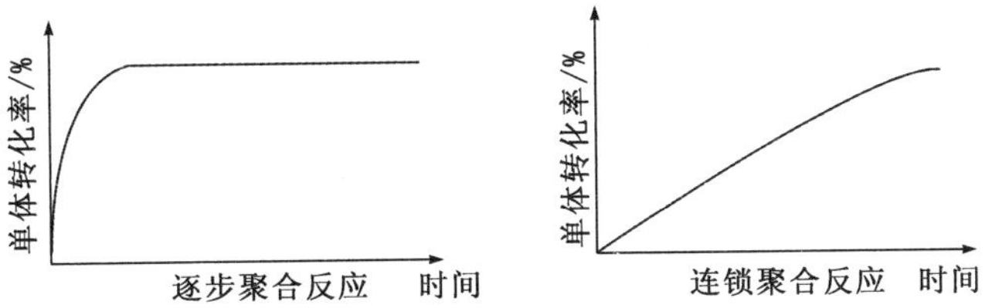

图 3-2　单体转化率与反应时间的关系

(5) 热效应。连锁聚合反应热效应大，聚合临界温度高，一般温度下为不可逆反应。逐步聚合反应热效应小，聚合临界温度低，一般温度下为可逆反应。

二、连锁聚合反应分类

根据活性中心 R^* 的不同，连锁聚合反应可分成不同类型。

在一定的条件下，化合物的价键有均裂和异裂两种形式。均裂时，共价键上一对电子分别属于两个基团，这种带独电子的基团呈中性，称作自由基，在过去人们常称作游离基。异裂结果，共价键上一对电子全部归属于某一基团，形成阴离子或负离子；另一缺电子的基团，称作阳离子或正离子。均裂和异裂可用下式表示：

均裂 $$R^{\bullet} \mid {}^{\bullet}R \longrightarrow 2R^{\bullet}$$

异裂 $$A \mid :B \longrightarrow A^{\oplus} + :B^{\ominus}$$

自由基、阳离子、阴离子都有可能成为活性中心，打开烯类单体的 π 键，使链引发和链增长，分别称为自由基聚合、阳离子聚合和阴离子聚合。这类聚合以及配位聚合都按连锁机理进行。

三、单体结构与聚合类型

能进行连锁聚合的单体很多，大致可分为三类，并以①、②类为主。

①含有碳碳双键的单烯类和共轭双烯类单体；

②羰基化合物；

③杂环化合物。

由于单体结构不同，单体对不同的聚合类型有其选择性，常用单体对聚合类型的选择性见表 3-1。

表 3-1 常用烯类单体对聚合类型的选择性

单　体	聚合类型			
	自由基	阴离子	阳离子	配位
$CH_2{=}CH_2$	⊕			⊕
$CH_2{=}CHCH_3$				⊕
$CH_2{=}CHCH_2CH_3$				⊕
$CH_2{=}C(CH_3)_2$			⊕	+
$CH_2{=}CHCH{=}CH_2$	⊕	⊕	+	⊕
$CH_2{=}C(CH_3)CH{=}CH_2$	+	⊕	+	⊕
$CH_2{=}CClCH{=}CH_2$	⊕			
$CH_2{=}CHC_6H_5$	⊕	+	+	+
$CH_2{=}CHCl$	⊕			
$CH_2{=}CCl_2$	⊕	+		
$CH_2{=}CHF$	⊕			
$CF_2{=}CF_2$	⊕			
$CF_2{=}CFCF_3$	⊕			
$CH_2{=}CH{-}OR$			⊕	+
$CH_2{=}CHOCOCH_3$	⊕			
$CH_2{=}CHCOOCH_3$	⊕	+		+
$CH_2{=}C(CH_3)COOCH_3$	⊕	+		+
$CH_2{=}CHCN$	⊕	+		+

注：+—可以聚合；⊕—已工业化。

从表 3-1 可看出，烯类单体(vingl monomer)对不同聚合类型的选择性主要受取代基的影响。例如氯乙烯只能进行自由基聚合，异丁烯只能进行阳离子聚合，甲基丙烯酸甲酯可进行自由基和阴离子聚合，而苯乙烯自由基、阴离子和阳离子聚合都可进行。上述差异，主要取决于碳碳双键上取代基的结构以及取代基的电子效应和位阻效应。

（一）单体取代基的诱导效应

烯类单体的诱导效应是由于取代基的推电子或吸电子能力引起的。

乙烯只能进行自由基聚合或配位聚合，这是因为乙烯分子结构对称，偶极矩为零，聚合能力比相应的不对称结构的单体低，所以只有在高温高压下才能进行自由基聚合，或在特殊的引发剂作用下进行配位聚合。

若在乙烯分子中引入一个取代基后成为不对称结构，可使单体聚合能力提高。若引进的取代基的诱导效应是推电子的，如烷氧基、烷基、苯基等，它们可使单体双键电子云密度增加，有利于阳离子的进攻与结合，进行阳离子聚合。

$$A^{\oplus}+CH_2\overset{\delta^-}{=\!=}\underset{\underset{X}{\uparrow}}{CH}\longrightarrow ACH_2-\underset{\underset{X}{\uparrow}}{\overset{+}{C}H} \quad (3-1)$$

式（3-1）生成的碳阳离子，由于有推电子取代基 X 的存在，可使碳阳离子的电子云密度减少，碳阳离子稳定性增强，从而降低反应的活化能，使加成反应继续进行。因此具有推电子基团的单体，易于进行阳离子聚合。由于烷基的推电子能力较弱，所以，丙烯进行阳离子聚合只能得低聚物，只有采用具有配位能力的引发剂才能合成高分子量的聚丙烯。具有两个甲基的异丁烯则可进行阳离子聚合，并已实现工业化。

若取代基的诱导效应为吸电子的，如丙烯腈上的氰基，则使单体双键电子云密度减少，易生成碳阴离子。

$$B^{\ominus}+CH_2\overset{\delta^+}{=\!=}\underset{\underset{X}{\downarrow}}{CH}\longrightarrow BCH_2-\underset{\underset{X}{\downarrow}}{\overset{-}{C}H} \quad (3-2)$$

式（3-2）生成的碳阴离子又由于吸电子基团的存在，而使电子云密度相对分散而得以稳定。自由基聚合类似阴离子聚合。当双键电子云密度有所减少时，自由基有能力打开双键。所以，一般具有吸电子基团的单体可以进行自由基聚合，如丙烯腈、丙烯酸酯类化合物既能进行阴离子聚合，又能进行自由基聚合。但当吸电子能力过强时，如具有硝基或偏二氯取代的单体，就只能进行阴离子聚合而难以进行自由基聚合。

（二）共轭效应的影响

共轭效应对单体的影响较大。苯乙烯、丁二烯等单体具有共轭体系，其 π 电子云流动性大，易于诱导极化，因此，可以在不同的外界条件下，进行阳离子聚合、阴离子聚合或自由基聚合。另外有些取代基既有诱导效应又有共轭效应，如氯乙烯，但都较弱，因此，只能进行自由基聚合。

一般来说，自由基引发剂能使大多数烯烃聚合，而且很多取代基对自由基都有共轭稳定作用，具备这一条件，就可使自由基聚合继续进行。

按单体 $CH_2=CHX$ 中取代基 X 电负性次序，其聚合倾向可排列如下：

取代基 X：

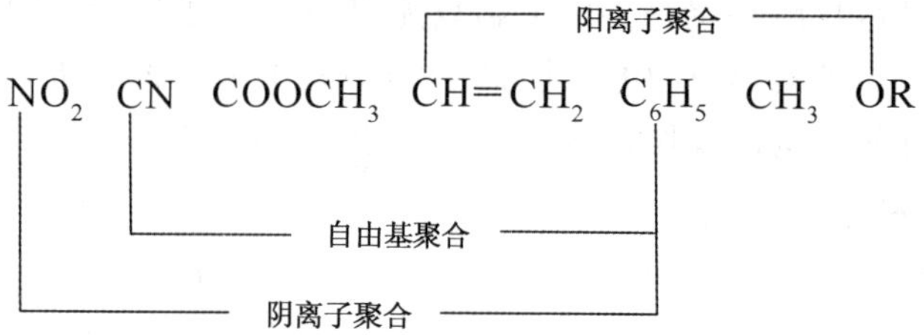

(三)位阻效应

位阻效应是指烯类单体取代基的数量、体积、位置对单体聚合能力的影响，但位阻效应不涉及对不同活性种的选择性。

1. 一取代烯类单体

一取代烯类单体 $CH_2{=}CHX$，其取代基 X 的大小并不影响聚合，例如乙烯基咔唑

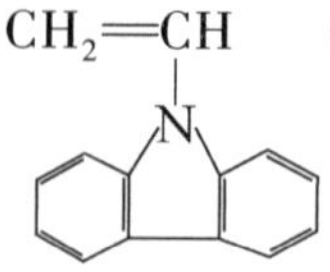

，虽然取代基较大，但也能进行聚合。

2. 1,1-二取代烯类单体

$CH_2{=}CXY$虽然有两个取代基，体积增大，聚合时可产生较大空间障碍，但此类单体由于结构不对称，双键的极化程度较高而更容易聚合。至于进行聚合的类型，则取决于取代基 X、Y 的电子效应。如异丁烯 $CH_2{=}C(CH_3)_2$易于阳离子聚合，偏二氯乙烯 $CH_2{=}CCl_2$易于自由基聚合，异丁烯比丙烯多一个—CH_3，其阳离子聚合能力比丙烯强。但当两个取代基的体积较大时，聚合反应不能进行。如有两个苯基的 1，1-二苯乙烯，只能形成二聚体。

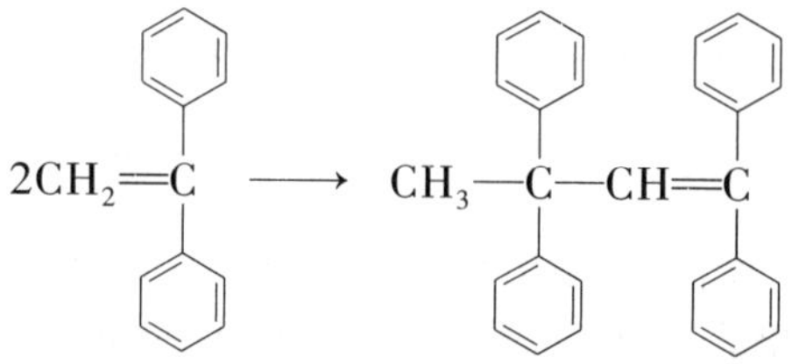

(3-3)

3. 1,2-二取代烯类单体

与 1,1 二取代不同，这类单体由于结构对称，极化程度低，加上空间位阻，一般不易聚合，如 1,2-二氯乙烯（$CHCl{=}CHCl$）、2-丁烯（$CH_3CH{=}CHCH_3$）、马来酸酐等。它们不能聚合的原因是诱导效应方面的因素也许多于位阻效应。

虽然这类单体不易均聚，但有些单体很易共聚，如马来酸酐可以与苯乙烯或醋酸乙烯酯进行共聚，所得聚合物为交替共聚物，是悬浮聚合良好的分散剂。

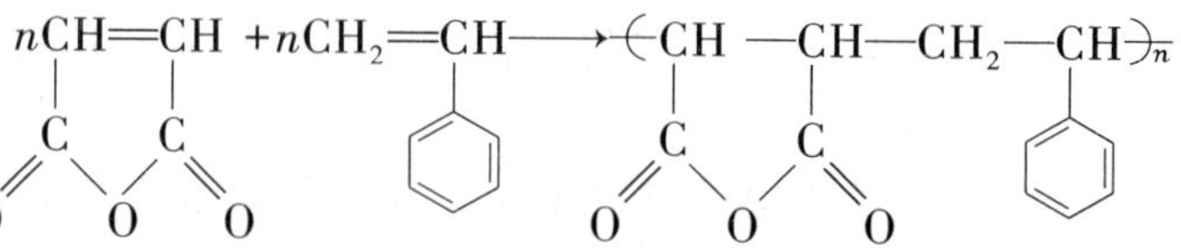

4. 三取代和四取代

此种烯类单体由于空间位阻很大，故一般不能聚合。但取代基为氟原子的例外，由于氟原子半径很小，所以一氟乙烯直到四氟乙烯都能很好地聚合。

取代基位置对烯类聚合能力的影响，可概括如表 3-2 所示。

表 3-2　乙烯类单体取代基半径及其聚合特性

取代基 X	取代基半径③/nm	一取代	二取代		三取代	四取代
			1,1-位	1,2-位		
H	0.032	+①	+			+
F	0.064	+	+	+	+	+
Cl	0.099	+	+	-②	-②	-
CH_3	0.109	+	+	-	-②	-
Br	0.114	+	+	-	-②	-
I	0.133	+	-	-	-	-
C_6H_5	0.232	+	-②	-②	-	-

①+表示能聚合，-表示不聚合。

②或形成二聚物。

③碳原子半径为 0.075nm。

第二节　自由基聚合机理

自由基聚合反应符合一般连锁聚合反应的特征，全过程可分为链引发、链增长、链终止，此外还伴有链转移反应。只有在把自由基聚合机理分析清楚后，才能对自由基聚合的聚合速率和分子量两项重要指标进行探讨和研究。

一、链引发反应

链引发反应是形成单体自由基活性种的反应，有了这一步才能进行增长反应进而生成大分子。大多数链引发反应是用引发剂(initiator)引发的，也可用热引发、光引发、辐射等各种引发方式。

(一)引发剂引发

所谓引发剂是易分解产生自由基(radical)并使单体聚合的化合物。在聚合反应过程中它逐渐消耗，成为大分子链的一部分而不能再生，因此，称为引发剂而不是催化剂。

用引发剂引发时，链引发阶段分为两步：

(1) 引发剂 I 分解成两个初级自由基。

$$I \xrightarrow{\triangle} 2R^{\cdot} \tag{3-4}$$

$R^{\cdot}$ 为初级自由基(primary radical)。

(2) 初级自由基引发单体成为单体自由基。

$$R^{\cdot} + CH_2{=}\underset{\displaystyle X}{\underset{|}{CH}} \longrightarrow R\,CH_2{-}\underset{\displaystyle X}{\underset{|}{\dot{C}H}} \tag{3-5}$$

单体自由基(monomer radical)形成后，继续与其他单体加聚，而使链增长。

第一步引发剂分解反应是吸热反应，活化能高，约为 105~150kJ/mol，反应速率小，分解速率常数约为 $10^{-4}\sim10^{-6}s^{-1}$。第二步初级自由基引发单体形成单体自由基的反应，是打开 π 键、重新杂化，形成两个单键的过程，是放热反应。其活化能低，约为 20~34kJ/mol，所以生成的初级自由基很快可生成单体自由基。但由于引发反应阶段有许多副反应，如初级自由基可与一些阻聚性杂质很快作用而失去活性；或两个初级自由基重新结合而终止，这样生成的初级自由基不一定都用于形成单体自由基，因此，链引发必须包括第二步。

链引发是聚合反应的第一步基元反应，是控制整个聚合速率的关键，同时也是影响分子量的主要因素。因此，有必要对引发剂种类、引发剂分解动力学、引发效率及选择原则作进一步了解。

1. 引发剂的类型

根据上述引发剂定义，能分解产生自由基的化合物很多，但要在聚合反应条件下产生自由基并能引发单体反应，就必须选择适当的化合物。

有机化合物中的 C—C 键，其键能为 348kJ/mol，在 300~400℃下才能分解成自由基。如此高的温度已超过正常聚合温度。所以，要在一般的聚合温度下能产生自由基，只有选择那些具有弱键的化合物。适宜于作引发剂的有机化合物主要有偶氮化合物和过氧化合物等，另外还有无机类引发剂。

(1) 偶氮双腈类。此类引发剂中最常用的为偶氮二异丁腈(AIBN)，其原子间的各种键能(kJ/mol)标在对应的化学键上。

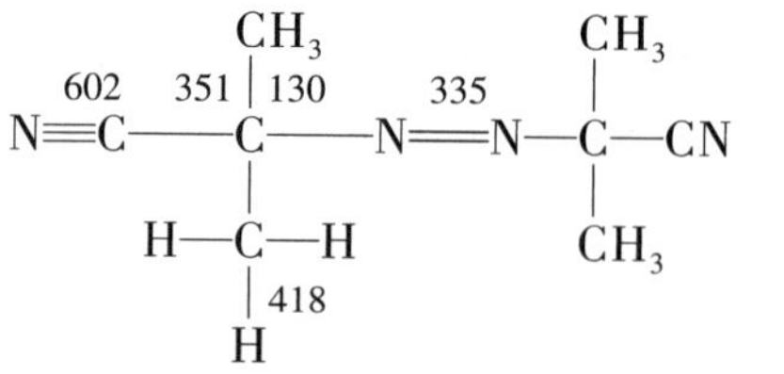

(3-6)

键能越高，键就越牢固，均裂生成自由基的反应活化能也就越大。偶氮二异丁腈的 C—N 键键能最小，受热时 C—N 键容易断裂，产生异丁腈自由基，见式(3-7)。

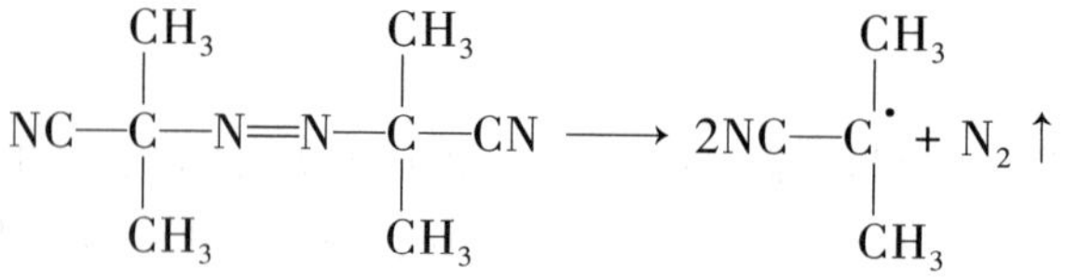

(3-7)

偶氮二异丁腈引发剂的优点是：在 45~65℃下，就能以适宜的速度分解成自由基，无副反应，但在 80~90℃时也会急剧分解；稳定性好，储存、运输、使用都比较安全；产品易提纯，价格较便宜。它的缺点是分解速度较低，属低活性引发剂，且有一定的毒性。

偶氮二异丁腈分解时有定量氮气放出，因此，在科研上可根据其氮气放出速率来测定其分解速率。

由于偶氮二异丁腈活性小，使聚合反应时间延长，因而后来发展了许多新品种，偶氮二异庚腈(ABVN)就是其中之一，它属于中活性引发剂，有逐渐取代偶氮二异丁腈的趋势。其分解反应为

$$(CH_3)_2CHCH_2\overset{\displaystyle CH_3}{\underset{\displaystyle CN}{C}}-N=N-\overset{\displaystyle CH_3}{\underset{\displaystyle CN}{C}}CH_2CH(CH_3)_2 \longrightarrow 2(CH_3)_2CHCH_2\overset{\displaystyle CH_3}{\underset{\displaystyle CN}{C^{\cdot}}} + N_2\uparrow \tag{3-8}$$

工业上很多聚合反应都可用偶氮双腈类化合物作引发剂，如氯乙烯的悬浮聚合，醋酸乙烯酯的溶液聚合，以及丙烯腈合成聚丙烯腈等反应。

(2)有机过氧化合物类。过氧化氢是过氧化合物的母体，在一定条件下它能分解成两个自由基：

$$HO-OH \longrightarrow 2HO^{\cdot} \tag{3-9}$$

此反应的活化能较高，$E_d = 220kJ/mol$，因此一般很少单独使用。当过氧化氢中的氢原子被取代一个或两个以后，过氧键的键能就小得多，而且随取代基的不同，所形成的化合物分解活化能相差很大。过氧化二苯甲酰(BPO)是这类引发剂中最常用的。当过氧化二苯甲酰受热时，其弱键(—O—O—)断裂，可形成两个苯甲酸基自由基。

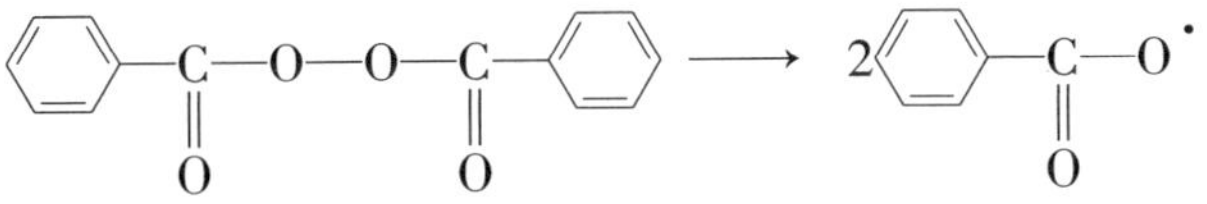

(3-10)

所形成的自由基可引发单体进行聚合。若无单体存在，那么苯甲酸基自由基还会进一步消去 CO_2，形成苯基自由基。

(3-11)

过氧化二苯甲酰的特点是很容易发生诱导分解。所谓诱导分解是引发剂在其他自由基诱发下的分解，因此，过氧化二苯甲酰在不同单体、溶剂的情况下分解速率有很大不同。

过氧化二苯甲酰属低活性引发剂，为了提高聚合速率，缩短聚合周期，开发了许多中、高活性有机过氧化物类引发剂，其中高活性引发剂过氧化二碳酸酯类发展很快。过氧化二碳酸酯类的分解反应式如下：

$$R-O-\underset{\displaystyle \overset{\|}{O}}{C}-O-O-\underset{\displaystyle \overset{\|}{O}}{C}-O-R \longrightarrow 2RO^{\cdot} + 2CO_2 \tag{3-12}$$

当 R 为 $(CH_3)_2CH$ 时，即过氧化二碳酸二异丙酯（IPP）；当 R 为 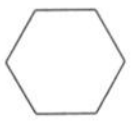 时，即过氧化二碳酸二环己酯（DCPD），它们都能在较低的聚合温度(44~45℃)下，生成自由基。

过氧化十二酰(LPO)，其分子式为 $(C_{11}H_{23}COO)_2$，也是较常用的过氧化物类引发剂。

有机过氧化氢 RO—OH 也是热分解引发剂。其中较常用的是异丙苯过氧化氢(CHP)，在热分解时产生异丙苯自由基和氢氧自由基，都能引发单体聚合，其使用温度范围在 100℃以上。

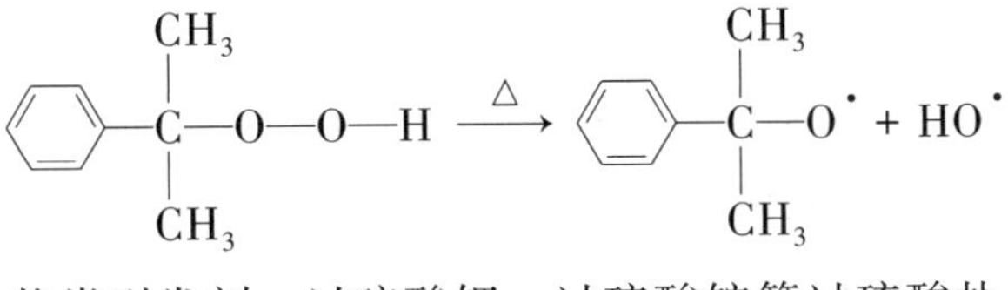

(3-13)

(3) 无机过氧化合物类引发剂。过硫酸钾、过硫酸铵等过硫酸盐，是常用的水溶性无机过氧化合物引发剂，多用于水溶液聚合和乳液聚合。

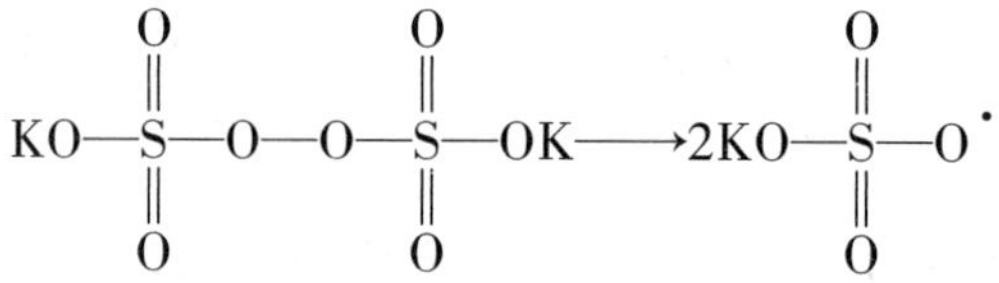

(3-14)

(4) 氧化-还原引发体系。通常含弱键的引发剂，其弱键分解活化能在100~170kJ/mol的范围，聚合要在40℃以上进行，才能产生合适的初级自由基浓度。但聚合若需在0~50℃的较低温度下进行，其分解活化能还需降低。可在过氧化物类引发剂中加入少量还原剂，利用它们的氧化-还原反应产生的自由基来引发聚合反应，这种引发剂称氧化-还原引发剂体系。通过氧化还原反应，可使生成自由基的反应活化能降低到40~60kJ/mol。所以氧化-还原引发剂体系的优点是可以在低温下引发聚合反应，并可获得较高的引发剂分解速率及聚合速率，缺点是引发效率低。

在水溶性氧化-还原体系中，常用无机化合物作还原剂。例如亚铁盐或硫代硫酸盐，能使过氧化氢、异丙苯过氧化氢、过硫酸盐的热分解活化能分别从220、125、140kJ/mol降低到40、50、50kJ/mol。反应式分别如下：

$$HO—OH + Fe^{2+} \longrightarrow HO^{\cdot} + HO^{-} + Fe^{3+} \tag{3-15}$$

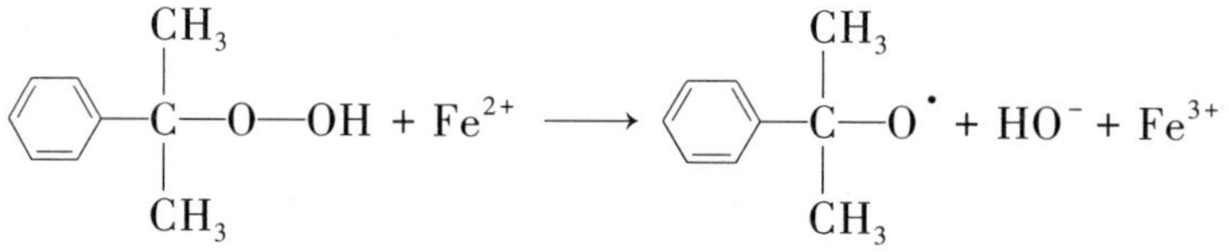

(3-16)

$$S_2O_8^{2-}+S_2O_3^{2-} \longrightarrow SO_4^{2-}+SO_4^{\overline{\cdot}}+S_2O_3^{\overline{\cdot}} \tag{3-17}$$

油溶性引发体系是以难溶于水的有机过氧化物作氧化剂，如有机过氧化氢、过氧化二烷基、过氧化二酰基等。还原剂有叔胺、硫醇、有机金属化合物等。过氧化二苯甲酰(BPO)-*N*,*N*-二甲基苯胺是常用的油溶性引发体系。BPO在苯乙烯中，于90℃下的分解速率常数k_d为$1.33\times10^{-4}\ s^{-1}$，而组成氧化-还原体系，在60℃下的分解速率常数$k_d$为$1.25\times10^{-2}$ L/(mol·s)，在30℃时为2.29×10^{-3}L/(mol·s)，仍有较高的分解速率。

近几年来，有许多报道介绍锌、镉、硼、铝等的有机化合物与氧配合，可以构成乙烯基单体低温聚合的活泼引发剂。三烷基硼-氧体系的引发机理可能如下：

$$R_3B+O_2 \longrightarrow R_2B—O—O—R$$

$$R_2BOOR+2R_3B \longrightarrow 2R^{\cdot} + R_2BOBR_2 + R_2BOR$$

乳液聚合常采用氧化-还原引发体系，其氧化剂、还原剂和辅助还原剂的选择和配合是一个广阔的研究领域。

2. 引发剂分解动力学

链引发反应速率主要由引发剂分解速率所控制，因而必须了解引发剂分解速率与其浓度、时间、温度之间的关系。

(1) 引发剂浓度与反应时间的关系。大多数引发剂的分解反应为一级反应，即分解速率R_d与引发剂浓度[I]的一次方成正比关系。

$$I \longrightarrow 2R^{\cdot}$$

$$R_d=\frac{-d[I]}{dt}=k_d[I] \tag{3-18}$$

此处引发剂分解速率用引发剂消耗的速率表示，负号表示随时间增加引发剂浓度减少，k_d 为引发剂分解速率常数，单位为 s^{-1}、min^{-1}或 h^{-1}。

将式(3-18)移项积分：

$$\frac{-d[I]}{[I]}=k_d dt$$

$$\ln\frac{[I]}{[I]_0}=-k_d t \tag{3-19a}$$

或

$$\frac{[I]}{[I]_0}=e^{-k_d t} \tag{3-19b}$$

式中　$[I]_0$、$[I]$——引发剂起始浓度和时间为 t 时的浓度，单位为 mol/L；

$[I]/[I]_0$——时间为 t 时尚未分解的引发剂残留分率。

式(3-19)代表引发剂浓度随时间变化的定量关系式。在固定温度下，测定不同时间 t 下的引发剂浓度变化，以 $\ln[I]/[I]_0$ 对 t 作图，由斜率即可得 k_d。对于偶氮类引发剂，可以测定析出的氮气体积来计算引发剂分解量。对于过氧类引发剂，则多用碘量法测定残留的引发剂浓度。

对于一级反应，常用半衰期来衡量反应速率的大小即引发剂的活性。半衰期就是引发剂分解到起始浓度一半所需的时间，用 $t_{\frac{1}{2}}$表示。根据式(3-19a)，当$[I]=[I]_0/2$ 时的时间即为半衰期 $t_{\frac{1}{2}}$，工程技术上常用单位为小时。

$$t_{\frac{1}{2}}=\frac{\ln 2}{k_d}=\frac{0.693}{k_d} \tag{3-20}$$

从式(3-20)可知，半衰期仅与分解速率常数有关，与引发剂起始浓度无关。半衰期与 k_d 成反比，即分解速率常数越大，半衰期越短，引发剂的活性越高；反之，分解速率越小，半衰期越长，引发剂活性越小。

(2) 反应速率常数与温度的关系。k_d 和半衰期与温度密切相关，即不同温度下有不同的分解速率常数及半衰期。k_d 与温度的关系符合阿累尼乌斯公式：

$$k_d=A_d e^{-E_d/RT} \tag{3-21}$$

式中　A_d——频率因子；

E_d——分解活化能；

T——绝对温度；

R——气体常数，8.413J/(mol·K)。

若已知 A_d 及 E_d，则可计算任何温度下的 k_d。对式(3-21)取对数，得：

$$\ln k_d=\ln A_d-\frac{E_d}{RT} \tag{3-22}$$

在不同温度下，测得某一引发剂相应的 k_d，然后以 $\ln k_d$ 对 $1/T$ 作图得一直线，从斜率可求得分解活化能 E_d，从截距可求出频率因子 A_d。引发剂 k_d 的大小也可以从 E_d 值来判断。

另外，式(3-22)可变换为：

$$\lg \frac{k_{d_2}}{k_{d_1}} = \frac{E_d}{2.303R}\left(\frac{1}{T_1} - \frac{1}{T_2}\right) \tag{3-23}$$

若已知 E_d，便可很方便地利用式(3-23)，由某一温度 T_1 的 k_{d1}，值求出另一温度 T_2 的 k_{d2} 值。

引发剂分解速率常数常在苯、甲苯等溶剂或单体中测定，不同介质所得值有差别，选用时要注意，常见引发剂的分解速率常数和分解活化能见表 3-3。

表 3-3　引发剂的分解速率常数和分解活化能

引　发　剂	溶　　剂	温度/℃	k_d/s^{-1}	$t_{1/2}$/h	E_d/kJ·mol^{-1}
偶氮二异丁腈		50	2.64×10^{-8}	73	128.4
		60.5	1.16×10^{-5}	16.6	
		69.5	3.78×10^{-5}	5.1	
偶氮二异庚腈	甲苯	59.7	8.05×10^{-5}	2.4	121.3
		69.8	1.98×10^{-4}	0.97	
		80.2	7.1×10^{-4}	0.27	
过氧化二苯甲酰	苯	60	2.0×10^{-6}	96	124.3
		80	2.5×10^{-5}	7.7	
过氧化十二酰	苯	50	2.19×10^{-6}	88	127.2
		60	9.17×10^{-6}	21	
		70	2.86×10^{-5}	6.7	
过氧化叔戊酸叔丁酯	苯	50	9.77×10^{-6}	20	
		70	1.24×10^{-4}	1.6	
过氧化二碳酸二环丙酯	甲苯	50	3.03×10^{-5}	6.4	
过氧化二碳酸二环己酯	苯	50	4.4×10^{-5}	3.6	
		60	1.93×10^{-4}	1	
异丙苯过氧化氢	甲苯	125	9×10^{-6}	21.4	
		139	3×10^{-5}	6.4	
过硫酸钾	0.1mol/L KOH	50	9.5×10^{-7}	212	140.2
		60	3.16×10^{-6}	61	
		70	2.33×10^{-5}	8.3	

3. 引发效率

前已述及，引发剂分解生成的初级自由基并不全用于引发单体而生成单体自由基，有一部分引发剂将由于诱导分解或笼蔽效应而损耗。参与引发聚合的引发剂占引发剂分解或消耗总量的分率，称为引发效率，以 f 表示。

(1) 笼蔽效应。聚合体系中引发剂的浓度很低，当它分解成两个自由基后，将被周围分子(如溶剂分子)所包围，像在笼子里一样，而笼子内单体浓度低，自由基必须扩散出笼子，才能引发单体聚合。但自由基在笼子内的平均寿命较短，约为 10^{-1}~10^{-9}s，如来不及扩散出来，就可能发生副反应，形成稳定分子，从而消耗引发剂。这种现象称为笼蔽效应。

例如偶氮二异丁腈在笼子内分解成异丁腈自由基后，有可能偶合成稳定分子，下式中方括号代表笼子。

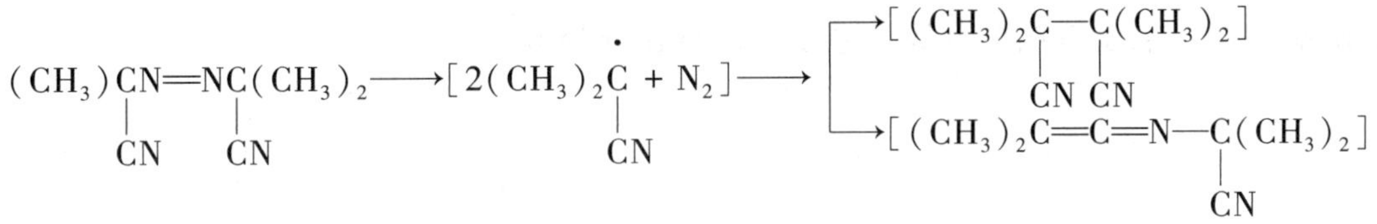

所以，AIBN 的引发效率较低，约为 0.6~0.8。

过氧化二苯甲酰的分解反应分两步，先后形成苯甲酸自由基和苯自由基，有可能进一步形成苯甲酸苯酯和联苯。

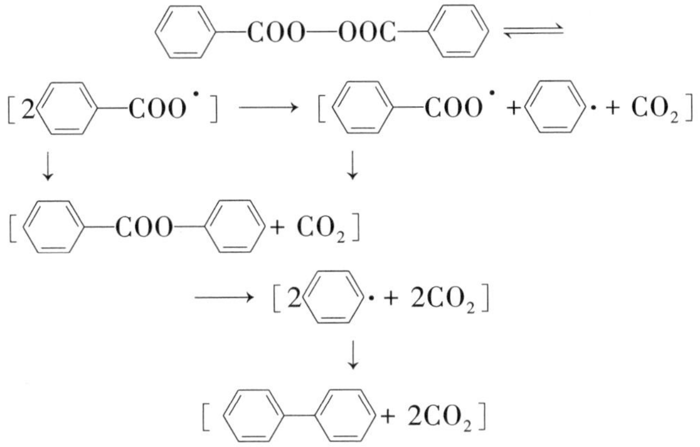

除了第一步为可逆反应外，其他消去反应都有可能使引发剂效率降低。但 BPO 的消去分解不完全，以致有些场合其引发效率较高，约为 0.8~0.9。

引发剂的引发效率与单体、溶剂、引发剂、体系黏度等因素有关。AIBN 在不同单体中的 f 值见表 3-4。

表 3-4　偶氮二异丁腈的引发效率

单　体	引发效率 f/%	单　体	引发效率 f/%
丙烯腈	~100	氯乙烯	70~77
苯乙烯	~80	甲基丙烯酸甲酯	52
醋酸乙烯酯	68~82		

（2）诱导分解。诱导分解实际上是自由基向引发剂的转移反应。转移的结果是，原自由基生成一个稳定分子，另产生了一个新的自由基，即自由基数虽没有变化，但白白消耗了一个引发剂分子，从而降低了引发效率。

偶氮二异丁腈一般不发生诱导分解，因而其引发效率小于 1 是由笼蔽效应和副反应引起的。而过氧化物类引发剂特别容易产生诱导分解。

向引发剂进行诱导分解的自由基，可能是初级自由基、单体自由基、链自由基或向溶剂转移后生成的溶剂自由基。因此，过氧化物类引发剂的诱导分解程度与单体活性及溶剂有关。因为自由基向引发剂的转移与自由基在单体上的加成是一对竞争反应，若单体活性大，捕捉自由基能力大，相对就削弱了诱导分解。因此，丙烯腈、苯乙烯等活性较大的单体，能迅速与自由基作用而进行增长反应，一般情况下引发效率较高。而醋酸乙烯酯等单体活性较低，捕捉自由基能力较弱，诱导分解能力较强，从而引发效率较低。

溶剂的影响主要是自由基向溶剂转移后，生成的溶剂自由基对过氧化物类引发剂可产生诱导分解。以 S˙ 表示溶剂自由基，它可使 BPO 诱导分解。

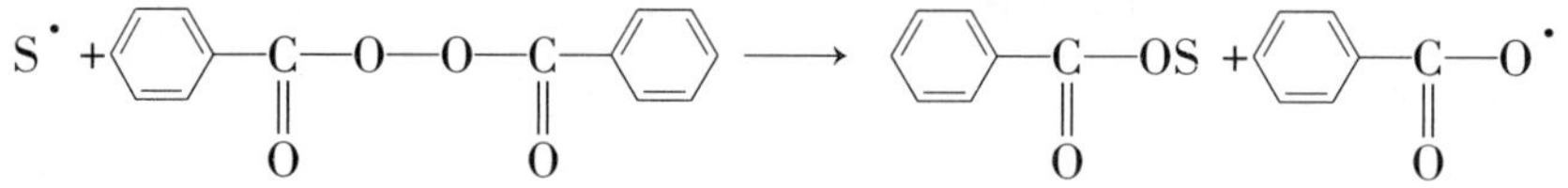

BPO 分解速率在不同溶剂中，按以下次序增加：

卤化物<芳香族<脂肪烃<醚<醇

BPO 分解产生的苯基自由基也能诱导其自身分子的分解，反应式如下：

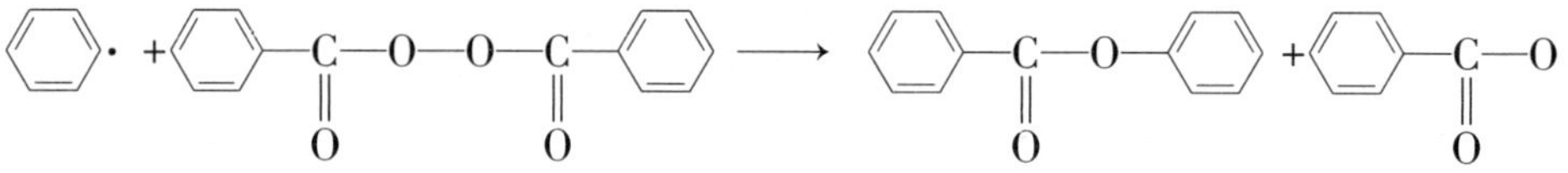

(3-24)

4. 引发剂的选择

能进行自由基聚合的单体很多，可用于引发自由基聚合的引发剂也很多，其选择原则除了考虑原料来源、运输、储存安全、毒性等问题以外，还要考虑以下几点。

(1) 根据聚合实施方法选择。因聚合实施方法不同，引发中心所处的区域不同。本体聚合、悬浮聚合和溶液聚合，引发中心处在单体相或有机溶液相，因而可采用油溶性引发剂，如偶氮化合物和有机过氧化物；乳液聚合引发中心主要在水相中，因此要求使用过硫酸盐类水溶性引发剂；水溶液聚合也可用水溶性引发剂。若乳液聚合选用氧化-还原引发体系，氧化剂可以是水溶性引发剂，也可以是油溶性的，但还原剂一般是水溶性的。

(2) 根据聚合温度选择。引发剂由于分解活化能不同，因而有不同的使用范围。选用具有适当活化能 E_d 的引发剂，其实质是引发剂种类与聚合反应温度的配合。

表 3-5 列举了可在高、中、低温下使用的引发剂，显而易见，高温下可使用低活性引发剂，低温下可使用高活性引发剂。

表 3-5　引发剂使用温度范围

引发剂使用温度范围/℃	E_d/(kJ/mol)	引发剂举例
高温>100	138~188	异丙苯过氧化氢，叔丁基过氧化氢，过氧化二异丙苯，过氧化二叔丁基
中温 30~100	110~138	过氧化二苯甲酰，过氧化十二酰，偶氮二异丁腈、过硫酸盐
低温-10~30	63~110	氧化还原体系：过氧化氢-亚铁盐，过硫酸盐-亚硫酸氢钠，异丙苯过氧化氢-亚铁盐，过氧化二苯甲酰-二甲基苯胺
极低温<-10	<63	过氧化物-烷基金属(三乙基铝，三乙基硼，二乙基铅)，氧-烷基金属

生产上要求引发剂在某一温度下，有一定的分解速率。若选用的引发剂分解活化能大或半衰期过长，则分解速率太慢，单位时间内形成的活性中心少，会延长聚合时间，使生产周期过长，生产效率降低；若引发剂分解活化能小或半衰期短，则分解速率过快，会造成引发过快，使温度不易控制，可能引起爆聚，或者聚合在低转化率阶段就停止，形成所谓死端聚合。

为使聚合匀速进行并充分利用设备的传热条件，生产中常采用复合引发剂，即把两种不同半衰期的引发剂混合使用，使高活性引发剂耗尽后，由低活性引发剂继续引发单体聚合。

(3)根据聚合体系性质和对聚合物的要求选择。例如，丙烯腈在硫氰酸钠水溶液中聚合，不宜用过氧化物引发剂，因为硫氰酸钠有还原性，所以常用偶氮类引发剂。又如聚甲基丙烯酸甲酯，若需加入还原性染料，则不宜用过氧化物引发剂。若聚合物产品要求无毒，就不能用偶氮二异丁腈。

此外，生产上选择引发剂还应考虑成本。

(二)其他引发方法

1. 热引发(thermal initiation)

除最常用的引发剂引发聚合外，尚有不加引发剂，而在热的作用下引发乙烯基单体的聚合，称为热引发聚合，简称为热聚合。目前只有苯乙烯的热聚合已工业化，甲基丙烯酸甲酯也能进行一定程度的热聚合，但聚合速率只有苯乙烯的1%，未能达到工业生产的要求。

苯乙烯的悬浮聚合，以前用BPO为引发剂，现改用热聚合，其工艺情况比较如下：

	引发剂引发	热引发
分散剂	PVA	$MgCO_3(Na_2CO_3+MgSO_4)$
引发剂	BPO	-
温度	85℃，8~10h	150℃，2h；155℃，2h
熟化	100~105℃，4h	144℃，4h
粘釜	严重	不严重

可见热引发比低温引发剂引发有很多优点。

苯乙烯热聚合，若要求转化率为50%，则29℃需400d，127℃需235min，167℃仅需16min。而常见氯乙烯和醋酸乙烯酯等单体不易热聚合。

2. 光引发(photoinitiation)

光引发聚合是指烯类单体在光的激发下，形成自由基而引发的聚合。

光是电磁波，光量子具有能量，其能量E的大小可通过普朗克(Planck)公式计算。

$$E=h\nu=h\frac{c}{\lambda} \tag{3-25}$$

式中　h——普朗克常数(6.624×10^{-34}J·s)；

c——光速(2.998×10^{10}cm/s)；

ν——光的频率；

λ——光的波长。

当用波长为300nm的光照射醋酸乙烯酯单体时，计算出的光能量约为400kJ/mol，与其化学键能相近。当单体吸收光子后，原子核外电子激发到高能态，但未脱离原子核的吸引，成为激发态分子。激发态分子的出路之一是离解产生自由基，引发聚合，也可能发出磷光而失活。

光引发有如下特点：

①单体对光的选择性强，例如，某种单体只吸收某一波长的光，而用其他波长的光照射不起作用。

②自由基能在极短时间(十分之几秒)内及时生灭，光强度容易控制和测定，实验重复性好，产物纯净。常用来测定自由基寿命，以及链增长、链终止反应速率常数。

③光引发聚合总活化能低，可在较低温度下聚合。

大部分单体需紫外光照射才能引发，其吸光波长参见表 3-6。最常用的紫外光源是高压汞灯。石英汞灯波长 186~1000nm，经滤光器可分离出波长适当的光源。

表 3-6　几种单体吸收光波长

单　体	波长/nm	单　体	波长/nm
丁二烯	253.7	氯乙烯	280
苯乙烯	250	醋酸乙烯酯	300
甲基丙烯酸甲酯	220		

光引发可分光直接引发单体聚合和光引发剂间接引发聚合两种。

(1) 直接光引发聚合。单体直接吸收光量子产生自由基，从而引发聚合反应。单体吸收一定波长的光量子形成激发态单体：

$$M + h\nu \longrightarrow M^*$$

激发态单体再分裂成两个自由基：

$$M^* \longrightarrow R^{\bullet} + R'^{\bullet}$$

自由基 $R^{\bullet}$ 与 $R'^{\bullet}$ 一般不相同，例如苯乙烯吸收波长为 250nm 的光，激发后，可发生下列不同的分解反应。

$$CH_2{=}CH{-}C_6H_5{}^* \longrightarrow C_6H_5^{\bullet} + CH_2{=}\dot{C}H$$

或

$$CH_2{=}CH{-}C_6H_5{}^* \longrightarrow C_6H_5{-}CH{=}\dot{C}H + H^{\bullet}$$

光引发速率 R_i 与体系吸收的光强度 I_a 成正比。

$$R_i = 2\Phi I_a \tag{3-26}$$

式中　Φ——光引发效率。

若吸收一个光量子能使一个单体分子分解成两个自由基，则 $\Phi=1$；若需吸收多个光量子才能产生一对自由基，则 $\Phi<1$。吸收光强 I_a 与入射光强 I_0 有如下关系：

$$I_a = \varepsilon I_0 [M] \tag{3-27}$$

式中　ε ——单体摩尔消光系数，其值越大，表示物质吸收光本领越强，越易激发；

$[M]$ ——聚合体系单体浓度。

把式(3-27)代入式(3-26)，可得直接光引发方程：

$$R_i = 2\Phi\varepsilon I_0 [M] \tag{3-28}$$

(2) 光引发聚合。光引发剂是一种容易吸收光量子的化合物。光引发剂分解成自由基，或把吸收的光能传递给单体或引发剂，使之产生自由基而引发的聚合，称为光引发聚合。例如甲基乙烯基甲酮和安息香，经光激发后，可成为自由基而引发聚合。

$$CH_2{=}CHCOCH_3 \xrightarrow{h\nu} CH_2{=}CHC\dot{O} + \dot{C}H_3$$

$$C_6H_5\underset{\underset{O}{\|}}{C}{-}\underset{\underset{OH}{|}}{C}HC_6H_5 \xrightarrow{h\nu} C_6H_5{-}\underset{\underset{O}{\|}}{\dot{C}} + C_6H_5{-}\underset{\underset{OH}{|}}{\dot{C}}H$$

光引发速率一般不高，若借用光引发剂可大大提高光引发效率和光引发速率。

光引发聚合在印刷和涂料、胶黏剂、集成电路板的制造上，因显示出许多优点而被广泛使用。如感光树脂印刷版可代替铅字排版，实现全自动化操作。

3. 辐射聚合

利用高能辐射使单体产生自由基从而引发的聚合，称为辐射聚合。辐射线有波长极短的电磁波 γ-射线、X-射线，高能质点 β-射线(电子流)、α-射线(快速氦核流)、中子射线等。应用得较多的是钴 60(^{60}Co)的 γ-射线，其具有能量高、穿透力强、操作容易等优点。

辐射聚合与光引发聚合相似，如引发速率与温度无关，聚合可在较低温度下进行，所得聚合物纯净。辐射引发也有其特点：吸收无选择性、穿透力强，可以进行固相聚合。

目前用辐射方法聚合的单体已超过 350 种，并在高分子化学领域的应用逐渐扩大。用 $^{60}Co\gamma$-射线辐射甲基丙烯酸甲酯比用引发剂引发聚合活化能低，因此，可低温聚合，反应平稳，适于制取较厚平板有机玻璃。三氟氯乙烯可用辐射聚合进行小型生产，工艺简单，产品质量稳定，可制泵、阀、棒、薄膜等多种制品。

其他引发聚合的方法还有等离子体引发聚合、微波引发聚合。

二、链增长反应

链引发阶段生成的单体自由基具有很大的活性，能打开第二个烯类单体的 π 键形成新的自由基，而新的自由基可再打开另一个单体 π 键，这样自由基不断与单体进行加成反应，该过程为链增长反应(propagation)。简言之，链增长反应就是链引发所产生的单体自由基与单体分子迅速重复加成，形成链自由基(活性链)的过程，可用下式表示：

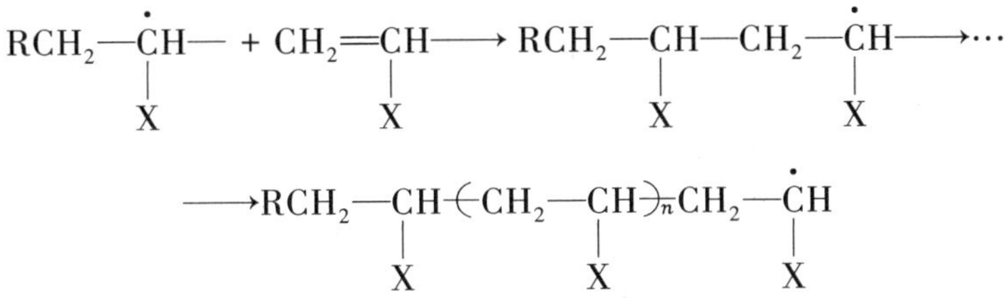

式中　R——引发剂反应后留下的残基。

为了书写方便，上述链自由基也可写成 $\sim\sim\sim CH_2-\dot{C}H(X)$，~~~表示碳链骨架。

(一)链增长反应的特点

1. 反应活化能低

链增长反应活化能约为 21～33.5kJ/mol，因此链增长速率极快，如一个聚合度为 1000 的聚醋酸乙烯酯或聚氧乙烯大分子链可在 10^{-2}～10^{-3}s 内形成，这就使聚合反应没有一系列中间产物，也不能停留在中间步骤。

2. 放热反应

大部分烯类单体聚合热约为 84kJ/mol，反应热很大，因此，一旦聚合，放热集中，如不及时散热可使体系温度升得很高。由于增长反应速率快，放热量大，因此要考虑反应中热量的散发问题。

(二)链增长反应与分子链序列结构

由于链增长反应是单体不断加成的过程，反应中单体加成的方向不同会使大分子的微观结构产生差异。

所谓序列结构是指大分子链中结构单元连接顺序。不对称烯类单体链增长过程中，链自由基与单体加成时可能有两种情况：

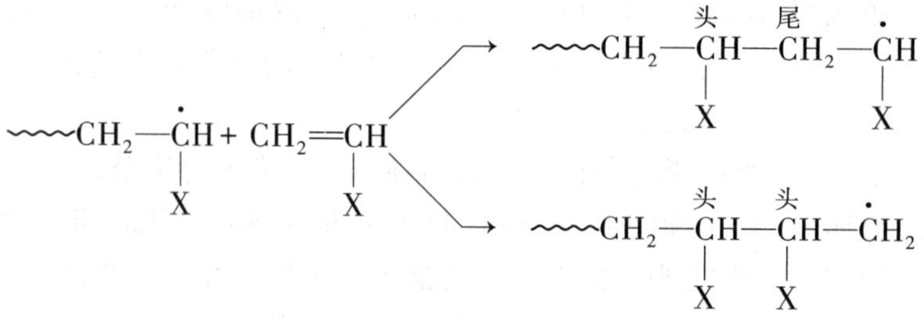

若确定某一碳原子处为头(如有取代基的碳原子)，另一个即为尾，单体加成后就出现“头-尾”和“头-头”或“尾-尾”结构。究竟以哪一种增长方式为主呢？实验证明，多数烯类单体聚合时，以头对尾方式进行加成，因而大分子链的结构以头尾连接的序列结构为主。其原因如下：

(1) 取代基的电子效应。按头-尾连接方式加成时，取代基与独电子在同一个碳原子上，独电子与取代基 X 可构成共轭，因而，此独电子较稳定，容易形成，其加成反应活化能相应较低。相反，当头-头加成时，自由基独电子没有共轭而不稳定，其反应活化能较高。

(2) 取代基的位阻效应。按头-头连接方式进行加成时，自由基向含取代基的碳原子进攻，空间位阻大；相反，若头-尾加成，则空间位阻小，反应容易进行。

由于上述两原因，聚合物分子链以头-尾连接为主，例如苯乙烯聚合时按两种不同方式加成，其活化能相差约 37.7kJ/mol。丙烯腈及甲基丙烯酸甲酯的聚合也类似。醋酸乙烯酯进行自由基聚合时，由于—$OCOCH_3$ 对自由基的共轭稳定能力弱，因而聚醋酸乙烯酯大分子中含有一定数量的头-头结构，但比例不大。例如在 25℃ 下聚合得到的聚醋酸乙烯酯，只有 1.1%的头-头结构，当聚合温度提高到 100℃时，头-头结构或者尾-尾结构也仅占 1.8%。

另外，当单体取代基小，位阻小时，可产生大量的头-头序列结构，如聚氟乙烯，头-头结构可达 30%。

由于头-头加成反应活化能较头-尾加成反应活化能高，因而当聚合温度提高时，头-头连接将有所增加，但影响不太大。

三、链终止反应

链终止反应(termination)是增长的长链自由基彼此反应，失去活性生成稳定的高分子化合物的过程。在反应初期，由于自由基浓度低，所以相互碰撞机会不多，但随反应进行，链自由基浓度不断增加，它们碰撞机会增多，造成终止反应增多。

(一)链终止与链增长反应的竞争

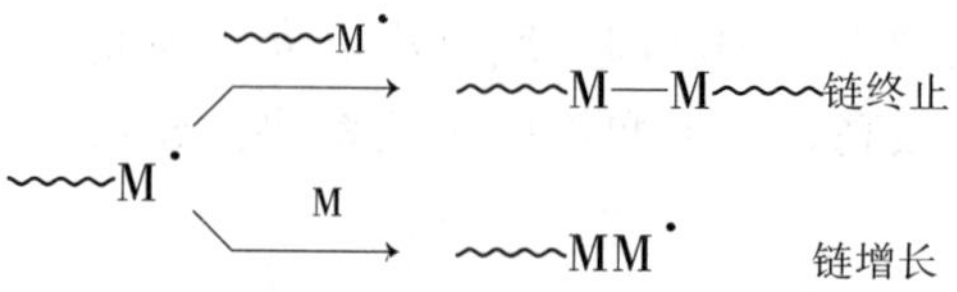

链增长是自由基同单体分子之间的反应，链终止是两个自由基之间的反应，单从速率常数比较，终止速率常数比增长速率常数大 3~5 个数量级。但从整个聚合体系看，反应速率还

与反应物浓度成正比，聚合体系中单体浓度约为 1～10mol/L，而自由基浓度约为 10^{-7}～10^{-9} mol/L，单体浓度远大于自由基浓度。因此，总的结果是增长速率比终止速率大 3～5 个数量级。这样，才能形成聚合度为 10^{3}～10^{5} 的聚合物，否则不能形成大分子。

(二)终止方式

链终止反应中，由一个链自由基和一个初级自由基进行反应的情况很少。

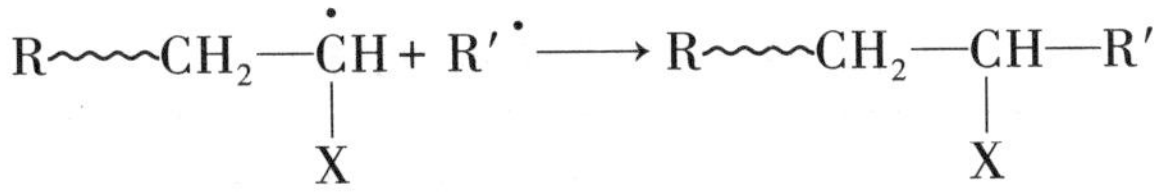

绝大多数链终止都是两个链自由基相互反应而终止，称双基终止，其中又有双基偶合终止和歧化终止两种形式。

1. 偶合终止

偶合终止是两个链自由基的独电子相互结合成共价键的终止反应。

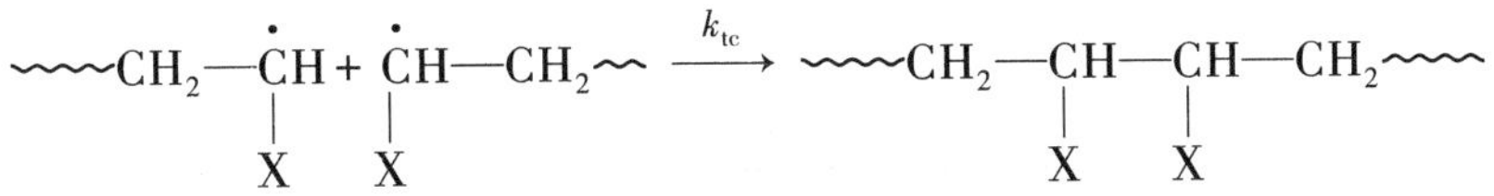

由于反应后原子结构不变，其结果大分子聚合度为链自由基结构单元数的两倍。当用引发剂引发，又无链转移时，大分子两端均为引发剂残基。

若是偶合终止，则至少有一个头-头结构单元存在于高分子链中，如果聚合度是 100，那么这种单元的量就达 1%。在很多聚合物中，头-头结构单元是由偶合终止反应产生的。

2. 歧化终止

歧化终止是一个链自由基夺取另一个链自由基的氢原子，形成两个稳定的大分子的终止反应。

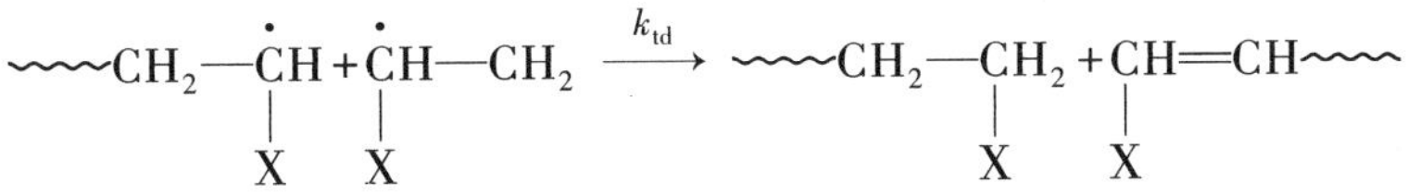

歧化终止反应有氢原子转移，活化能约为 8.4～2.1kJ/mol。歧化终止结果，大分子聚合度即为原链自由基的结构单元数，每个大分子都含有一个引发剂残基作为端基；两个大分子链端的化学结构互不相同，一个是饱和端基，另一个是不饱和端基。

单体的结构和聚合温度决定终止反应的方式。偶合终止活化能低，因而偶合终止反应速率几乎不随温度而变；歧化终止需打开一个化学键，使原子转移，活化能高，歧化终止速率随温度的上升而增加。因此，对某一种单体的聚合来说，随温度上升，歧化终止的比例增加，偶合终止的比例减少。

单体的结构也决定了终止的方式，单取代烯类单体主要以双基偶合方式终止，而甲基丙烯酸甲酯，由于 1，1 双取代空间位阻关系，较难双基偶合，加上又有可供转移的氢原子，因而易发生双基歧化终止。

偶合终止和歧化终止的相对比例可用下式表示：

$$\frac{\text{偶合终止几率}}{\text{歧化终止几率}}=\frac{k_{tc}}{k_{td}}=\frac{A_{tc}}{A_{td}}e^{(E_{tc}-E_{td})/RT} \qquad (3-29)$$

式中　k_{tc}、k_{td}——偶合终止和歧化终止的速率常数；

　　A、E——两种终止反应的频率因子和活化能。

两种终止方式的比例，可通过放射性同位素技术进行测定，利用端基分析测出每个聚合物分子中引发剂残基含量，就可估算单体自由基聚合的终止方式。

由实验测得苯乙烯聚合是以偶合终止为主；甲基丙烯酸甲酯在60℃以上聚合，以歧化终止为主；在60℃以下聚合，两种终止方式都有，见表3-7。

表3-7　自由基聚合终止方式

单　体	温度/℃	偶合/%	歧化/%	单　体	温度/℃	偶合/%	歧化/%
苯乙烯	0	100	0	甲基丙烯酸甲酯	40	53	47
苯乙烯	25	100	0	甲基丙烯酸甲酯	60	40	60
苯乙烯	60	100	0	甲基丙烯酸甲酯	80	28	72
甲基丙烯酸甲酯	0	40	60	丙烯酸甲酯	90	歧化为主	
甲基丙烯酸甲酯	25	32	68	醋酸乙烯酯	90	歧化为主	
甲基丙烯酸甲酯	60	15	85	丙烯腈	60	92	8

任何自由基聚合都有上述链引发、链增长、链终止三步基元反应。其中引发速率最小，是控制整个聚合速率的关键。

四、链转移反应

自由基反应活性很大，除了和单体进行连续增长这一主体反应外，还有链转移这一副反应。链转移和链增长虽然都是活性的转移，反应后自由基数不变，但增长反应后生成大分子，而链转移反应后，原链自由基活性消失，自身成为稳定的大分子。因而，链转移反应(chain transfer reaction)对分子量影响极大。

自由基可以向单体、溶剂、引发剂及一些添加剂等低分子转移，也可向大分子转移。

(一)向单体转移

链自由基不是与单体进行加成，而是夺取单体上的原子，自身成为稳定的分子，被夺取原子的单体成为一个新自由基，这就是链自由基向单体的转移。若转移后的新自由基仍有活性，则还能继续引发单体进行聚合。

向单体链转移是否容易进行，与单体结构特点有关。以氯乙烯聚合为例，链自由基向单体转移可用下式表示：

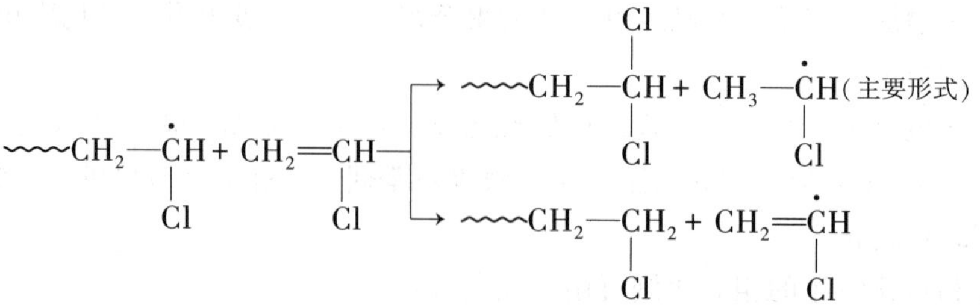

由于氯乙烯分子中C—Cl键的键能最小，因此很容易发生链转移反应，它对聚合度影响很大。但链转移反应速率相对于增长反应来说还是小得多，否则聚氯乙烯大分子不能形成。

醋酸乙烯酯也是比较容易链转移的单体，反应主要发生在乙酰基的甲基上。

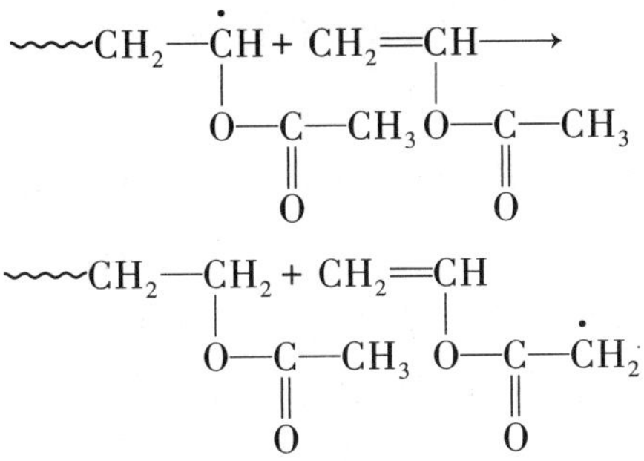

产生的自由基再引发单体聚合，就产生了乙烯基端基，如果端基参与聚合反应，则生成支链结构。

(二)向引发剂链转移

自由基向引发剂的转移将导致引发剂的诱导分解。过氧化物类引发剂容易发生诱导分解，可用下式表示：

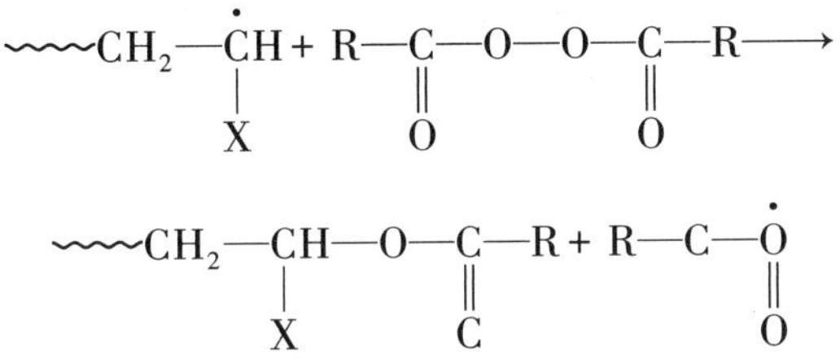

向引发剂链转移不但使聚合度受影响，也使引发效率下降。向单体和引发剂链转移容易发生在反应初期，这是反应初期单体和自由基浓度较大的缘故。由于引发剂用量一般较少，因而向引发剂链转移引起的聚合度降低不会占很大的比例。

(三)向大分子链转移

随着反应的进行，生成的大分子越来越多，链自由基向大分子的转移也增多。向大分子链转移结果，原来稳定的大分子又变成活性链，它再引发单体聚合，就使生成的大分子带有支链。如聚醋酸乙烯酯是容易链转移的大分子，转移往往发生在乙酯基的甲基上。

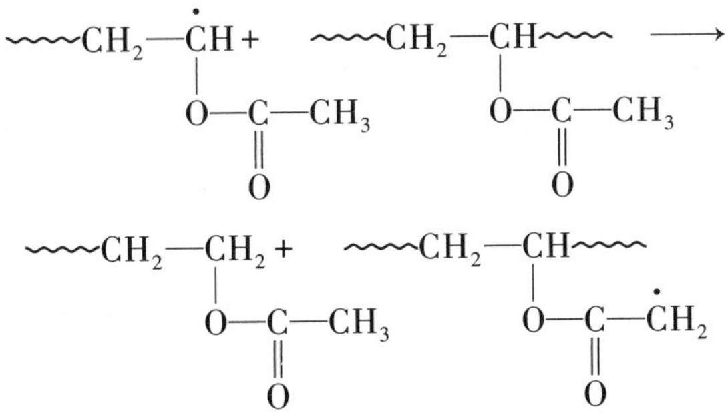

由聚醋酸乙烯酯醇解生产聚乙烯醇时，聚合度往往会降低，其原因就是具有支链的聚醋酸乙烯酯在醇解时产生支链断裂。

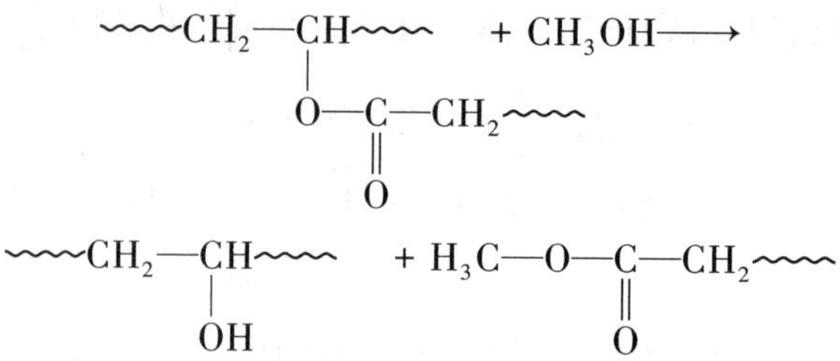

向大分子链转移易发生在聚合后期，此时单体转化率较高，其浓度降低很多，而体系中大分子浓度在增大。因此，链自由基向大分子转移机会增多，聚合物支链也就增加。例如制备合成纤维的聚合物要求是线型的，不希望聚合物有较多支链，所以单体转化率不宜过高，以尽量减少支化。另外，从生产成本角度考虑，这样做也是有利的，因为反应达高转化率后，聚合进行得很慢，反而拖长反应时间，不能充分利用设备，至于未反应的单体可以回收利用。

(四)向活性链本身的链转移

在高压聚乙烯分子链中发现有许多乙基、丁基等短支链，这是由于聚合时链自由基向自身转移的结果。

丁基支链是自由基夺取倒数第五个碳原子上的氢，通过氢原子转移，形成六元环的过渡态而形成的。当形成的新链自由基再加成一个单体后，再进行第二次的自身分子内转移，即形成乙基短支链。

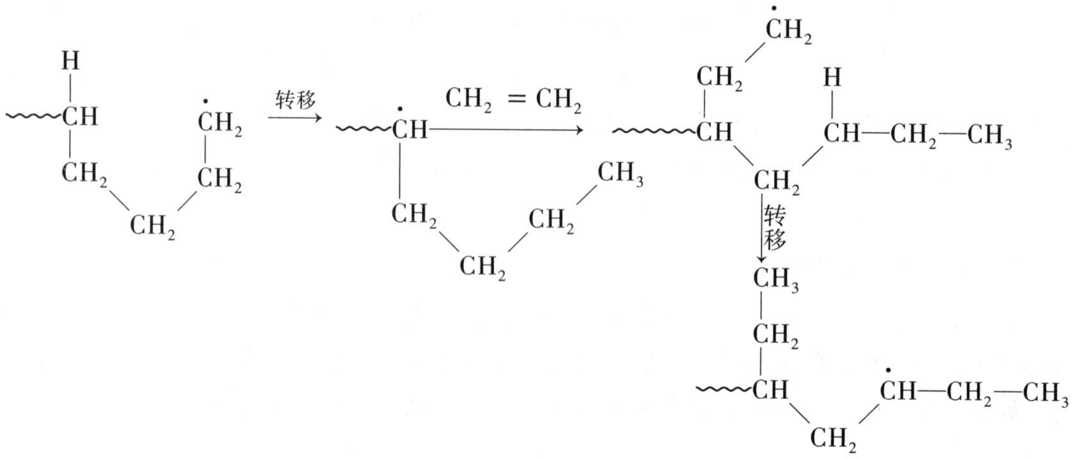

这种转移也称“回咬”链转移。它与聚合体系的聚合物和单体或溶剂的互溶性能有关，当单体或溶剂是聚合物的不良溶剂或非溶剂时，大分子不能充分伸展而呈卷曲状，链自由基就被自身包裹，自由基就可能在链上弱键处夺取氢原子而进行链转移。

(五) 向溶剂或链转移剂链转移

在溶液聚合时，会发生链自由基向溶剂链转移。如醋酸乙烯酯在甲醇中进行溶液聚合时，链自由基可向甲醇进行转移。

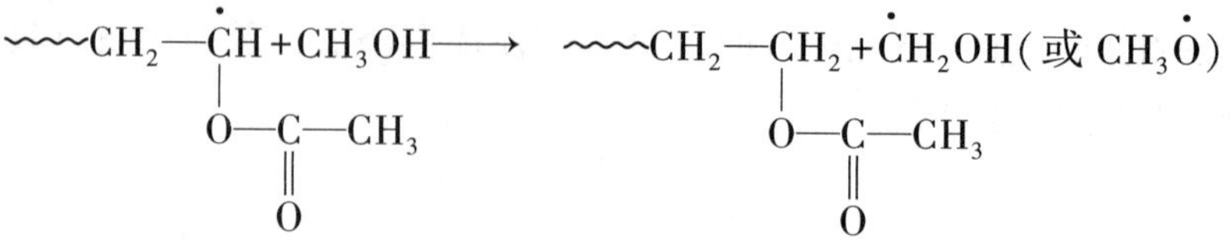

溶剂的结构不同，链自由基向溶剂转移能力也不同，如氯仿、四氯化碳都是易引起链转移的溶剂，称为活性溶剂，又称调聚剂。若以它们作为溶剂进行聚合，可生产分子量不超过1000的低聚物，这类产品可作润滑油、增塑剂、表面处理剂等。

另外，还有一类化合物接受链转移能力特别强，只需少量就能达到控制分子量的目的，这类化合物称调节剂。如十二碳硫醇，常用于合成橡胶的生产；丙烯腈在硫氰酸钠水溶液中进行溶液聚合，常用异丙醇作分子量调节剂；生产低分子量的聚氯乙烯时用三氯乙烯来调节分子量。

第三节　自由基聚合反应速率

本节主要就自由基聚合低转化率下匀速反应阶段与加速阶段的聚合反应速率与单体浓度、引发剂浓度、聚合温度等因素之间的定量关系，加以介绍。

一、聚合反应速率的测定方法

聚合速率以单位时间内单体消耗量或聚合物生成量表示，它可以用直接法或间接法测定。

直接法是直接测定未反应的单体量，如用溴量法分析普通烯类单体双键的变化量；也可直接测定生成聚合物的量，如加入聚合物沉淀剂，经洗涤、精制、干燥，最后称得其质量。

间接法主要是利用聚合过程中物理常数的变化，间接求得聚合物的生成量，如比容、黏度、折射率、介电常数、吸收光谱等物性的变化。在实验室和科研工作中，普遍使用膨胀计法。膨胀计下部有约5~10mL的聚合物容器，上部有带刻度的毛细管。在聚合过程中，单体转变成聚合物，低分子间作用力转变成链节间的共价键力，比容减少，即体积缩小，其缩小值与单体转化率呈线性关系。膨胀计法就是利用该原理间接测定聚合速率的。

设 K 为转化率为100%时的体积变化率，其值可从下式求得：

$$K=\frac{V_M-V_P}{V_M}\times 100\% \tag{3-30}$$

式中　V_M——单体比容，mL/g；

V_P——聚合物比容，mL/g。

当转化率为 $C\%$ 时，它与聚合时体积收缩率 $\Delta V/V_0$ 呈线性关系，因而可得：

$$C\%=\frac{\Delta V}{V_0}\times\frac{1}{K} \tag{3-31}$$

式中　ΔV——某一转化率下相应的体积收缩值；

V_0——原始体积。

将欲聚合的单体加一定量引发剂后，充满膨胀计至一定刻度，在某一温度下恒温聚合，随反应进行单体转化为聚合物，密度增高，体积缩小，毛细管内液面随之下降，可在一定时间间隔读出收缩值。根据式(3-31)，将收缩值转换成转化率，然后作转化率-时间曲线，从中可知聚合速率变化情况。

二、聚合反应的转化率–时间曲线

聚合速率可以用单位时间的转化率表示，转化率和时间关系是研究聚合动力学最基本的关系。

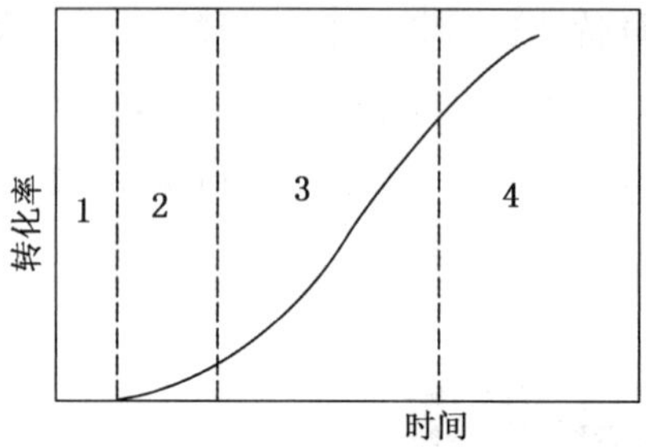

图 3–3　转化率–时间曲线

1—诱导期；2—初期；3—中期；4—后期

图 3–3 是苯乙烯、甲基丙烯酸甲酯等单体本体聚合的转化率(C)–时间(t)曲线，一般呈 S 形。整个聚合过程可分为四个阶段：诱导期、初期、中期、后期。

诱导期：在此阶段，由于初级自由基为杂质所终止，因此，转化率为零，无聚合物生成。

聚合初期：第二阶段转化率为 0%~20%左右，即杂质除尽，正常聚合开始，此阶段的特点是聚合速率不随时间而变化，为等速阶段。

聚合中期：第三阶段转化率范围 20%~70%，经等速反应后，转化率进一步提高，出现了自动加速现象，因此，此阶段称加速阶段。

聚合后期：第四阶段转化率在 70%以上，可达 90%~95%，加速现象持续续一段时间后，聚合速率逐渐减慢，最后接近零，聚合后期称减速阶段。在生产上，当转化率达 90%~95%时，即可结束反应。

以上三个聚合阶段的速率变化是一般情况，对不同聚合体系会有较大的变化。有些聚合体系可以接近匀速反应，这对生产控制和传热设备的充分利用是有好处的。

三、低转化率聚合反应速率

在进行聚合速率研究时，常控制在转化率为 5%~10%的低转化率阶段。在低转化率期间，反应体系比较简单，反应速率平稳，可避免链转移的影响，易于建立速率方程，确定聚合速率的主要影响因素及其他定量关系。

聚合速率方程可由前述聚合机理，并根据如下基本假定推导出来。除前已注明外，k 表示反应速率常数，下标 i、p、t 分别表示引发、增长、终止。

1. 基本假定

(1) 等活性假定。假定链自由基的活性与链长无关，这样，不同链长自由基对单体的链增长反应速率常数可用同一个 k_p 来表示。

(2) 假定单体消耗速率就是聚合物生成速率。因为高分子的聚合度很大，用于引发的单体远少于增长消耗的单体，$R_i \ll R_p$，因此聚合反应总速率可以用链增长速率表示：

$$R=\frac{-\mathrm{d}[\mathrm{M}]}{\mathrm{d}t}=R_i+R_p \approx R_p$$

(3) 稳态假定。假定在反应体系中，自由基浓度不变，$-\frac{\mathrm{d}[\mathrm{M}^{\cdot}]}{\mathrm{d}t}=0$，即链自由基的生成速率等于链自由基的消失速率，构成动态平衡。

(4) 假定链转移对聚合速率无影响，链终止为双基终止。

2. 基元反应速率方程

链引发反应由两步反应组成，一是引发剂分解成初级自由基，二是初级自由基加成单体形成单体自由基。

$$I \xrightarrow{k_d} 2R^{\cdot}$$

$$R^{\cdot} + M \xrightarrow{k_i} RM^{\cdot}$$

以上两步反应，第一步的分解速率远低于第二步，即 $R_d \ll R_i$，因此，整个引发反应速率 R_i 由引发剂分解速率所控制，而与单体浓度无关。

引发剂分解速率可用引发剂消耗速率表示：

$$R_d = \frac{-d[I]}{dt} = k_d[I]$$

由于引发单体的是自由基，因而要知道自由基生成的速率。一个引发剂分子分解成两个初级自由基，则初级自由基生成速率为引发剂分解速率的两倍：

$$\frac{d[R^{\cdot}]}{dt} = 2k_d[I] \tag{3-32}$$

生成的初级自由基由于笼蔽效应和诱导分解等副反应，不全用于引发单体，所以需引入引发效率 f。因为生成了单体自由基才是完成引发阶段进入链增长的标志，因此，引发速率可以用生成单体自由基的速率表示，引发速率方程为：

$$R_i = \frac{-d[M^{\cdot}]}{dt} = 2fk_d[I] \tag{3-33}$$

链增长速率可用单体消耗速率表示，体系有不同链长自由基进行增长，其反应式及速率方程如下：

$$M_1^{\cdot} + M \xrightarrow{k_{p1}} M_2^{\cdot} \qquad R_{p1} = k_{p1}[M_1^{\cdot}][M]$$

$$M_2^{\cdot} + M \xrightarrow{k_{p2}} M_3^{\cdot} \qquad R_{p2} = k_{p2}[M_2^{\cdot}][M]$$

$$M_3^{\cdot} + M \xrightarrow{k_{p3}} M_4^{\cdot} \qquad R_{p3} = k_{p3}[M_3^{\cdot}][M]$$

$$\vdots \qquad\qquad\qquad \vdots$$

$$M_n^{\cdot} + M \xrightarrow{k_{pn}} M_{n+1} \qquad R_{pn} = k_{pn}[M_n^{\cdot}][M]$$

根据等活性假定，各步反应速率常数相等，即 $k_{p1} = k_{p2} = k_{p3} \cdots\cdots = k_{pn}$，令自由基浓度 $[M^{\cdot}]$ 为长短不一的链自由基浓度的总和，则总的链增长反应速率方程可表示为：

$$R_p = \frac{-d[M]}{dt} = k_p[M^{\cdot}][M] \tag{3-34}$$

链终止速率可以用链自由基消失速率表示，终止反应及速率方程如下：

$$M_x^{\cdot} + M_y^{\cdot} \xrightarrow{\text{偶合}} M_{x+y} \qquad R_{tc} = 2k_{tc}[M^{\cdot}]^2 \tag{3-35a}$$

$$M_x^{\cdot} + M_y^{\cdot} \xrightarrow{\text{歧化}} M_x + M_y \qquad R_{td} = 2k_{td}[M^{\cdot}]^2 \tag{3-35b}$$

所以终止总速率为：

$$R_t = \frac{-d[M^{\cdot}]}{dt} = 2k_t[M^{\cdot}]^2 \tag{3-35c}$$

不论歧化终止或偶合终止，其速率均与自由基浓度的二次方成正比关系，$k_t = k_{tc} + k_{td}$，式(3-35c)中“2”表示双基终止一次消耗两个自由基。

3. 聚合反应速率方程

根据第二个假定，聚合速率以增长速率表示：

$$R = \frac{-d[M]}{dt} \approx R_p = k_p[M^{\bullet}][M] \tag{3-36}$$

但方程中有自由基浓度，由于自由基很活泼，寿命短，难以测定，所以要设法用易测的值代替，这时可采用第三个假定。要使自由基稳定，必须是其生成速率等于消失速率：

$$R_i = R_t \tag{3-37}$$

把(3-35c)代入上式，得：

$$R_i = 2k_t[M^{\bullet}]^2 \tag{3-38}$$

由式(3-38)得：

$$[M^{\bullet}] = \left(\frac{R_i}{2k_t}\right)^{\frac{1}{2}} \tag{3-39}$$

把式(3-39)代入式(3-36)，得总的聚合速率的普适方程：

$$R = R_p = k_p[M]\left(\frac{R_i}{2k_t}\right)^{\frac{1}{2}} \tag{3-40}$$

用引发剂引发时，把引发速率方程(3-33)代入上式，得：

$$R_p = k_p\left(\frac{fk_d}{k_t}\right)^{\frac{1}{2}}[M][I]^{\frac{1}{2}} \tag{3-41}$$

式(3-41)就是引发剂引发的自由基聚合的一般速率方程式。

若在低转化率(5%~10%)下结束聚合，可保证稳态，各速率常数恒定，且当采用低活性引发剂时，短时间内各物质浓度变化不大，可视为常数，故在引发效率与单体浓度无关情况下，可把式(3-41)积分，得：

$$\ln\frac{[M]_0}{[M]} = k_p\left(\frac{fk_d}{k_t}\right)^{\frac{1}{2}}[I]^{\frac{1}{2}}t \tag{3-42}$$

式中　$[M]_0$、$[M]$——起始时和时间 t 时的单体浓度。

如以 $\ln[M]_0/[M]$ 对 t 作图，得一直线，说明聚合速率与单体浓度呈一级关系。

许多实验结果表明，上述关系正确，说明所假定的自由基聚合机理基本正确。

4. 对一般速率方程的讨论

(1) 式(3-41)是在一定条件下推导而得的，它的应用也有前提，稳态和等活性都是在低转化率阶段成立，因此，方程只适用于低转化率阶段，而且只限于双基终止。由于是双基终止，所以方程式中聚合速率与引发剂浓度的平方根成正比关系。

(2) 速率方程中包括 k_d、k_p、k_t，说明三个基元反应对聚合速率都有影响。

(3) 当引发剂引发效率低时，引发剂分解与单体浓度有关，则

$$R_i = 2fk_d[I][M] \tag{3-43}$$

若将式(3-43)代入式(3-40)，则聚合速率与单体浓度的1.5次方成正比关系。另外，若引发剂分解很快，而第二步反应即单体自由基形成速率很慢，成为控制速率的反应，即 $R_i \ll$

R_d，则也得 $R \propto [M]^{1.5}$的关系，此时与式(3-41)有偏差。

(4) 若用不同引发方式进行链引发，以相应的引发速率方程代入式(3-40)，就可得到不同的速率方程表达式，列于表 3-8。

表 3-8　自由基聚合速率方程式

引发方式	引发速率 R_i	聚合速率 R_p
引发剂引发	$2fk_d[I]$ $2fk_d[I][M]$	$k_p\left(\frac{fk_d}{k_t}\right)^{1/2}[I]^{1/2}[M]$ $k_p\left(\frac{fk_d}{k_t}\right)^{1/2}[I]^{1/2}[M]^{3/2}$
热引发	$k_i[M]^2$ $k_i[M]^3$	$k_p\left(\frac{k_i}{2k_t}\right)^{1/2}[M]^2$ $k_p\left(\frac{k_i}{2k_t}\right)^{1/2}[M]^{5/2}$
直接光引发	$2\Phi\varepsilon I_0[M]$ $2\Phi\varepsilon I_0(1-e^{-\varepsilon[M]b})$	$k_p\left(\frac{\Phi\varepsilon I_0}{k_t}\right)^{1/2}[M]^{3/2}$ $k_p[M]\left[\frac{\Phi I_0(1-e^{-\varepsilon[M]b})}{k_t}\right]^{1/2}$
光引发剂引发或 光引发剂间接引发	$2\Phi\varepsilon I_0[S]$ $2\Phi I_0(1-e^{-\varepsilon[S]b})$	$k_p[M]\left(\frac{\Phi\varepsilon I_0[S]}{k_t}\right)^{1/2}$ $k_p[M]\left[\frac{\Phi I_0(1-e^{-\varepsilon[S]b})}{k_t}\right]^{1/2}$

四、自动加速现象

1. 出现自动加速的原因

按动力学方程，在反应初期以后，体系引发剂浓度下降，单体浓度下降，聚合总速率理应下降，但此时 R_p非但不下降，反而突然增加，这种现象称为自动加速现象。其出现主要是体系黏度增加所引起的，故又称凝胶效应(gel effect)。

自动加速(auto acceleration)在自由基聚合中是一种十分普遍的现象，这可用链终止受扩散控制来解释。由于转化率升高以后，体系黏度增大，链自由基扩散困难，又由于双基终止是两链自由基的反应，因此，它们扩散相遇而终止的机会下降，使终止速率常数 k_t下降。这时，体系黏度增大并不影响小分子单体的扩散，因而链自由基与单体的增长反应几乎不受影响，所以 k_p。并未减小。根据式(3-41)，在[I]、[M]、f、k_d不变的条件下，R_p随 $k_p/k_t^{1/2}$值而变化，当 k_p 值不变，k_t 值下降时，R_p 增加，聚合反应加速。

2. 均相聚合中的加速

甲基丙烯酸甲酯是其聚合物的溶剂，它的本体聚合和在苯中的溶液聚合呈均相。其聚合转化率与时间的关系见图 3-4。

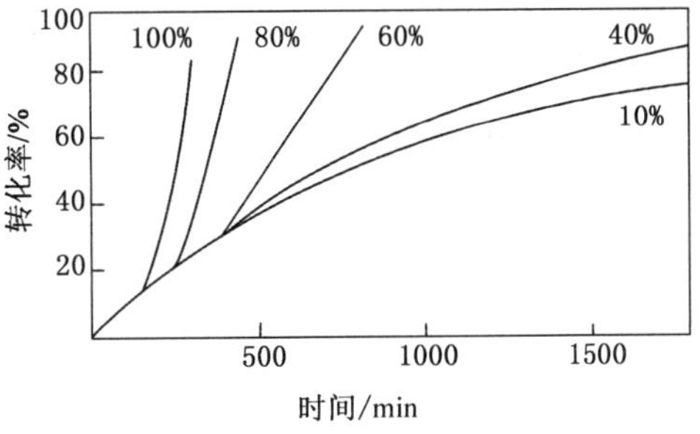

图 3-4　甲基丙烯酸甲酯聚合转化率–时间曲线

引发剂：过氧化苯甲酰；溶剂：苯；温度：55℃；曲线上数字系甲基丙烯酸甲酯百分浓度

从曲线上可看出，当转化率小于 10%时，转化率随时间平稳上升，接近稳态，此时，体系从流动状态变成黏滞糖浆状；当转化率在 10%~20%左右时，自动加速使体系从黏滞液转变为软固体，在几十分钟内转化率可以上升到 80%。转化率达 50%~60%以后，体系黏度继续增加，聚合速率逐渐减慢。到 80%以后，速率降得很多，最后几乎停止聚合。

表 3-9 是甲基丙烯酸甲酯聚合时 k_p、k_t随转化率的变化情况。

表 3-9　转化率对甲基丙烯酸甲酯聚合的影响(聚合温度：22.5℃)

转化率/%	聚合速率/(%/h^{-1})	自由基寿命/s	k_p	$k_t\times10^{-3}$	$(k_p/k_t^{1/2})\times10^{-2}$
0	3.5	0.89	384	442	5.78
10	2.7	1.14	234	273	4.48
20	6.0	2.21	267	72.6	8.81
30	15.4	5.0	303	14.2	25.5
40	23.4	6.3	368	8.93	38.9
50	24.5	9.4	258	4.03	40.6
60	20.0	26.4	74	0.498	33.2
70	13.1	79.3	16	0.0564	21.3
80	2.8	216	1	0.0076	3.59

从表 3-9 中的数据可看出，在低转化率阶段聚合速率 R_p. 变化不大，接近稳态；当转化率达 50%时，k_p值变化不大，而 k_t值却减少很多，造成 $k_p/k_t^{1/2}$比值上升，聚合速率增大；当转化率大于 50%时，体系黏度明显增大，单体扩散明显减弱，所以 k_p明显下降，造成 $k_p/k_t^{1/2}$比值下降。自由基寿命是 τ，即自由基生存时间，τ 的增大有利于增长反应的进行，因此，聚合物的平均聚合度也随 τ 的增大而增加。当转化率从零增至 80%时，τ 从 1s 左右增至 216s，k_p减少至 1/400，而 k_t减少约 5 个数量级；$k_p/k_t^{1/2}$在转化率 50%处最大，可见体系黏度对聚合反应影响之大。

甲基丙烯酸甲酯并非是其自身聚合物的良溶剂，因此，链自由基有一定程度的卷曲，活性端易被包裹，不易终止而较早出现自动加速。

从图 3-4 可看出，随单体浓度的减少，聚合出现自动加速现象会推迟或减缓，甚至不出现。单体浓度为 40%和 10%的溶液聚合无自动加速现象出现，这说明自动加速与聚合体系的单体浓度有很大关系。

苯乙烯本体聚合也是均相体系，但由于苯乙烯是聚苯乙烯的良溶剂，活性链较为伸展，活性链端被包裹程度比甲基丙烯酸甲酯本体聚合体系低，活性链端容易接近而双基终止。因此，自动加速的到来要比后者晚，一般苯乙烯本体聚合出现自动加速的转化率可高达 30%。

相反，丙烯酸甲酯是其聚合物的劣溶剂，故聚合时较早出现自动加速现象。

综上所述，各均相聚合因其单体-聚合物溶解特性的不同，将导致自动加速出现的转化率不同。

3. 非均相聚合中的自动加速

有些聚合体系，如丙烯腈、氯乙烯、偏二氯乙烯等本体聚合都属沉淀聚合，即聚合物不溶于单体中。另外，还有以水为溶剂的丙烯腈水相沉淀聚合，聚丙烯腈不溶于聚合介质水中。在以上情况中，聚合时长链自由基或聚合物以固态沉析出来，是非均相聚合。由于沉析出来的链自由基处于卷曲状态，端基被包裹，所以沉淀聚合一开始就出现自动加速现象，而不存在稳态。

同是沉淀聚合，丙烯腈本体聚合早期加速很明显，而氯乙烯本体聚合早期自动加速不明显，甚至可以较晚才出现。这是由于聚氯乙烯能在氯乙烯中部分溶胀，因此，聚合物链自由基包裹程度不深，加上氯乙烯是易被转移的单体，因而采用适当的引发剂时，单体转化率可达 70%才出现自动加速。然而，丙烯腈却不能溶胀其聚合物，从而造成两者明显的差别。

对于前述的稳态速率方程来说，非均相聚合体系显然是有偏差的。由于几乎不存在稳态，链自由基包裹程度严重，难以进行双基终止，甚至只能单基终止，因此，聚合速率与引发剂浓度的 0.5~1.0 次方成正比，如丙烯腈聚合为 0.9 次方；氯乙烯为 0.5~0.6 次方。

4. 自动加速现象的防止和利用

由以上分析可知，一旦出现自动加速，在很短的时间内转化率快速升高，接着进入减速阶段，此后提高转化率就很困难了。一般情况下，自动加速出现较早，则最终转化率较低，聚合物产率也就较低。同时，因反应速率加快，放热集中，温度升高又会加速反应进行，因此，大量热的积累会有爆聚的危险。另外，温度超过临界聚合温度时，会导致分子量下降，因而有必要研究如何避免或推迟自动加速现象的到来。

自动加速现象是体系黏度的增加而引起的，凡是能降低黏度的措施都可以采用，方法如下：

（1）采用溶液聚合，稀释体系，降低体系黏度。从图 3-4 中甲基丙烯酸甲酯的转化率-时间曲线可看出，若以适当的溶液聚合代替本体聚合，可推迟自动加速，聚合反应可以进行到接近完全的程度。

（2）随转化率的升高，适当提高反应温度。低温时，聚合体系黏度高，易产生自动加速，为了使黏度不致于增加太快，应尽量把黏度控制在出现自动加速的限值以下，这样可提高最终转化率。如甲基丙烯酸甲酯聚合温度控制在 25℃左右，最终转化率约为 80%，而聚合温度控制在 85℃左右，最终转化率可达 97%。

（3）适当添加链转移剂，控制分子量。这是利用黏度与分子量的关系而采取的措施。

此外，使用适当活性的引发剂，控制其用量，也可防止或减缓自动加速。

自动加速也有可利用的方面，由于反应速率快，因而可缩短聚合周期，提高生产效率。甲基丙烯酸甲酯生产有机玻璃板的过程是先配制成转化率为 10%的预聚体，浇模后低温聚合，使转化率达 90%以上，最后在 100~120℃高温下聚合使反应完全。这几个措施是利用了自动加速原理，使反应既能平稳进行，又聚合完全。

第四节　聚合物的平均聚合度

在高分子合成中聚合速率和平均聚合度是影响聚合物产量和质量的两个重要因素，聚合物许多性能如强度、力学性能、加工性能等，都和聚合物的聚合度即分子量有着密切的关系。影响聚合速率的诸因素，如引发剂浓度、聚合温度等，往往也影响分子量，但影响方式与影响聚合反应速率不同。又如通常的链转移反应不影响聚合速率，却对分子量有重大影响。

一、动力学链长

在自由基型连锁聚合反应中，引入动力学链长概念，其含义为每个活性中心从引发开始到终止为止(或从生到灭)平均所消耗的单体分子数。很明显，链转移并不影响动力学链长。动力学链长 ν 可以与聚合度关联，研究时有方便之处。

据其含义，动力学链长 ν 可用增长速率和引发速率之比求得，稳态时，引发速率等于终止速率，则

$$\nu=\frac{R_p}{R_i}=\frac{R_p}{R_t}$$

由于

$$R_p=k_p[M][M^\cdot]$$

$$R_t=2k_t[M^\cdot]^2$$

故

$$\nu=\frac{k_p[M]}{2k_t[M^\cdot]} \tag{3-44}$$

由增长速率方程，可求出：

$$[M^\cdot]=\frac{R_p}{k_p[M]}$$

代入式(3-44)，得：

$$\nu=\frac{k_p^2[M]^2}{2k_tR_p} \tag{3-45}$$

若由引发速率方程，求出：

$$[M^\cdot]=\left(\frac{R_i}{2k_t}\right)^{\frac{1}{2}}$$

代入式(3-44)，则可得 ν 与 R_i 的关系：

$$\nu=\frac{k_p}{(2k_t)^{1/2}}\quad\frac{[M]}{R_i^{1/2}} \tag{3-46}$$

当聚合反应由引发剂分解而引发聚合时，则 $R_i=2fk_d[I]$，式(3-46)可改写为：

$$\nu=\frac{k_p[M]}{2(fk_dk_t[I])^{\frac{1}{2}}} \tag{3-47}$$

式(3-46)表明，在 R_i 相同及单体浓度[M]相等情况下，动力学链长 ν 与 $k_p/(k_t)^{\frac{1}{2}}$有关，即与单体性质有关，不同单体有不同动力学链长。式(3-47)表明，动力学链长与引发剂浓度的平方根成反比。实验证明，在低转化率时符合这一结论。

表 3-10 列出了在不同引发方式下，相应的动力学链长表达式。

表 3-10　引发速率与动力学链长

引发方式	引发速率 R_i	动力学链长 ν
引发剂	$2fk_d[I]$	$\dfrac{k_p}{2(fk_dk_t)^{1/2}}\cdot\dfrac{[M]}{[I]^{1/2}}$
	$2fk_d[I][M]$	$\dfrac{k_p}{2(fk_dk_t)^{1/2}}\cdot\dfrac{[M]^{1/2}}{[I]^{1/2}}$
热引发	$k_i[M]^2$	$\dfrac{k_p}{(2k_ik_t)^{1/2}}$
	$k_i[M]^3$	$\dfrac{k_p}{(2k_ik_t)^{1/2}}\cdot\dfrac{1}{[M]^{1/2}}$
光引发	$2\Phi\varepsilon I_0[M]$	$\dfrac{k_p}{2(\Phi\varepsilon I_0k_t)^{1/2}}\cdot[M]^{1/2}$
	$2\Phi\varepsilon I_0[S]$	$\dfrac{k_p}{2(\Phi\varepsilon I_0k_t)^{1/2}}\cdot\dfrac{1}{[S]^{1/2}}$

二、聚合度方程式

（一）无链转移时聚合度方程式

对于任何加聚反应，数均聚合度为每个聚合物分子所消耗的单体数，即：

$$\overline{X}_n=\frac{N_0}{N}$$

式中　N_0——单体分子数；

N——聚合物分子数

如果从动力学角度考虑，聚合度也可用单位时间、单位体积内所消耗的单体数目，与单位时间、单位体积内所生成的聚合物的分子数之比来表示，也即用链增长速率与聚合物形成速率之比来表示。

$$\overline{X}_n=\frac{\text{链增长速率}}{\text{形成聚合物的速率}}$$

当聚合体系中只有双基终止形成聚合物分子，而无链转移时，由于双基偶合终止只生成一个大分子，而双基歧化终止可生成两个大分子，所以，聚合物分子形成的速率可写成下式：

$$\text{聚合物形成速率}=\frac{R_{tc}}{2}+R_{td}$$

式中　R_{tc}——双基偶合终止速率；

R_{td}——双基歧化终止速率。

则
$$\overline{X}_n=\frac{R_p}{\dfrac{R_{tc}}{2}+R_{td}} \tag{3-48}$$

无链转移时，动力学链长和数均聚合度之间有一简单的关系。双基偶合终止，$\overline{X}_n=2\nu$；歧化终止，$\overline{X}_n=\nu$；兼有两种方式终止时，则 $\nu<\overline{X}_n<2\nu$，可按比例计算，根据式(3-48)，得：

$$\overline{X}_n=\frac{\nu}{\frac{C}{2}+D}$$

式中　C、D——偶合终止和歧化终止的百分数。

由上讨论可知，除了用分子量测定实验来获得聚合度外，也可通过动力学实验测定 R_p、[M][见式(3-44)]，求得 ν，继而推得聚合度。

(二) 有链转移时的聚合度方程式

前面述及在自由基聚合反应中，除链引发、链增长、链终止各基元反应外，还会发生链转移反应。

链转移反应一般不影响聚合速率，但会影响聚合度。由于链转移反应的发生，常常可以发现在聚合体系中聚合物的平均分子量比预料的低得多。

链转移反应的通式可写成：

$$M_x+YZ \xrightarrow{k_{tr}} M_xY+Z^\cdot$$

$$Z^\cdot+M \xrightarrow{k_a} ZM^\cdot \xrightarrow[k_a]{M} M_n^\cdot$$

式中　k_{tr}——链转移速率常数；

k_a——再引发速率常数。

分子 YZ 中往往含有容易被夺取的原子，如氢、氯等。YZ 可能是单体、引发剂、溶剂或别的物质。链转移的结果使原来的自由基过早地终止，聚合度降低。同时，产生了一个新的自由基，自由基数目不变。如果新的自由基有足够活性，则可继续引发单体进行链增长。如果新自由基活性减弱，再引发的速率相应减慢，就会出现缓聚现象。若生成的新自由基较稳定，不能再引发增长，就会产生阻聚作用。因此，根据链转移反应的 k_{tr}、k_p 和 k_a 的速率常数值不同，链转移反应对聚合速率和聚合度的影响就有多种情况，如表 3-11 所示。

表 3-11　链转移反应对聚合速率和聚合度的影响

情况	链转移、增长、再引发相对速率常数	作用名称	聚合速率	分子量
1	$k_p \gg k_{tr}$，　$k_a \approx k_p$	正常链转移	不变	减小
2	$k_p \ll k_{tr}$，　$k_a \approx k_p$	调节聚合	不变	减小甚多
3	$k_p \gg k_{tr}$，　$k_a < k_p$	缓聚	减小	减小
4	$k_p \ll k_{tr}$，　$k_a < k_p$	衰减链转移	减小甚多	减小甚多
5	$k_p \ll k_{tr}$，　$k_a = 0$	高效阻聚	零	零

在工业生产中，应用链转移的原理来控制分子量是很普遍的。例如，聚氯乙烯分子量主要由温度来控制，丁苯橡胶分子量由硫醇来调节，聚丙烯腈分子量由异丙醇来调节等，见表 3-12。

表 3-12　异丙醇用量对丙烯腈聚合反应的影响

异丙醇/%	总固体/%	黏均分子量
2	13.5	85700
4	13.6	74200
6	13.2	56500

很明显，异丙醇用量的差异，对聚合物分子量影响较大。

据动力学链长的定义，在没有链转移情况下，ν 是每个自由基(活性中心)从引发开始到终止所消耗的数目。在有链转移反应时，链自由基活性转移后，因为活性并没有消失，动力学链没有终止，因此，链转移后所消耗的单体数目，也应该属于动力学链的。但是聚合度是指每个大分子所结合的单体数，链转移后必然会生成一个死的大分子，所以聚合度要考虑链转移终止的贡献。

为了方便起见，以后在讨论中未特别注明时，双基终止暂作歧化终止考虑。

因此，平均聚合度就是增长速率与形成大分子的所有终止速率(包括链转移)之比，即：

$$\overline{X}_n=\frac{R_p}{R_t+\sum R_{tr}}=\frac{R_p}{R_t+(R_{trM+}R_{trI}+R_{trS})} \tag{3-49}$$

向单体、引发剂、溶剂链转移的反应式和速率方程如下：

$$M_x^{\cdot}+M\xrightarrow{k_{trM}}M_x+M^{\cdot}\qquad R_{trM}=k_{trM}[M^{\cdot}][M] \tag{3-50}$$

$$M_x^{\cdot}+I\xrightarrow{k_{trI}}M_xR+R^{\cdot}\qquad R_{trI}=k_{trI}[M^{\cdot}][I] \tag{3-51}$$

$$M_x^{\cdot}+YS\xrightarrow{k_{trS}}M_xY+S^{\cdot}\qquad R_{trS}=k_{trS}[M^{\cdot}][S] \tag{3-52}$$

式中，下标 tr、M、I、S 分别代表链转移、单体、引发剂、溶剂，如 k_{trS} 代表向溶剂链转移常数。

把上面各速率方程代入式(3-49)，并转化成倒数，化简，得：

$$\frac{1}{\overline{X}_n}=\frac{2k_tR_p}{k_p^2[M]^2}+\frac{k_{trM}}{k_p}+\frac{k_{trI}[I]}{k_p[M]}+\frac{k_{trS}[S]}{k_p[M]} \tag{3-53}$$

令 $C=k_{tr}/k_p$，定义为链转移常数，则

$$C_M=\frac{k_{trM}}{k_p};\quad C_I=\frac{k_{trI}}{k_p};\quad C_S=\frac{k_{trS}}{k_p} \tag{3-54}$$

它们分别代表了两种反应的竞争能力，其数值大小与单体种类、反应温度等因素有关。

根据聚合速率方程式 $R_p=k_p\left(\frac{fk_d}{k_t}\right)^{\frac{1}{2}}[I]^{1/2}[M]$，可求得引发剂浓度：

$$[I]=\frac{k_t}{fk_dk_p^2}\frac{R_p^2}{[M]^2}$$

代入式(3-53)，得：

$$\frac{1}{\overline{X}_n}=\frac{2k_tR_p}{k_p^2[M]^2}+C_M+C_I\frac{k_tR_p^2}{fk_dk_p^2[M]^3}+C_S\frac{[S]}{[M]} \tag{3-55}$$

上式是在有链转移的情况下，聚合物的平均聚合度方程式，说明了链转移对平均聚合度的影响。第一项是正常聚合对聚合度的贡献，后三项分别代表向单体转移、向引发剂转移、向溶剂转移对平均聚合度的贡献。

式(3-55)等号左边的$\frac{1}{\overline{X}_n}$物理意义表示，1g 这样的单体单元能组成聚合物的链条数的能

力，或理解为每个单体单元相当于一条链中几分之一。右边后三项值越大，则$\frac{1}{\overline{X}_n}$越大，表示聚合物链条数越多，聚合物分子量越小。但是对某一特定体系来说，并不包括全部链转移反应，下面分别加以讨论。

（三）链转移反应对聚合度的影响

1. 向溶剂或链转移剂转移

许多高聚物如聚醋酸乙烯酯、聚丙烯腈等都是用溶液聚合方法合成的，因此，应该考虑向溶剂的链转移对聚合度的影响。

在低转化率下，用偶氮二异丁腈作引发剂或者热聚合时，其 C_I 值非常小，当[I]浓度不变，且向单体的链转移又较小时，可认为[M˙]、[M]浓度不变，将式(3-53)右边前三项合并，得到下式：

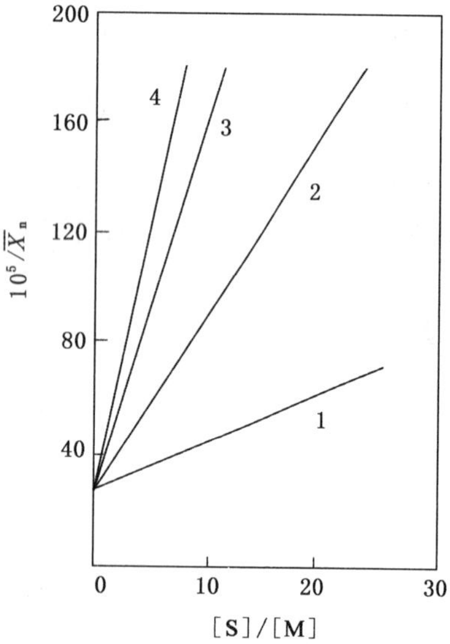

图 3-5　芳烃溶剂对聚苯乙烯聚合度的影响(100℃苯乙烯热聚合)
1—苯；2—甲苯；3—乙苯；4—异丙苯

$$\frac{1}{\overline{X}_n}=\left(\frac{1}{\overline{X}_n}\right)_0+C_S\frac{[S]}{[M]} \tag{3-56}$$

$\left(\frac{1}{\overline{X}_n}\right)_0$为无溶剂时聚合度的倒数，通过实验测得在不同的[S]/[M]比值下的聚合度，以$\frac{1}{\overline{X}_n}$对[S]/[M]作图，得一直线，该直线斜率即为某一溶剂的链转移常数 C_S。

图 3-5 中的几种溶剂对聚合速率并无影响，但对聚合物的聚合度有影响。

向溶剂的链转移与下列因素有关。

（1）单体种类。对同一种溶剂来说，由于单体不同，所生成的自由基活性不同，因此 C_S 值有差异。以苯乙烯和醋酸乙烯酯两种单体为例，苯乙烯因有苯环的共轭效应，其单体较活泼，而相应的苯乙烯自由基比较稳定，对溶剂的链转移能力较弱；醋酸乙烯酯单体由于其共轭效应较弱，所以单体活性较小，而其相应的自由基较活泼，容易向溶剂链转移。因此，对于同一种溶剂，醋酸乙烯酯的 C_S 值大于苯乙烯的 C_S 值，见表 3-13。

表 3-13　不同链自由基对各种溶液的链转移常数($C_S\times10^4$)

溶　剂	苯乙烯		甲基丙烯酸甲酯(80℃)	醋酸乙烯酯(60℃)	丙烯腈(60℃)	丁二烯/苯乙烯(50℃)
	(60℃)	(80℃)				
环己烷	0.04	0.066	0.10	7.0		
苯	0.018	0.059	0.075	1.2		
甲苯	0.0125	0.31	0.52	21.6		
乙苯	0.67	1.08	1.35	55.2		
异丙苯	0.82	1.30	1.90	89.9		
二氯甲烷	0.15	—	0.76	4		

续表

溶　剂	苯乙烯		甲基丙烯酸甲酯(80℃)	醋酸乙烯酯(60℃)	丙烯腈(60℃)	丁二烯/苯乙烯(50℃)
	(60℃)	(80℃)				
二溴甲烷	110	—	—	—		
三氯甲烷	0.5	0.9	1.4	150		
四氯化碳	92	130	2.39	9600		
四溴化碳	2.2×10^4	2.3×10^4	3300	7.39×10^4		
正十二碳硫醇	19×10^4	—	—	—	0.73×10^4	0.66×10^4

(2) 溶剂性质。所用溶剂不同，其 C_S 值也不同，一般具有活泼氢原子或卤原子溶剂的链转移常数较大。由表 3-14 可知，C_S 值大小顺序为异丙苯>乙苯>甲苯>苯，这是因为异丙苯的叔氢原子最活泼，所以其 C_S 值最大。而四氯化碳、四溴化碳，因为其 C—Cl，C—Br键较弱，更容易链转移，其 C_S 值更大，一般可以用作调节聚合度的溶剂。

(3) 温度。一般说来，链转移活化能比链增长活化能大 17～63kJ/mol，所以升高温度，可使 k_{trS} 的增加比 k_p 值的增加快。根据 $C_S=k_{trS}/k_p$ 可知，提高温度将有利于向溶剂的链转移。例如，苯乙烯的聚合温度由 60℃升高到 100℃时，其自由基对不同溶剂的 C_S 值要增加 2～10 倍不等，由此可见，温度对 C_S 值影响很大。如果要从手册中查找链转移常数，必须注意单体、溶剂、温度等不同条件。

工业生产上为了在整个聚合过程中能较好地调节聚合度，常选用 C_S 在 1 上下的链转移剂，使链转移常数与链增长速率常数大致相等，这样在反应中可以保持[S]/[M]比值基本不变，聚合物的聚合度较均匀。若 C_S 值过小，则链转移剂用量将过大，若 C_S 值过大，则在聚合早期其链转移剂就可耗尽。例如表 3-13 中的正十二碳硫醇就常用作多种单体的链转移剂。

2. 向单体的链转移

本体聚合时，体系中无溶剂，$C_S=0$，如果采用无链转移的偶氮二异丁腈引发剂或者热引发，则 $C_I=0$，那么只要考虑向单体的链转移反应，式(3-55)可简化为：

$$\frac{1}{\overline{X}_n}=\frac{2k_t}{k_p}\frac{R_p}{[M]^2}+C_M$$

向单体的链转移能力，决定于单体的结构与反应温度等因素。

(1) 单体结构。由表 3-14 可见，丙烯腈、甲基丙烯酸甲酯、苯乙烯单体的 C_M 值较小，因此对其聚合度影响甚微。

表 3-14　向单体的链转移常数($C_M\times10^4$)

单　体	温度/℃				
	30	50	60	70	80
甲基丙烯酸甲酯	0.12	0.15	0.18	0.3	0.4
丙烯腈	0.15	0.27	0.30		
苯乙烯	0.32	0.62	0.85	1.16	
醋酸乙烯酯	0.94①	1.29	1.91		
氯乙烯	6.25	13.5	20.2	23.8	

①40℃。

醋酸乙烯酯的链转移常数稍大，链转移主要是从甲基上夺取氢原子，氯乙烯单体的 C_M 值较高，约为 10^{-3}，其链转移速率大大超出了正常的终止速率，即 $R_{trM} \gg R_t$，故聚氯乙烯的平均聚合度取决于向氯乙烯单体链转移的速率常数。

$$\overline{X}_n = \frac{R_p}{R_t + R_{trM}} \approx \frac{R_p}{R_{trM}} = \frac{k_p}{k_{trM}} = \frac{1}{C_M} \tag{3-57}$$

在 50℃下，曾测得氯乙烯本体聚合的链转移常数 $C_M = 1.35 \times 10^{-3}$，由式(3-57)算出 $\overline{X}_n = 740$，说明每增长 740 个单体单元，就要向单体链转移一次。

(2) 温度。链转移常数 C_M 随温度升高而增大。

由 Arrhenius 公式，可得 C_M 与温度的关系：

$$C_M = \frac{k_{trM}}{k_p} = \frac{A_{trM}}{A_p}\exp[-(E_{trM} - E_p)/RT] \tag{3-58}$$

根据表 3-14 的数据，可求得氯乙烯的 $\frac{A_{trM}}{A_p}$ 及 $(E_{trM} - E_p)$，故氯乙烯的转移常数 C_M 与温度的关系式可表示为：

$$C_M = 125\exp[-30.5/RT] \tag{3-59}$$

式中　30.5——链转移活化能(E_{trM})和链增长活化能 E_p 的差值，kJ/mol。

E_{trM} 与 E_p 的差值越大，说明向单体链转移受温度的影响越显著。

由式(3-59)和式(3-57)可知，温度升高，C_M 值增大，聚合物分子量降低。氯乙烯的聚合温度通常为 40~70℃，由于其 C_M 值大，故聚氯乙烯聚合度与引发剂用量基本无关，主要取决于聚合温度。因此，在生产聚氯乙烯时，常用调节聚合温度的方法来控制聚合度，用引发剂浓度来控制聚合速率。

3. 向引发剂转移

自由基向引发剂的链转移，会导致引发剂的诱导分解，使引发效率降低，同时也会降低聚合度。

过氧化物类引发剂，容易发生向引发剂的链转移反应，如过氧化苯甲酰：

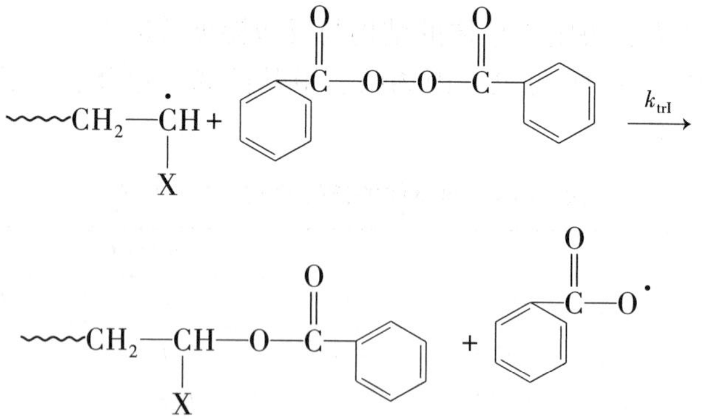

若单体进行本体聚合，虽可消去向溶剂链转移项，但向单体链转移项不可避免，则式(3-55)可变换为：

$$\frac{1}{\overline{X}_n} - \frac{2k_t}{k_p^2}\frac{R_p}{[M]^2} = C_M + C_I\frac{[I]}{[M]} \tag{3-60}$$

若已知 k_t/k_p^2，则在不同的[I]/[M]下，测定 $\overline{X}_n$ 及 R_p，以式(3-60)的左边对[I]/[M]作图，从斜率可得 C_I，从截距可得 C_M。

也可根据式(3-41)解得 $[I]=R_p^2k_t/k_p^2[M]^2fk_d$，代入式(3-60)，得：

$$\frac{1}{\overline{X}_n}=C_M+\frac{2k_tR_p}{k_p^2[M]^2}+C_I\frac{k_tR_p^2}{fk_dk_p^2[M]^3} \qquad (3-61)$$

若在低转化率情况下，即在稳态条件下，以不同种类、不同浓度的引发剂，使苯乙烯在60℃下进行本体聚合，测定 $\overline{X}_n$ 和 R_p，以 $1/\overline{X}_n-R_p$ 作图，可得图3-6。

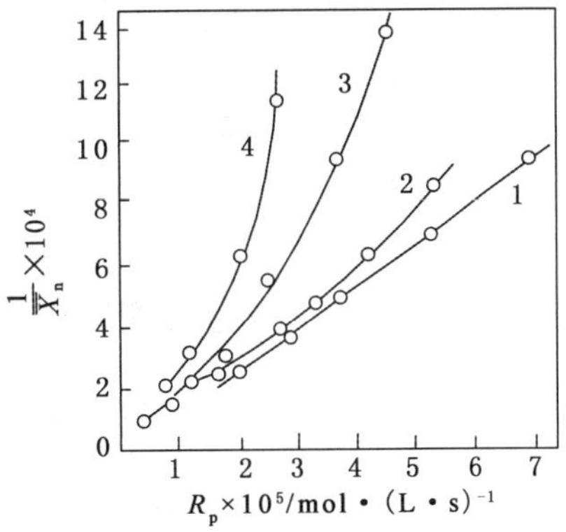

图3-6　聚苯乙烯聚合度的倒数和聚合度的关系

1—偶氮二异丁腈；2—过氧化二苯甲酰；3—异丙苯过氧化氢；4—特丁基过氧化氢

图中有三种情况：

① 截距为零，说明 C_M 为零，无向单体转移；

② 得一直线，则 $C_I\approx0$，无向引发剂转移；

③ 若随 R_p 上升，曲线上翘，说明 R_p^2 不可忽视；若曲线弯曲得越厉害，则引发剂的 C_I 值越大。

向引发剂的链转移常数可见表3-15。

表3-15　引发剂链转移常数(60℃)

引　发　剂	在下列单体中聚合的 C_I	
	苯乙烯	甲基丙烯酸甲酯
偶氮二异丁腈	0.091~0.14	0.02
过氧化叔丁基	0.00076~0.00092	—
过氧化异丙苯(50℃)	0.01	—
过氧化十二酰(70℃)	0.024	—
过氧化二苯甲酰	0.048~0.10	0.02
叔丁基过氧化氢	0.035	1.27
异丙苯过氧化氢	0.063	0.33

比较表3-15和表3-14中的数据，似乎 C_I 值比 $C_M(10^{-4}\sim10^{-5})$ 大得多，但实际上向引发剂链转移引起的聚合度降低却较小。这是因为聚合体系中[I]很低($10^{-4}\sim10^{-2}$ mol/L)，[I]/[M]约在 $10^{-3}\sim10^{-5}$ 范围内，所以其影响甚微。

引发剂浓度从两方面对聚合度产生影响，一是正常的引发反应，即式(3-55)右边的第一项；另一是向引发剂链转移，即式(3-55)右边的第三项，从图3-7更容易看出各项的贡献。曲线1的高度表示向单体链转移对 $\overline{X}_n$ 的影响，曲线2的高度表示向引发剂和向单体链转移对 $\overline{X}_n$ 影响的叠加，曲线3的高度表示向引发剂和向单体链转移及正常双基终止这三项对 $\overline{X}_n$ 影响的总和。

例如图3-7中，当 $\frac{1}{\overline{X}_n}=100/10^5$ 时，$\overline{X}_n=10^3$。从图中看出其中约8.0%是向单体链转移对

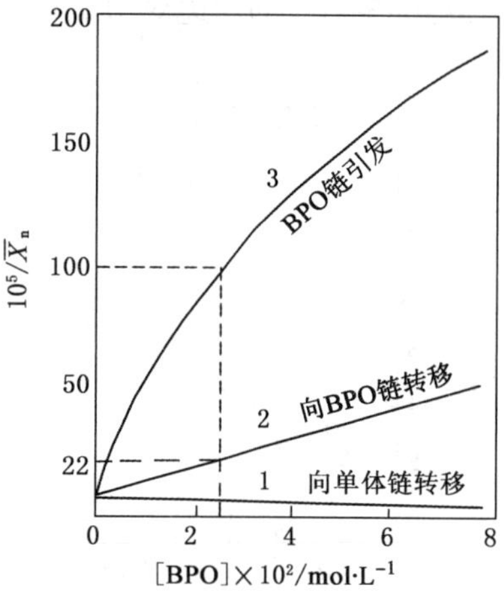

图 3-7 60℃下苯乙烯用 BPO 引发聚合，不同终止方式对 $\overline{X}_n$ 的贡献

$\overline{X}_n$ 的贡献，(22-8.0)%是向引发剂链转移的贡献，(100-14-8.0)%是双基终止对 $\overline{X}_n$ 的贡献，且三种贡献的比值随[I]的不同而变化。

4. 向大分子转移

链自由基除了向上述低分子物质转移外，还可能向大分子转移。转移的结果对聚合度影响较为复杂，同时由于聚合初期聚合物浓度较低，所以在(3-55)式中没作考虑。

但是向大分子转移后，在主链上形成活性点，单体可在该活性点上增长，即形成支链。例如高压聚乙烯，分子间链转移除形成长支链外，还有许多乙基、丁基短支链，这是分子内链转移的结果。聚氯乙烯也是易链转移的大分子，曾测得一个聚氯乙烯大分子约含有 16 个支链。

三、分子量分布

聚合反应是比较复杂的，分子链不可能同时引发，并以同样机会进行增长，也不可能同时终止或以同样方式终止。而且在反应过程中单体、引发剂浓度处于不断变化之中，到达一定转化率后，又有自动加速现象存在，反应条件的种种波动都会引起分子量的不均一，因而导致分子量的多分散性。各种不同分子量的分子在聚合物中的分布状况称为分子量分布。与平均聚合度一样，分子量分布对聚合物性能及加工性能也有重要影响。

分子量分布可由实验测定，过去一般用沉淀分级法，现用超速离心法及凝胶渗透色谱法(简称 GPC 法)等来测定。也可用概率法和动力学法在理论上推导出分子量分布函数，但理论推导所得结论只适合低转化率。

目前，人们多用 GPC 法得到分子量实际的分布曲线，并计算出重均、数均分子量，两者的比值定义为分子量分布指数。对于分子量均一的活性聚合物，其分布指数接近 1；凝胶效应显著的聚合物，其分布指数大于 10；支链比较多的聚合物其分布指数甚高，可达 20～50。表 3-16 列出了不同类型合成聚合物的分子量分布指数范围。

表 3-16 合成聚合物 $\overline{M}_w/\overline{M}_n$ 典型范围

聚合物	$\overline{M}_w/\overline{M}_n$	聚合物	$\overline{M}_w/\overline{M}_n$
理想均一聚合物	1.00	高转化时乙烯基聚合物	2～5
实际上"单分散"活性聚合物	1.01～1.05	自动加速显著的聚合物	5～10
偶合终止加聚物	1.5	络合催化聚合物	8～30
歧化终止加聚物或缩聚物	2.0	支链聚合物	20～50

对于塑料、化纤等产品要求其聚合物的分子量分布指数小。如聚乙烯分子量分布窄，才有较高的耐冲击强度和低温韧性；涤纶、腈纶、丙纶等也希望相应的分子量分布窄，才具备较好的可纺性。一般来说分子量分布宽的树脂有较好的加工流动性。

第五节　自由基聚合反应的影响因素

自由基聚合反应的影响因素较多，前面已经叙述了单体浓度、引发剂浓度、体系选用的溶剂等因素，对聚合反应速率、所得聚合物的分子量及其分布的影响。本节主要讨论聚合反应温度、压力这两个重要反应条件，对聚合反应速率、聚合物的聚合度及其大分子的微观结构所产生的影响。

一、温度的影响

和一般的化学反应一样，聚合反应对温度最为敏感，尤其是热引发或引发剂引发的聚合反应受温度的影响更为显著。

温度对自由基聚合反应的影响有以下三个重要方面。

(一) 对聚合反应速率的影响

对于自由基聚合反应来说，要定量地描述温度与反应速率 R 的关系是较为困难的，因为总的聚合速率常数是由三个基元反应的速率常数 k_d、k_p 和 k_t 之比所决定的。

如果聚合反应是由引发剂引发的，那么在稳态时，聚合反应总速率方程为：

$$R=R_p=k_p\left(\frac{fk_d}{k_t}\right)^{\frac{1}{2}}[I]^{\frac{1}{2}}[M] \tag{3-41}$$

一般可把式(3-41)中[I]、[M]、f 看作不受温度影响的因素，总速率常数 K 与温度的关系遵循 Arrhenius 公式

$$K=k_p\left(\frac{k_d}{k_t}\right)^{\frac{1}{2}}=A\exp(-E/RT) \tag{3-62}$$

各基元反应的速率常数 k_d、k_p 和 k_t 与温度的关系可分别写成：

$$\ln k_d=\ln A_d-E_d/RT \tag{3-63a}$$

$$\ln k_p=\ln A_p-E_p/RT \tag{3-63b}$$

$$\ln k_t=\ln A_t-E_t/RT \tag{3-63c}$$

将式(3-63a)、式(3-63b)、式(3-63c)代入式(3-62)，得：

$$K=A_p\left(\frac{A_d}{A_t}\right)^{\frac{1}{2}}\exp\left\{-(E_p-\frac{1}{2}E_t+\frac{1}{2}E_d)/RT\right\} \tag{3-64}$$

则频率因子 $A=A_p\left(\frac{A_d}{A_t}\right)^{\frac{1}{2}}$，总活化能 $E_R=E_p-\frac{1}{2}E_t+\frac{1}{2}E_d$，

将式(3-41)改写为：

$$\ln R_p=\ln A-\frac{E_R}{RT}+\ln[f^{\frac{1}{2}}[I]^{\frac{1}{2}}[M]] \tag{3-65}$$

若在相同的[I]、[M]条件下，以 $\ln R_p$ 对 $1/T$ 作图，可得一直线，从直线斜率可求得总活化能 E_R，从截距可求得频率因子 A。

一般引发剂的分解活化能 E_d 为 120~150kJ/mol，大多数单体的 E_p 和 E_t 分别为 20~40kJ/mol 和 8~20kJ/mol。若将上述数值代入 $E_R=E_p-\frac{1}{2}E_t+\frac{E_d}{2}$ 式中，可求得总活化能 E_R 为 80~90kJ/mol。E_R 为正值，说明随着温度的升高，反应速率常数将增加；E_R 值愈大，温度对速率的影响就愈显著。

如果已知 T_1、T_2，则可以得到 K_{T_1} 和 K_{T_2} 的比值为：

$$\ln\frac{K_{T_2}}{K_{T_1}}=\frac{E_R}{R}\left(\frac{1}{T_1}-\frac{1}{T_2}\right) \tag{3-66}$$

设 E_R 为 83kJ/mol，反应温度由 50℃升高到 60℃，由式(3-66)计算可知，聚合速率常数提高了 205 倍左右。由此可知聚合温度每升高 10℃，聚合反应速率约提高 2~3 倍。

采用氧化-还原引发剂时，其 E_d 值较低，一般为 40~60kJ/mol，用于低温聚合仍能保持较高的聚合速率。而且由计算可得到其总活化能 E_R 约为 40kJ/mol，此值虽为不太高的正值，但升高温度仍能提高聚合反应总速率。

若为纯的光引发聚合，由于体系中无引发剂，故 E_d 为零，其 E_R 约为 20kJ/mol，总活化能较低，所以光引发聚合时，聚合温度对聚合总速率影响甚微。

热引发聚合总活化能约为 80~96kJ/mol，与引发剂引发相当，但热引发聚合的频率因子较低，因此其反应速率很低，只有少数几种单体如苯乙烯、甲基丙烯酸甲酯在较高温度下，才能以较快的反应速率进行聚合。

由以上分析可知，在聚合总活化能中，引发剂分解活化能是占主导地位的。如选用 E_d 值较低的引发剂，就会显著地加快聚合反应速率，其效果比单纯升高反应温度更为明显。

(二)对聚合物平均聚合度的影响

实践表明，随反应温度的升高，聚合物的聚合度却降低。因此温度是影响产品质量的一个重要参数。这一点对工业规模生产尤为重要，因为在生产中严格要求各批产物都能达到确定的聚合度。为防止聚合度产生波动，必须严格控制反应温度。当然，另一方面也可以通过调节反应温度或加入分子量调节剂等简便的方法，来调节聚合物的分子量。

若以引发剂引发，设链终止为双基歧化终止，且不考虑链转移反应，那么聚合度的方程式应为：

$$\overline{X}_n=\frac{k_p}{2(fk_dk_t)^{\frac{1}{2}}}\cdot\frac{[M]}{[I]^{\frac{1}{2}}}$$

式中的 f、[I]、[M]诸因素仍可看作不受温度的影响。

令

$$K_{\overline{X}_n}=\frac{k_p}{(k_tk_d)^{\frac{1}{2}}}$$

根据 Arrhenius 公式，可得到 $K_{\overline{X}_n}$ 与温度的关系式：

$$\ln K_{\overline{X}_n}=\ln\left[\frac{k_p}{(k_tk_d)^{1/2}}\right]=\ln\left[\frac{A_p}{(A_tA_d)^{\frac{1}{2}}}\right]-\frac{(E_p-E_t/2-E_d/2)}{RT} \tag{3-67}$$

$$E_{\bar{X}_n}=E_p-\frac{E_t}{2}-\frac{E_d}{2} \tag{3-68}$$

式中　$E_{\bar{X}_n}$——影响聚合度的综合活化能。

对于一般引发剂引发的聚合体系，若取 $E_d=125kJ/mol$，$E_p=30kJ/mol$，$E_t=17kJ/mol$，则由式(3-68)，计算得到 $E_{\bar{X}_n}=-41kJ/mol$。总综合活化能 $E_{\bar{X}_n}$ 为负值，说明随着温度升高，$K_{\bar{X}_n}$ 值或聚合度将降低，这个结论与实际情况是符合的。

对于热聚合来说，它的变化规律与引发剂引发聚合相同。若用氧化-还原引发剂体系，$E_d=40\sim60kJ/mol$，$E_p\approx30kJ/mol$，$E_t\approx17kJ/mol$，则求得 $E_{\bar{X}_n}$ 为很小的负值，故随着温度的升高，也会使聚合物聚合度降低，但是影响幅度很小。

但在光引发聚合中，由于 $E_d=0$，$E_{\bar{X}_n}=21kJ/mol$，总活化能为较小正值，故温度升高，聚合物的平均聚合度略有上升。

（三）对高聚物微观结构的影响

反应温度对大分子链的支化、链的序列结构和构型均有重要影响。

如前所述，自由基向大分子的链转移反应会导致链的支化。一般在聚合过程中向大分子链转移的活化能大于链增长活化能，即 $E_{tr}>E_p$。因此提高温度有利于链转移反应的进行，使支化度相应地增大。

苯乙烯单体在60℃下聚合，其向大分子链转移常数值较小，因此其支链并不很多。而醋酸乙烯酯聚合时，随着反应温度的升高，最终产物聚乙烯醇的支化度就升高。

低密度聚乙烯是在高温（180～200℃）、高压（150～200MPa）下制备的，它的大分子链上含有较多的长支链和短支链，平均每1000个主链碳原子约有8～40个支链。

同时在链增长过程中，大部分烯烃类聚合物均为头-尾相连的序列结构。而温度升高有利于链增长按头-头或尾-尾相连方式进行，因为头-头或尾-尾相连聚合反应的活化能大于头-尾相连的活化能。如醋酸乙烯酯，由于 $E_{头-头}>E_{尾-尾}$，所以反应温度升高，其头-头序列结构就增加，见表3-17。

表3-17　聚乙烯醇中的“头-头”结构

醋酸乙烯酯聚合温度/℃	聚乙烯醇中“头-头”结构/%（摩尔）	平均聚合度
70	1.60	1450
0	0.80	1390
-30	0.50	2420

聚氯乙烯随温度的升高，头-头结构的比例也会增大。

另外温度对大分子链的构型也有影响，如二烯类聚合物，其分子链中存在着1,2、顺-1,4和反-1,4等微观构型。由表3-18可知，随反应温度增高，大分子链中顺-1,4构型含量增加。最后达到稳定值25%左右；而低温对反-1,4结构形成有利。原因是形成顺-1,4构型的活化能大于反-1,4的活化能。

表 3-18　温度对自由基聚合聚丁二烯构成的影响

聚合温度/℃	各种构型的分率			高聚物的熔点/℃
	1,2 构型	反-1,4 构型	顺-1,4 构型	
-20	—	0.78~0.84	—	37±1
-10	0.159	0.775	0.066	33±1
0	0.179	0.730	0.091	23±1
25	0.188	0.683	0.129	23±1
50	0.209	0.643	0.148	0±1
75	0.198	0.561	0.241	—
100	0.201	0.545	0.254	—

二、压力的影响

当采用液相或固相单体进行自由基聚合时，由于液体和固体的可压缩性较小，在低压下，压力对聚合反应的影响不大。

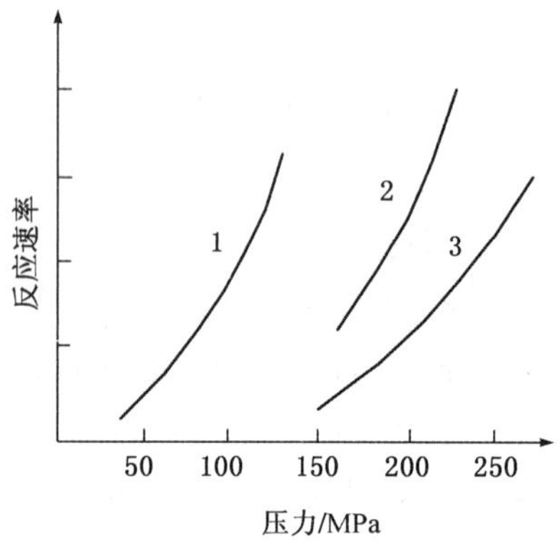

图 3-8　压力对乙烯聚合速率的影响
1—反应温度 140℃，引发剂为叔丁基过氧化氢；2—反应温度 200℃，引发剂为丙酮肟；3—反应温度 230℃，无引发剂

某些单体是采用气相聚合的，故压力对聚合反应的影响是不可忽视的。如乙烯在中等压力 50MPa 下，进行自由基聚合时，得到分子量为 2000 左右，而在高压 150~200MPa 下聚合，可形成分子量为$(1\sim5)\times10^5$的聚乙烯。图 3-8 表明，乙烯聚合速率随压力的增加而迅速上升。增加压力可使活性链自由基与单体之间碰撞次数增加，并降低活化能，从而使反应加速，增加聚合物的聚合度。

此外，随着压力增加，产物的平均聚合度开始是增大的，因为链增长速率是随着反应压力增高而加快的，而且压力增加相应提高了体系的黏度，使终止速率下降，从而延长了链自由基的寿命，但是当压力高达一定数值之后，聚合度就不再增大而趋于定值。苯乙烯、丙烯酸酯、醋酸乙烯酯等单体在高压条件下聚合时，聚合度随压力变化的规律均是如此。

一些很难聚合的单体，如乙烯和一氧化碳，在 200~258MPa 压力下，能够发生共聚反应，形成分子量很高的一种光解材料——聚酮。

以上说明压力不仅影响聚合反应速率和聚合度，同时也可使难以聚合的单体实现聚合或共聚合。

第六节　阻聚和缓聚

在工业生产和科学研究中，聚合所用单体要求达到一定的纯度，因为单体中有害杂质超过一定数量后，会对聚合反应起抑制或延缓作用。但是在单体精制和储运过程中，却又要加入适量的阻聚剂，以避免单体发生自聚，然后在使用前再把阻聚剂除去。有些单体在聚合度达到一定值后，亦需加入阻聚剂，以终止聚合反应。因此，对阻聚作用及阻聚剂的种类和选择应有所了解。

一、阻聚作用和缓聚作用

一些物质对单体的聚合反应有抑制作用。根据它对自由基聚合反应的抑制程度，可将这类物质大致分成阻聚剂和缓聚剂两类。

阻聚剂能迅速与自由基或链自由基反应，形成非自由基物质或不能再引发的低活性自由基，使聚合反应停止。但是当自由基将阻聚剂消耗完后，聚合反应仍能以正常速率进行，因此，在聚合体系中有阻聚剂存在时就会出现诱导期。这种能使自由基反应终止，从而抑制聚合反应进行的过程称为阻聚作用。

缓聚剂只能使一部分自由基终止，通常不出现诱导期，但能降低聚合速率，这种延缓反应的过程称为缓聚作用。

醌类化合物、芳香族硝基化合物、多元胺、氮的氧化物、亚硝酸钠以及铜、铁、铬等金属盐类，能抑制聚合反应的进行或使反应速率降低，这些物质都是很好的阻聚剂和缓聚剂。

阻聚剂和缓聚剂对聚合反应的影响，可用苯乙烯热聚合时加入不同物质所得到的转化率-时间曲线来说明，见图 3-9。

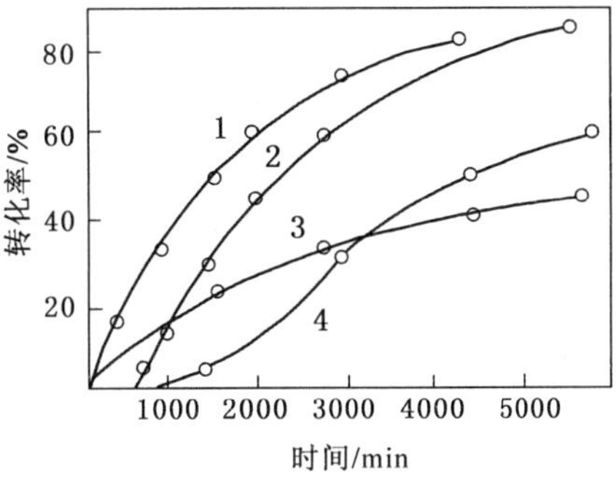

图 3-9　苯乙烯在 100℃下的热引发聚合反应的阻聚作用和缓聚作用

1—无阻聚剂；2—0.1%苯醌；3—0.5%硝基苯；4—0.2%亚硝基苯

图中曲线 1 是在无任何添加剂时，苯乙烯热聚合的转化率-时间曲线，此时聚合速率正常，无诱导期。而曲线 2 表示添加 0.1%的苯醌以后，反应出现诱导期，此时聚合反应完全不能进行，等苯醌耗尽后，诱导期结束，才开始正常的聚合。此时聚合速率与纯苯乙烯热聚合相同。曲线 3 是加入 0.5%的硝基苯后，虽不出现诱导期，但聚合速率有明显的降低，这就是缓聚作用。曲线 4 是加入 0.2%亚硝基苯，它既产生诱导期，诱导期后又使聚合速率降低，说明它兼有阻聚和缓聚双重作用。

二、阻聚剂和阻聚机理

阻聚剂一般可分为自由基阻聚剂和分子型阻聚剂两类。

(一) 自由基型阻聚剂

常见的自由基型阻聚剂有 1,1-二苯基-2-三硝基苯肼(DPPH)和三苯甲基自由基。

自由基型阻聚剂本身是一种稳定的自由基，通常它不能引发单体聚合，但却能很快与自由基或链自由基发生双基终止反应。

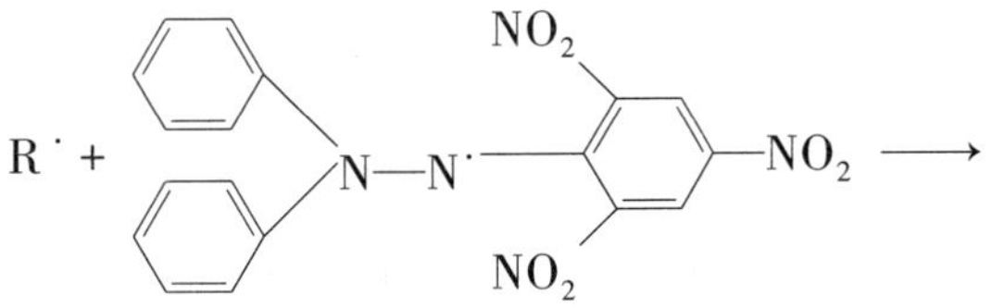

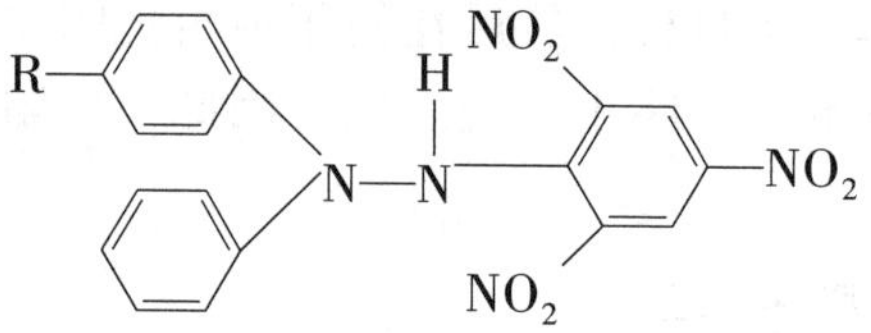

或

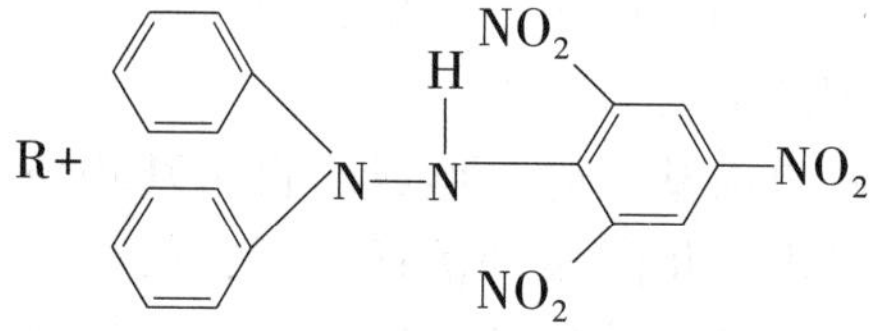

DPPH 是高效阻聚剂，浓度在 10^{-4} mol/L 以下时，就足以使醋酸乙烯酯、甲基丙烯酸甲酯、苯乙烯等单体完全阻聚。由于一个 DPPH 自由基能准确地捕捉一个自由基，可以化学计量，故 DPPH 是理想的阻聚剂，也常称为自由基捕捉剂。DPPH 未反应前是黑色的，但捕捉自由基后，其黑色消失变成无色，所以可用比色法来定量判断其消耗情况。科学研究中常用 DPPH 来测定引发速率，求取引发效率。

三苯基甲基自由基是另一种自由基型阻聚剂，它能和链自由基反应，使链增长反应终止。但是它的效率比 DPPH 低得多，且在高温下不稳定，还可能引发活泼单体聚合，因此，它既能产生诱导期，又能延缓聚合反应。

(二) 分子型阻聚剂

苯醌、硝基苯类、芳香胺是工业上常用的阻聚剂，用量约为 0.1%~0.001%，即有很好的阻聚效果。它们大都是通过和自由基加成，链转移或电子反应而起阻聚作用的。

苯醌是重要的分子型阻聚剂，其阻聚行为较复杂，因为苯醌分子上氧和碳原子都可能与自由基发生加成反应，而后偶合或歧化终止，见式(3-69)。

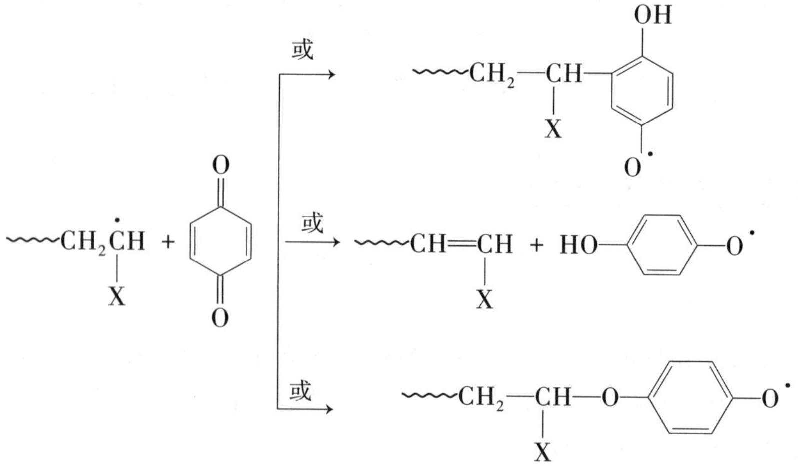

(3-69)

反应后形成的自由基，由于共轭效应而非常稳定。它不能引发单体聚合，只能和初级自由基或链自由基发生偶合终止反应，或双基歧化终止反应，从而起阻聚作用。

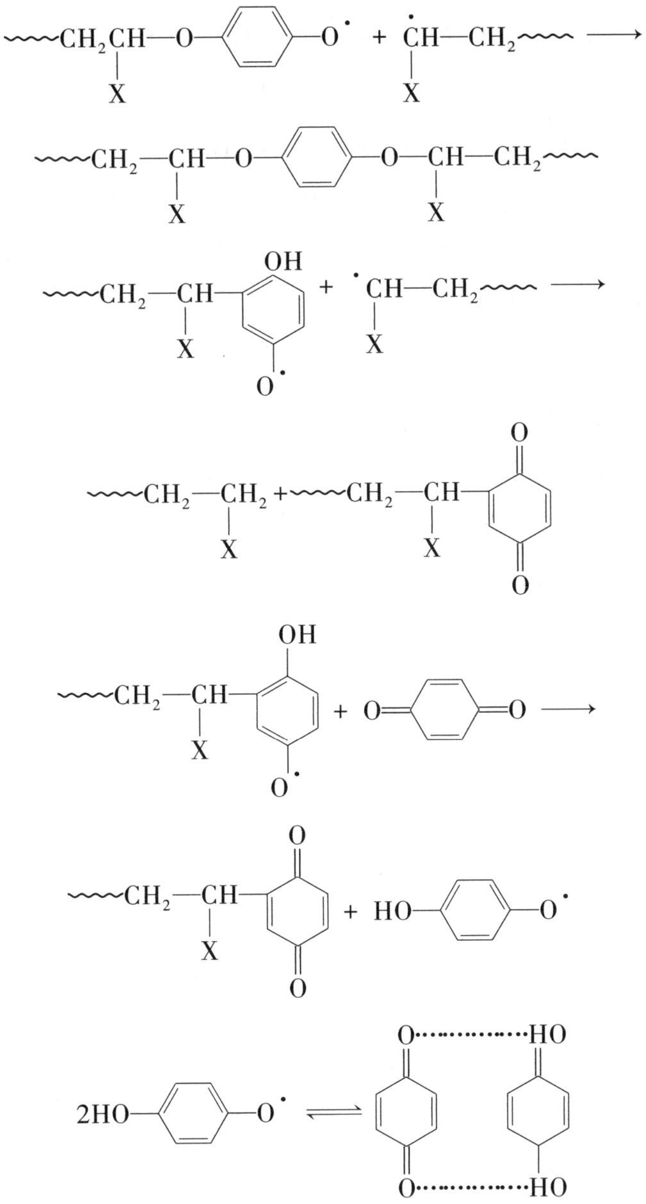

通常采用对苯二酚，经氧化成苯醌，再消灭自由基。

（三）其他物质的阻聚作用

1. 烯丙基单体的自动阻聚作用

烯丙基单体（$CH_2=CH-CH_2Y$）聚合时，往往只能形成低聚物。例如醋酸丙烯酯聚合速率就很低，与引发剂浓度呈一级反应，且聚合度很低，只有 14 左右。

在这类聚合反应中，链自由基与烯丙基单体之间存在着加成和链转移两个竞争反应。

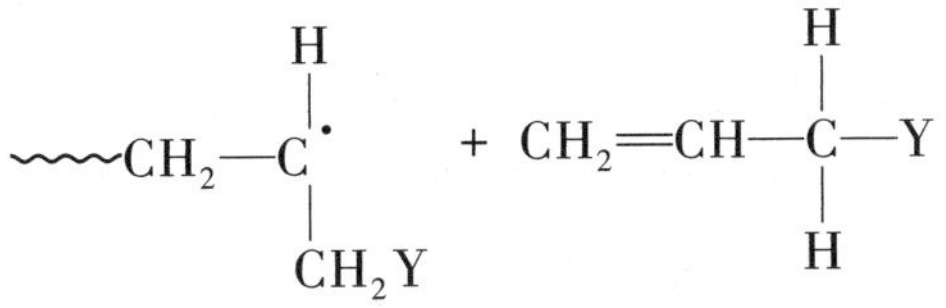

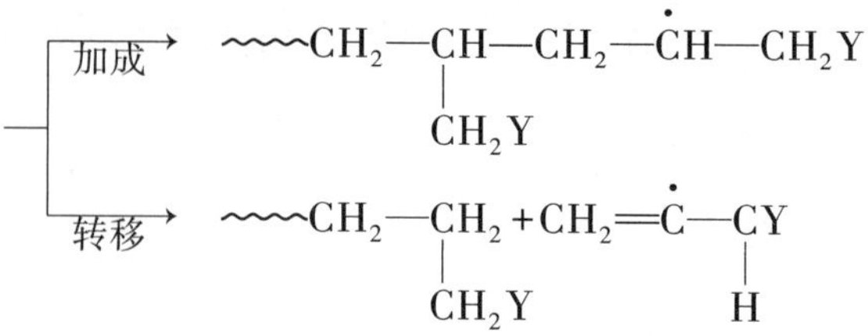

加成反应所形成的自由基，因无共轭效应，很活泼，能与烯丙基单体继续反应，而且仍然存在着上述两种竞争反应。而链转移反应形成的烯丙基自由基有高度的共振稳定性，它不能再发生加成或链转移反应(通常称这种反应为衰减链转移反应)，而且形成的烯丙基自由基只能与自由基双基终止，因此，可产生自阻聚作用。

许多烯丙基单体都有类似的行为，如丙烯、异丁烯等单体对自由基聚合活性较低，也可能是向烯丙基氢衰减转移的结果。丁二烯自由基也是烯丙基自由基，但丁二烯单体活性较大，仍能很快地进行均聚反应；丁二烯对氯乙烯、醋酸乙烯酯等不活泼单体却有阻聚作用。

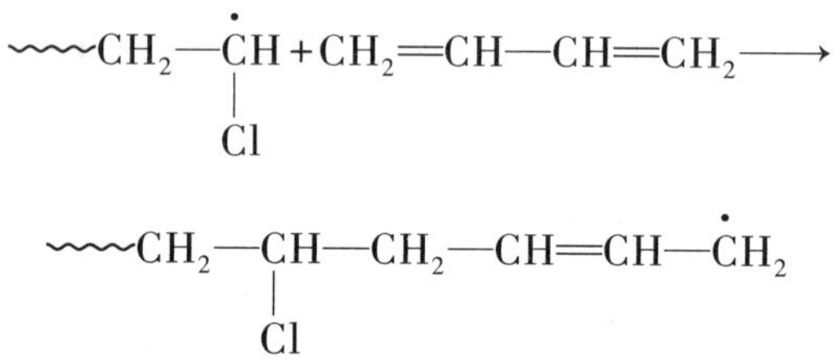

2. 氧的阻聚作用

氧有明显的阻聚作用，氧与自由基反应形成不活泼的过氧自由基：

$$M_x^{\bullet} + O_2 \longrightarrow M_x\text{—}OO^{\bullet} \xrightarrow{M_y^{\bullet}} M_xOOM_y$$

因此，在聚合反应中总要用惰性气体排除氧，使反应能正常进行。

聚合物过氧化合物在低温时虽稳定，高温时却能分解成自由基，起引发作用。乙烯高压聚合用氧作引发剂就是这个道理。乙烯与氧反应生成过氧化物，过氧化物在高温下分解，产生可以引发乙烯聚合的自由基。由此可见，氧是引发剂还是阻聚剂是与温度有依赖关系的。

三、阻聚剂的选择

阻聚剂的种类很多，对不同单体的阻聚能力各不相同。在工业生产中选用阻聚剂时，要求阻聚效果好，无毒、价廉，加量尽可能少，容易从单体中脱除等。

一般选用原则有以下两个方面：

首先，根据不同单体选用相应的阻聚剂。当所用烯类单体(CH_2═CH—Y)中取代基 Y 为吸电子基时，如—COOH、—CN、—COOR 等，应选用酚类或胺类等给电性物质作阻聚剂。而当取代基为推电子基时，如—C_6H_5、—$OCOCH_3$ 等，由于这类单体形成的自由基较活泼，所以应选用醌类、芳香硝基化合物或变价金属盐($FeCl_3$、$CuCl_2$)等亲电性物质作阻聚剂。

由于同一阻聚剂对不同单体阻聚能力不同，所以究竟对何种单体阻聚效果较好，需根据经验确定。如苯乙烯在贮存过程中会发生自聚现象，可加入苯醌或对叔丁基邻苯二酚作阻聚剂。实践证明，叔丁基邻苯二酚的阻聚效果优良，只要加入 10^{-5} 即可。

其次，选用阻聚剂来终止反应时，需避免与聚合体系发生其他副反应。如采用乳液聚合生产丁苯橡胶时，用氧化-还原引发剂体系，若以对苯二酚作终止剂，效果不好，而用二硫代氨基甲酸钠，则是有效的终止剂。由于在其单体回收过程中，丁二烯仍有自聚现象，所以还要添加多硫化钠或亚硝酸钠以及乙烯胺。多硫化钠具有还原作用，可与氧化剂作用以避免其引发作用，亚硝酸钠能防止爆聚。

丙烯腈在浓的氯化锌水溶液中，以过硫酸铵引发聚合时，用对苯二酚非但不能终止聚合，相反聚合速率有增大趋势。这可能是过硫酸铵与对苯二酚反应，能够构成氧化-还原体系的缘故。

由上可知，阻聚剂的选用与引发剂的应用一样，在工业生产中具有同等重要地位。

第七节　聚合热力学

单体能否聚合，应从热力学和动力学两方面来考虑，前面已经介绍，丙烯、乙烯类单体的聚合必须使用一定引发剂，在一定温度和压力条件下才能进行，这是动力学问题。而α-甲基苯乙烯这种廉价单体在0℃、常压下可聚合，但在61℃以上，不加压就无法聚合，这是热力学的原因。因此，单体能否聚合，首先要从热力学角度来分析聚合和解聚的倾向，当聚合从热力学角度来看能发生时，再考虑动力学的因素。聚合热力学要讨论的是聚合热、聚合熵和聚合极限温度等问题。

一、聚合热力学基础

根据热力学第二定律，在一定温度条件下，自由能的表达式为：

$$\Delta G=\Delta H-T\Delta S \tag{3-70}$$

式中　ΔG ——反应时自由能的变化，kJ/mol；

ΔH ——反应时焓的变化，kJ/mol；

ΔS ——反应时的熵变，kJ/mol；

T ——绝对温度，K。

对于聚合反应，自由能变化可以表示如下：

$$\Delta G=G_p-G_M=(H_p-H_M)-T(S_p-S_M)=\Delta H-T\Delta S \tag{3-71}$$

式中　G_M、H_M、S_M——单体的自由能、焓、熵；

G_p、H_p、S_p——聚合物的自由能、焓、熵。

要使聚合反应自发进行，必须使 $\Delta G=G_p-G_M<0$，即聚合物的自由能比单体的自由能低，ΔG 为负值。如果聚合物的自由能大于单体的自由能，即 $\Delta G>0$，则此时聚合物将解聚成单体，聚合不能进行；若聚合反应在某一临界温度时进行，此时 $\Delta G=0$ 即聚合和解聚处于热力学平衡状态。

当单体变成聚合物时，无序程度总是减少，即聚合物的熵比单体的熵小，因此 ΔS 总是负值。各种单体的聚合熵约为$-105\sim-125$J/mol·K，聚合大都为放热反应，即ΔH为负值。由于聚合温度通常是在室温至100℃范围内进行，则$-T\Delta S$值为30~42kJ/mol。故只有当ΔH的绝对值大于$-T\Delta S$值时，才能使$\Delta G<0$，即从热力学考虑聚合可以进行。

二、聚合热

聚合热是热力学上判断聚合倾向的重要参数，根据其值可粗略地判断单体聚合的可能性。在工程上，聚合热是选择工艺条件和传热设计的重要依据。聚合热可由实验测得，也可进行理论估算，如用标准生成热ΔH_f^0来估算。

$$\Delta H=\Delta H_{fp}^0-\Delta H_{fM}^0 \tag{3-72}$$

标准生成热一般由燃烧热求出，有相关手册可查。

烯类单体聚合热可由键能作初步估算，由单体变成聚合物是由一个双键变成两个单键的过程，因此聚合热约等于两个单键的键能与一个双键的键能差。

但是一些单体的聚合热估算值与实验值有差异，主要原因是由于取代基的位阻效应、共轭效应和超共轭效应等内在因素造成的，同时也受氢键和溶剂作用等影响。

(一)取代基的位阻效应对聚合热的影响

取代基的位阻效应会使聚合物内能提高，而使单体和聚合物的内能差降低。如乙烯聚合热为95.0kJ/mol，单取代基的影响不大，1，1-双取代基单体的聚合热会降低，异丁烯($-\Delta H$=51.5kJ/mol)、甲基丙烯酸甲酯($-\Delta H$=56.5kJ/mol)、α-甲基苯乙烯($-\Delta H$=35kJ/mol)，比相应的单取代基烯烃的聚合热要低得多。甲醛分子上再引入一个甲基为乙醛，其$\Delta H\approx0$，以致常温下不能聚合，可见位阻效应对醛类单体的聚合热的降低特别显著。

(二)单体的共轭效应和超共轭效应对聚合热的影响

共轭效应会使单体势能降低，从而使聚合热降低。苯乙烯的聚合热为69.9kJ/mol，比理论计算值低。丁二烯(72.8kJ/mol)、异戊二烯(74.5kJ/mol)、丙烯腈(72.4kJ/mol)也有共轭效应，丙烯酸酯类(78.7kJ/mol)也有一定共轭作用。丙烯分子上的甲基有超共轭效应，丙烯的聚合热为86kJ/mol，而α-甲基苯乙烯、由于共轭、超共轭和位阻效应综合影响，使聚合热降低得更多。

但也有一些具有电负性很强的取代基的单体的聚合热会升高。如氯乙烯(95.8kJ/mol)、偏二氯乙烯(129.7kJ/mol)、四氟乙烯(154.8kJ/mol)等，它们的聚合热大大超过了理论值。而偏二氯乙烯的ΔH值(75.3kJ/mol)比理论值稍低，这是由于两个氯原子的位阻效应和电负性对聚合热的影响相反，相互抵偿的结果。而氯乙烯为单取代单体，位阻效应较小，电负性影响显著。故聚合热稍高于理论值(95.6kJ/mol)。

(三)氢键和溶剂化作用对聚合热影响

氢键和溶剂化的影响一般比上述三个因素小，但其趋势是使聚合热降低。丙烯酸(66.9kJ/mol)，甲基丙烯酸(42.3kJ/mol)，丙烯酰胺(60.2kJ/mol)，甲基丙烯酰胺(35.1kJ/mol，在苯中)，其聚合热都很小，除了氢键和溶剂化效应外，还有其他效应共同影响。

三、聚合上限温度

当$\Delta G=0$，聚合和解聚处于可逆平衡状态，这时的温度就是聚合上限温度$T_C=\Delta H/\Delta S$。

例如，α-甲基苯乙烯在萘钠或烷基锂存在下，在苯溶液中聚合，温度反复冷却至-70℃和加热到+40℃，体系黏度反复增减，表明聚合和解聚可逆地进行。低温时聚合多一些，单体更多地变成聚合物，而温度高时，会解聚出更多的单体。严格地说在很宽的温度范围内，单体和聚合物处在平衡状态。此时，链增长的可逆方程式为：

$$M_n^{\cdot}+M \underset{k_{dp}}{\overset{k_p}{\rightleftharpoons}} M_{n+1}^{\cdot} \tag{3-73}$$

式中　k_p——链增长速率常数；

k_{dp}——链解聚速率常数。

$$R_p=k_p[M_n^{\cdot}][M]$$

$$R_{dp}=k_{dp}[M_{n+1}^{\cdot}]$$

平衡时，两速率相等

$$k_p[M_n^{\cdot}][M]=k_{dp}[M_{n+1}^{\cdot}]$$

如果增长链很长，假定链自由基活性与链长度基本无关，则$[M^{\cdot}]=[M_{n+1}^{\cdot}]$，此时

$$\frac{k_p}{k_{dp}}=\frac{[M_{n+1}^{\cdot}]}{[M_n^{\cdot}][M]}=\frac{1}{[M]_e}=K_e \tag{3-74}$$

进行热力学研究时，应选取一标准状态。对于固体或液体，规定纯粹物质，处于1.0×10^5Pa下，活度为1的条件为标准状态，在热力学函数的右上角标以“0”。在非标准状态下，

$$\Delta G=\Delta G^0+RT\ln K_e$$

平衡时$\Delta G=0$，则

$$\Delta G^0=\Delta H^0-T\Delta S^0=-RT\ln K_e=RT\ln[M]_e$$

故平衡温度为：

$$T_e=\frac{\Delta H^0}{\Delta S^0+R\ln[M]_e}$$

式中　ΔS^0——平衡单体浓度$[M]_e=1$mol/L时的熵变。

当$[M]_e\neq1$mol/L时，则表明T_e随$[M]_e$而改变，有不同的$[M]_e$就会有一系列相应的T_e。

因此规定平衡单体浓度$[M]_e=1$mol/L时的平衡温度为聚合上限温度，则

$$T_C=\frac{\Delta H^0}{\Delta S^0}$$

一些单体的聚合上限温度和在25℃下的极限浓度见表3-19。

表3-19　一些单体聚合的上限温度和极限浓度

单　体(纯)	[M](在25℃下)/mol·L^{-1}	T_C/℃
醋酸乙烯酯	1×10^{-9}	—
丙烯酸甲酯	1×10^{-9}	—
苯乙烯	1×10^{-6}	310
甲基丙烯酸甲酯	1×10^{-3}	220
α-甲基苯乙烯	2.2	61

习　　题

1. 下列烯类单体适于何种机理聚合：自由基聚合、阳离子聚合或阴离子聚合？并说明理由。

$CH_2{=}CHCl$　$CH_2{=}CCl_2$　$CH_2{=}CHCN$　$CH_2{=}C(CN)_2$　$CH_2{=}CHCH_3$

$CH_2{=}C(CH_3)_2$　$CH_2{=}CHC_6H_5$　$CF_2{=}CF_2$　$CH_2{=}C(CN)COOR$

$CH_2{=}C(CH_3){-}CH{=}CH_2$

2. 判断下列烯类单体能否进行自由基聚合，并说明理由。

$CH_2{=}C(C_6H_5)_2$　$ClCH{=}CHCl$　$CH_2{=}C(CH_3)C_2H_5$　$CH_3CH{=}CHCH_3$

$CH_2{=}C(CH_3)COOCH_3$　$CH_2{=}CHOCOCH_3$　$CH_3CH{=}CHCOOCH_3$

3. 以偶氮二异庚腈为引发剂，写出氯乙烯聚合机理中各基元反应式。

4. 试比较自由基聚合与逐步聚合反应的特征。

5. 写出下列常用引发剂的分子式和分解反应式：偶氮二异丁腈、偶氮二异庚腈、过氧化二苯甲酰、过硫酸钾-亚硫酸氢钠、异丙苯过氧化氢、过氧化二碳酸二环己酯。

6. 试推导用安息香($C_6H_5COCHOHC_6H_5$)为光引发剂，在光照下引发苯乙烯聚合的聚合反应速率方程。

7. 于60℃下用碘量法测定过氧化二碳酸二环己酯(DCPD)的分解速率，数据如下：

时间/h	0	0.2	0.7	1.2	1.7
DCPD浓度/(mol/L)	0.0754	0.0660	0.0484	0.0334	0.0228

求分解速率常数 $k_d(s^{-1})$ 和半衰期 $t_{\frac{1}{2}}(h)$。

8. 推导自由基聚合动力学方程时，作了哪些基本假定？聚合速率与引发剂浓度平方根成正比，是哪一机理造成的。这一结论的局限性怎样？如果热聚合时属于三分子引发，试推导聚合速率方程。

9. 请指出在什么条件下，自由基聚合反应速率与引发剂浓度的方次关系为

(1) 1；　(2)0；　(3)0.5~1；　(4)0.5~0。

10. 请指出在什么条件下，自由基聚合反应速率与单体浓度的方次关系为

(1) 1~1.5；　(2)1.5；　(3)1.5~2.0。

11. 对于双基终止的自由基聚合，每一个分子含有1.3个引发剂残基，假定无链转移反应，试计算歧化和偶合终止的相对量。

12. 以过氧化二苯甲酰作引发剂，在60℃下进行苯乙烯聚合动力学研究，数据如下：

(1) 60℃苯乙烯的密度为0.887g/mL；

(2) 引发剂用量为单体质量的0.11%；

(3) $R_p=0.255\times10^{-4}$mol/L·s；

(4) 聚合度为2450；

(5) $f=0.80$；

(6) 自由基寿命 $\tau=0.82$s

试求 k_d、k_p、k_t，建立三个常数的数量级概念。比较[M]和[M·]的大小，并比较 R_i、R_p、R_t 的大小。

13. 用过氧化二苯甲酰作引发剂进行苯乙烯聚合时，各基元反应活化能为 $E_d=125.6\text{kJ/mol}$，$E_p=32.6\text{kJ/mol}$，$E_t=10\text{kJ/mol}$，试比较从55℃增至60℃以及从85℃增至90℃，总反应速率常数和聚合度变化的情况。光引发时情况如何？

14. 动力学链长的定义，与数均聚合度的关系？链转移反应对之有何影响？

15. 氯乙烯、苯乙烯、甲基丙烯酸甲酯聚合时，都存在自动加速现象，三者有何异同？三种单体的聚合终止方式有何不同？

16. 什么叫链转移反应？有几种形式？对聚合速率和分子量有何影响？

17. 在自由基聚合反应中，何种条件下会出现反应自动加速现象。试讨论其产生的原因，以及促使其产生和抑制的方法。

18. 以过氧化二叔丁基作引发剂，在60℃下研究苯乙烯聚合，苯乙烯溶液浓度为1.0mol/L，引发剂浓度为0.01mol/L，引发和聚合的初速率分别为 $4.0\times10^{-11}\text{mol/(L·s)}$ 和 $1.5\times10^{-7}\text{mol/(L·s)}$。试计算($fk_d$)、初期聚合度、初期动力学链长。计算时采用下列数据和条件：

$C_M=8.0\times10^{-5}$，$C_I=3.2\times10^{-4}$，$C_S=2.3\times10^{-6}$；

60℃下苯乙烯密度为0.887g/mL；

60℃下苯的密度为0.839g/mL；

设苯乙烯-苯体系为理想溶液。

19. 按上题制得的聚苯乙烯分子量很高，常加入正丁硫醇($C_S=21$)调节，问应加入多少才能制得分子量为8.5万的聚苯乙烯？

20. 用过氧化二苯甲酰作引发剂，苯乙烯在60℃进行本体聚合，试计算正常聚合、向引发剂转移、向单体转移三部分在聚合度倒数中各占多少百分比？对聚合度各有什么影响？计算时选用下列数据：

$[I]=0.03\text{mol/L}$　　$f=0.85$

$k_d=2.0\times10^{-6}\text{s}^{-1}$　　$k_p=176\text{L/(mol·s)}$

$k_t=3.6\times10^7\text{L/mol·s}$　　$\rho(60℃)=0.887\text{g/mol}$

$C_I=0.05$　　$C_M=0.85\times10^{-4}$

21. 在自由基聚合中，为什么聚合物链中单体单元大部分按头-尾方式连接，且所得的聚合物多为无规立构？

22. 诱导期产生的原因？与阻聚剂的关系怎样？阻聚和缓聚反应的实质是什么？氧的存在对聚合物的生产过程(自由基聚合)有什么影响？

23. 试用方程式表示高压聚乙烯中短支链的产生。

24. 写出苯醌在自由基聚合反应中起阻聚作用的有关反应方程，其各步分别属于哪一类自由基反应。

本章小结

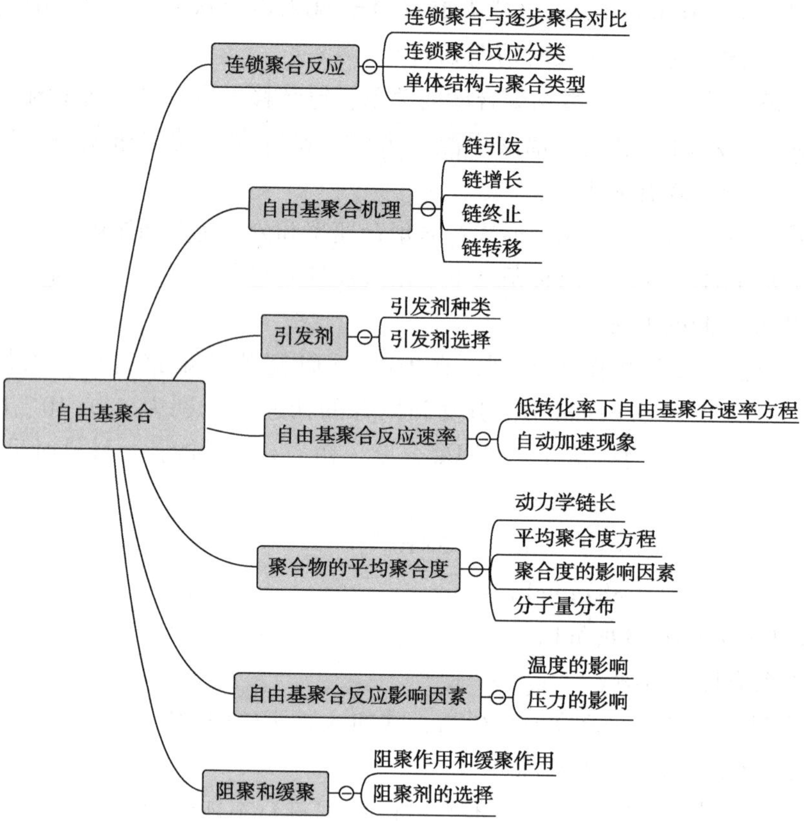
自由基聚合
连锁聚合反应
连锁聚合与逐步聚合对比
连锁聚合反应分类
单体结构与聚合类型
自由基聚合机理
链引发
链增长
链终止
链转移
引发剂
引发剂种类
引发剂选择
自由基聚合反应速率
低转化率下自由基聚合速率方程
自动加速现象
聚合物的平均聚合度
动力学链长
平均聚合度方程
聚合度的影响因素
分子量分布
自由基聚合反应影响因素
温度的影响
压力的影响
阻聚和缓聚
阻聚作用和缓聚作用
阻聚剂的选择

第四章　自由基共聚合

知识目标：

1. 了解共聚合的意义及应用；
2. 掌握自由基共聚物的分类及命名方法；
3. 掌握共聚物组成方程与共聚组成曲线。

能力目标：

1. 能分析共聚物组成的影响因素并选用合理的控制方法；
2. 能分析判断烯类单体的自由基共聚合能力。

第一节　引　言

由一种单体进行的聚合反应称为均聚合(homopolymerization)，得到的聚合物链只由一种单体单元组成，称为均聚物(homopolymer)。共聚合反应(copolymerization)是由两种或两种以上单体共同参加的聚合反应，得到的聚合物大分子链中包含有不同的单体单元，称作共聚物(copolymer)。通常，两种单体的共聚反应称为二元共聚：多种单体进行共聚反应则称为多元共聚。

共聚合一词一般仅用于连锁聚合，按照增长活性中心的不同可分为自由基共聚合和离子共聚合，对于自由基共聚合，特别是二元共聚的理论研究比较成熟，本章中将予以重点介绍。

一、共聚合反应的意义

对于共聚合反应的研究，在理论和实践两方面都具有重要意义。

首先，通过共聚合反应扩大了单体的使用范围。均聚物的种类有限，例如几十种单体分别均聚，只能得到相同数目的均聚物。假如将这几十种单体相互之间进行共聚，则可以得到几百到几千种二元共聚物。有些单体自身难以聚合，却能和其他单体进行共聚合。如顺丁烯二酸酐和反二苯基乙烯，这两种单体都不能进行均聚形成聚合物；若将它们放在一起共聚合，可以得到组成比为 1∶1 的共聚物。但是并非所有能够均聚的单体之间都能进行共聚，如苯乙烯和醋酸乙烯酯各自都能均聚，但这两种单体之间却不能共聚。

其次，共聚合反应是聚合物改性的主要途径，通过共聚合改变了聚合物的结构，进而改进了聚合物的诸多性能，如机械性能、热性能、电性能、染色性能及表面性能等。由此合成各种新型聚合物，显著增加了聚合物品种。例如，普通聚苯乙烯塑料，其性脆、抗冲击强度低，故实用意义不大。若采用丙烯腈与之共聚，形成的共聚物不仅具有较高的抗冲击强度，而且保持了聚苯乙烯透明和易加工的优点，是一种增韧塑料。又如聚甲基丙烯酸甲酯具有良好的透光度和光泽度，并且具有较高的抗冲击强度，但因其熔融时黏度大、流动性差，所以加工成型比较困难。当采用苯乙烯与之共聚时，则可以显著改善其流动性能和加工性能，成为用途广泛的塑料。另外，如果将苯乙烯-丙烯腈共聚物作支链接在丁二烯主链上，可以得到三元共聚物 ABS 树脂，它的综合性能好，具有良好的韧性和表面强度。若将 ABS 树脂中的苯乙烯部分地用 α-甲基苯乙烯代替，得到的四元共聚物还具有很高的耐高温性能。共聚合反应除了在实际应用中具有重要意义外，在理论上，通过共聚合反应研究，可以测定单体、自由基、碳阳离子和碳阴离子的相对活性，进而了解单体结构与反应能力的关系，控制共聚物组成和结构，预测合成新型聚合物的可能性。

二、共聚物的类型和命名

以二元共聚为例，根据两种单体单元在共聚物大分子链中的相对数量及排列方式，可将共聚物划分为以下四种类型。

(1) 无规共聚物(random copolymer)。用 M_1 代表第一种单体单元，M_2 代表第二种单体单元，两种单体单元在共聚物大分子链中无规排列，各自连续的单元数从一到数十不等，并按一定的几率分布，这种共聚物称为无规共聚物。其结构为：

$$\sim\sim M_1\ M_2\ M_2\ M_1\ M_2\ M_1\ M_1\ M_2\ M_2\ M_2 \sim\sim$$

自由基共聚一般属于这种类型，例如甲基丙烯酸甲酯-苯乙烯共聚物(alternative copolymer)。

(2) 交替共聚物。两种单体单元在共聚物大分子链中交替排列，严格相间，其结构为：

$$\sim\sim M_1\ M_2\ M_1\ M_2\ M_1\ M_2\ M_1\ M_2 \sim\sim$$

这种共聚物称为交替共聚物，例如苯乙烯-顺丁烯二酸酐共聚物属于这种类型。

(3) 嵌段共聚物(block copolymer)。由较长的 M_1 单元链段和另一较长的 M_2 单元链段连接构成的共聚物称为嵌段共聚物，每一种链段中单体单元数为几百到几千。

$$\sim\sim M_1\ M_1\ M_1\ M_1\ M_1\ M_1\ M_1\ M_2\ M_2\ M_2\ M_2\ M_2 \sim\sim$$

例如：丁二烯-苯乙烯嵌段共聚物，称作 AB 型嵌段共聚物；苯乙烯-丁二烯-苯乙烯三嵌段共聚物称作 ABA 型嵌段共聚物。

(4) 接枝共聚物(graft copolymer)。在共聚物大分子链中由 M_1 单元构成主链，将 M_2 单元组成的支链接在主链上，这样形成的共聚物称为接枝共聚物。

$$\begin{array}{l} \qquad\qquad\qquad\qquad\qquad\qquad\qquad\quad M_2M_2M_2 \sim\sim M_2 \\ \qquad\qquad\qquad\qquad\qquad\qquad\qquad\quad | \\ \sim\sim M_1M_1M_1 \sim\sim M_1M_1 \sim\sim M_1M_1 \sim\sim M_1M_1M_1M_1 \sim\sim \\ \qquad\quad | \\ \qquad\quad M_2M_2 \sim\sim M_2 \end{array}$$

例如：聚丁二烯接枝苯乙烯共聚物(抗冲聚苯乙烯)。

在上述四种类型的共聚物中，嵌段和接枝共聚物需要采用特殊方法合成，将在后面章节中予以介绍。无规和交替共聚物可以由自由基共聚合反应制备，本章将详细讨论这两类共聚物。

共聚物的命名是将共聚单体的名称以短划相连，在前面冠以"聚"字。例如聚甲基丙烯酸甲酯-苯乙烯，聚丙烯腈-丁二烯-苯乙烯；或者在共聚单体后面加共聚物两字，如甲基丙烯酸甲酯-苯乙烯共聚物，丙烯腈-丁二烯-苯乙烯共聚物。为了表明共聚物的类型，国际命名法中常在两单体名称之间插入符号-*co*-、-*alt*-、-*b*-、-*g*-、分别代表无规、交替、嵌段、接枝四种类型的共聚物。例如聚丙烯腈-*g*-聚醋酸乙烯酯，表示两种单体的接枝共聚物。另外，无规共聚物名称中前一单体为主单体，后面的单体为第二单体；嵌段共聚物名称中的前后单体表示单体共聚合时的先后次序；接枝共聚物名称中前一单体构成主链，后一单体为支链。

第二节　共聚物组成

在均聚反应中，聚合速率、平均分子量、分子量分布是研究的主要内容。在共聚反应中，共聚物组成则成为研究的首要问题。首先，两种单体共聚时，共聚物组成与单体配料组成常常不同。这是由于两种单体化学结构不同，在共聚反应时它们的反应能力也不同。例如氯乙烯与醋酸乙烯酯单体共聚时，原料中氯乙烯单体的含量为85%(质量)，反应初期共聚物的瞬时组成氯乙烯的含量却高达91%(质量)左右，表明氯乙烯单体活性较大，容易进入共聚物大分子链。另外，在共聚过程中，共聚物组成一般随转化率而变化，反应前后期共聚物组成并不相同。前例中，氯乙烯在共聚物中的瞬时含量随转化率增大而逐渐降低。因此，共聚物组成分布和平均组成等问题是自由基共聚合的又一重要内容。本节中将重点讨论二元共聚物组成与单体原料组成之间的关系，并推导出定量表达式，即共聚物组成方程。

一、共聚物组成微分方程

自由基共聚合反应机理和均聚反应机理基本相同，聚合过程也包括链引发、链增长和链终止等基元反应，当运用动力学方法处理时，须作出与均聚反应类似的四个基本假定。

(1) 链自由基的反应活性与链长无关。

(2) 链自由基的反应活性只决定于末端单体单元的结构，与前末端单体单元结构无关。

(3) 共聚物聚合度很大，即单体主要消耗在链增长反应中，引发和终止反应对共聚物组成没有影响。

(4)稳态假定，链自由基即活性中心的总浓度，以及各类活性中心的浓度都不随反应时间而变化。

根据上面(1)、(2)两个假定，二元共聚合反应机理共包括两种引发、四种增长和三种终止反应。以 M_1、M_2 分别代表两种单体，$\sim\sim M_1^{\bullet}$、$\sim\sim M_2^{\bullet}$ 代表两种链自由基，它们的末端单体单元分别为 M_1 和 M_2，反应机理及反应速率方程式如下。

1. 链引发

$$R^{\bullet} + M_1 \xrightarrow{k_{i1}} M_1^{\bullet} \qquad R_{i1} = k_{i1}[R^{\bullet}][M_1]$$

$$\mathrm{R}^{\bullet} + \mathrm{M}_2 \xrightarrow{k_{i2}} \mathrm{M}_2^{\bullet} \qquad R_{i2} = k_{i2}[\mathrm{R}^{\bullet}][\mathrm{M}_2]$$

式中 k_{i1}、k_{i2}——初级自由基引发单体 M_1 和 M_2 链引发速率常数；

R_{i1}、R_{i2}——链引发速率。

2. 链增长

$$\sim\sim\mathrm{M}_1^{\bullet} + \mathrm{M}_1 \xrightarrow{k_{11}} \sim\sim\mathrm{M}_1^{\bullet} \qquad R_{11} = k_{11}[\mathrm{M}_1^{\bullet}][\mathrm{M}_1] \tag{4-1}$$

$$\sim\sim\mathrm{M}_1^{\bullet} + \mathrm{M}_2 \xrightarrow{k_{12}} \sim\sim\mathrm{M}_2^{\bullet} \qquad R_{12} = k_{12}[\mathrm{M}_1^{\bullet}][\mathrm{M}_2] \tag{4-2}$$

$$\sim\sim\mathrm{M}_2^{\bullet} + \mathrm{M}_1 \xrightarrow{k_{21}} \sim\sim\mathrm{M}_1^{\bullet} \qquad R_{21} = k_{21}[\mathrm{M}_2^{\bullet}][\mathrm{M}_1] \tag{4-3}$$

$$\sim\sim\mathrm{M}_2^{\bullet} + \mathrm{M}_2 \xrightarrow{k_{22}} \sim\sim\mathrm{M}_2^{\bullet} \qquad R_{22} = k_{22}[\mathrm{M}_2^{\bullet}][\mathrm{M}_2] \tag{4-4}$$

式中 k_{11}、k_{22}——单体 M_1 和 M_2 均聚增长速率常数；

k_{12}、k_{21}——单体 M_1、M_2 交叉增长速率常数；

R_{11}、R_{22}——单体 M_1、M_2 均聚增长速率；

R_{12}、R_{21}——单体 M_1、M_2 交叉增长速率；

$[M_1]$、$[M_2]$——M_1、M_2 单体的物质的量浓度；

$[M_1^{\bullet}]$、$[M_2^{\bullet}]$——$\sim\sim M_1^{\bullet}$、$\sim\sim M_2^{\bullet}$ 链自由基的物质的量浓度。

3. 链终止

$$\sim\sim\mathrm{M}_1^{\bullet} + \sim\sim\mathrm{M}_1^{\bullet} \xrightarrow{k_{t11}} 大分子 \qquad R_{t11} = 2k_{t11}[\mathrm{M}_1^{\bullet}]^2$$

$$\sim\sim\mathrm{M}_1^{\bullet} + \sim\sim\mathrm{M}_2^{\bullet} \xrightarrow{k_{t12}} 大分子 \qquad R_{t12} = 2k_{t12}[\mathrm{M}_1^{\bullet}][\mathrm{M}_2^{\bullet}]$$

$$\sim\sim\mathrm{M}_2^{\bullet} + \sim\sim\mathrm{M}_2^{\bullet} \xrightarrow{k_{22}} 大分子 \qquad R_{t22} = 2k_{t22}[\mathrm{M}_2^{\bullet}]^2$$

式中 k_{t11}、k_{t22}——链自由基 $\sim\sim M_1^{\bullet}$、$\sim\sim M_2^{\bullet}$ 自终止速率常数；

k_{t12}——链自由基 $\sim\sim M_1^{\bullet}$ 和 $\sim\sim M_2^{\bullet}$ 交叉终止速率常数；

R_{t11}、R_{t22}——链自由基 $\sim\sim M_1^{\bullet}$、$\sim\sim M_2^{\bullet}$ 自终止速率；

R_{t12}——$\sim\sim M_1^{\bullet}$ 和 $\sim\sim M_2^{\bullet}$ 交叉终止速率。

由于假定链自由基活性与链长无关只与末端单元结构有关，所以二元共聚体系中只有两种链自由基 $\sim\sim M_1^{\bullet}$ 和 $\sim\sim M_2^{\bullet}$，它们与同一种单体增长反应时具有相同的速率常数，即四种链增长反应速率常数在整个反应过程分别保持不变，为 k_{11}、k_{12}、k_{21}、k_{22}。

进一步假定共聚物的聚合度很大，引发反应消耗的单体很少，可以忽略不计，单体的消耗速率仅取决于链增长反应速率，则单体 M_1 和 M_2 的消耗速率表示为：

$$-\frac{\mathrm{d}[\mathrm{M}_1]}{\mathrm{d}t} = R_{11} + R_{12} = k_{11}[\mathrm{M}_1^{\bullet}][\mathrm{M}_1] + k_{12}[\mathrm{M}_1^{\bullet}][\mathrm{M}_2] \tag{4-5}$$

$$-\frac{\mathrm{d}[\mathrm{M}_2]}{\mathrm{d}t} = R_{22} + R_{21} = k_{22}[\mathrm{M}_2^{\bullet}][\mathrm{M}_2] + R_{21}[\mathrm{M}_2^{\bullet}][\mathrm{M}_1] \tag{4-6}$$

上述链增长反应所消耗的单体都进入到共聚物中，那么单体 M_1、M_2 的消失速率即是共聚物的生成速率，任一时刻消耗的单体比就是该时刻生成的共聚物的瞬时组成，即：

$$\frac{\mathrm{d}[\mathrm{M}_1]}{\mathrm{d}[\mathrm{M}_2]} = \frac{-\dfrac{\mathrm{d}[\mathrm{M}_1]}{\mathrm{d}t}}{-\dfrac{\mathrm{d}[\mathrm{M}_2]}{\mathrm{d}t}} = \frac{k_{11}[\mathrm{M}_1^{\bullet}][\mathrm{M}_1] + k_{12}[\mathrm{M}^{\bullet}][\mathrm{M}_2]}{k_{12}[\mathrm{M}_1^{\bullet}][\mathrm{M}_2] + k_{22}[\mathrm{M}_2^{\bullet}][\mathrm{M}_2]} \tag{4-7}$$

为消去上式中链自由基的浓度，对链自由基 $M_1^{\cdot}$ 和 $M_2^{\cdot}$ 作稳态假定，即：

$$\frac{d[M_1^{\cdot}]}{dt}=R_{i1}+k_{21}[M_2^{\cdot}][M_1]-k_{12}[M_1^{\cdot}][M_2]$$

$$-R_{t11}[M_1^{\cdot}]^2-k_{t12}[M_1^{\cdot}][M_2^{\cdot}]=0$$

$$\frac{d[M_2^{\cdot}]}{dt}=R_{i2}+k_{12}[M_1^{\cdot}][M_2]-k_{21}[M_2^{\cdot}][M_1]$$

$$-k_{t22}[M_2^{\cdot}]^2-k_{t21}[M_2^{\cdot}][M_1^{\cdot}]=0$$

为使上述稳态假定成立，一是保证 $M_1^{\cdot}$ 和 $M_2^{\cdot}$ 的引发速率分别等于各自的终止速率；二是 $M_1^{\cdot}$ 转变为 $M_2^{\cdot}$ 和 $M_2^{\cdot}$ 转变为 $M_1^{\cdot}$ 的速率相等，即：

$$k_{12}[M_1^{\cdot}][M_2]=k_{21}[M_2^{\cdot}][M_1] \tag{4-8}$$

移项得

$$[M_2^{\cdot}]=\frac{k_{12}[M_2]}{k_{21}[M_1]}[M_1^{\cdot}]$$

将 $[M_2^{\cdot}]$ 代入式(4-7)，消去 $[M_1^{\cdot}]$，并令

$$r_1=k_{11}/k_{12},\qquad r_2=k_{22}/k_{21}$$

则得：

$$\frac{d[M_1]}{d[M_2]}=\frac{[M_1]}{[M_2]}\cdot\frac{r_1[M_1]+[M_2]}{r_2[M_2]+[M_1]} \tag{4-9}$$

式(4-9)中，r_1、r_2 称为单体 M_1、M_2 的竞聚率。该式描述了共聚物的瞬时组成与单体瞬时组成之间的定量关系，称为共聚物组成微分方程。$\frac{d[M_1]}{d[M_2]}$表示某一瞬间所生成的共聚物中两种单体单元 M_1、M_2 的物质的量比，它的值取决于该反应条件下单体竞聚率 r_1、r_2 的大小和该瞬间两种单体的物质的量浓度之比。共聚物组成方程式(4-9)是 Mayo 和 Lewis 于 1944 年首次提出的，所以又称 Mayo-Lewis 方程。

为了应用方便起见，常用摩尔分数或质量分数代替物质的量比来表示共聚物组成方程。

令 f_1 表示某瞬间单体 M_1 占单体混合物的摩尔分数，即：

$$f_1=1-f_2=\frac{[M_1]}{[M_1]+[M_2]}$$

F_1 表示同一瞬间生成的共聚物中 M_1 单体单元所占的摩尔分数，即：

$$F_1=1-F_2=\frac{d[M_1]}{d[M_1]+d[M_2]}$$

式(4-9)可化为以摩尔分数表示的共聚物组成方程：

$$F_1=\frac{r_1f_1^2+f_1f_2}{r_1f_1^{\,2}+2f_1f_2+r_2f_2^{\,2}} \tag{4-10a}$$

以质量分数表示的共聚物组成方程为：

$$X_1=\frac{r_1K(\frac{x_1}{1-x_1})+1}{1+K+r_1K\left(\frac{x_1}{1-x_1}\right)+r_2\left(\frac{1-x_1}{x_1}\right)} \tag{4-10b}$$

式中 X_1——某瞬间生成的共聚物中 M_1 单元的质量分数；
x_1——该瞬间单体混合物中单体 M_1 的质量分数；
K——单体 M_2 与 M_1 分子量之比。

共聚物组成方程式(4-9)、式(4-10a)、式(4-10b)只适用于聚合反应瞬间或反应初期转化率很低时二元共聚的情况。

例1 苯乙烯(M_1)与甲基丙烯酸甲酯(M_2)在苯中共聚合，原料中$[M_1]_0=1.5$mol/L，$[M_2]_0=3.0$mol/L，竞聚率 $r_1=0.75$，$r_2=0.20$。

(1)若采用过氧化二苯甲酰引发，起始聚合物的组成 F_1 是多少？

(2)若反应进行到某一时刻，体系中苯乙烯的摩尔分数为0.1，此时生成的共聚物瞬时组成 X_1(质量分数)是多少？

解：(1)起始单体配比 $f_1^{\,0}=\dfrac{[M_1]_0}{[M_1]_0+[M_2]_0}=\dfrac{1}{3}$

代入式(4-10a)，则

$$F_1=\frac{r_1f_1^{\,2}+f_1f_2}{r_1f_1^{\,2}+2f_1f_2+r_2f_2^{\,2}}$$
$$=\frac{0.75\times(\frac{1}{3})^2+\frac{1}{3}\times\frac{2}{3}}{0.75\times(\frac{1}{3})^2+2\times\frac{1}{3}\times\frac{2}{3}+0.2\times(\frac{2}{3})^2}\approx 0.50$$

(2) 由 f_1 先求出质量分数 x_1：

$$x_1=\frac{f_1\times 104}{f_1\times 104+(1-f_1)\times 100}=0.104$$

式中苯乙烯和甲基丙烯酸甲酯单体分子量分别为104和100。将 x_1 代入式(4-10b)，得共聚物质量分数为：

$$X_1=\frac{0.75\times\frac{100}{104}\times\frac{0.104}{1-0.104}+1}{1+\frac{100}{104}+0.75\times\frac{100}{104}\times\frac{0.104}{1-0.104}+0.2\times\frac{1-0.104}{0.104}}=0.289$$

大量实验表明，共聚物组成方程是基本正确的，对于指导生产和科学研究具有一定意义。另外，共聚物组成方程既适用于自由基共聚合反应，也适用于阴离子共聚合和阳离子共聚合。例如甲基丙烯酸甲酯(M_1)和苯乙烯(M_2)共聚合时，若为自由基型聚合，则竞聚率 $r_1=0.46$，$r_2=0.52$；若为阳离子聚合，$r_1=0.1$，$r_2=10.5$。另外，由于假定引发和终止反应对共聚物组成没有影响，所以当引发反应类型(自由基、阴离子、阳离子)一旦确定，则采用何种引发剂或是否加入阻聚剂对共聚物组成均没有影响。

二、竞聚率的意义

单体竞聚率(reactive ratio)定义为均聚增长速率常数与共聚交叉增长速率常数之比，反映了单体均聚与共聚的竞争能力。以链自由基 $\sim\!\sim M_1^{\cdot}$ 为例，它有两种链增长过程：

$$\sim\!\sim M_1^{\cdot}+\begin{cases}M_1\xrightarrow{k_{11}}\ \sim\!\sim M_1^{\cdot}\\ M_2\xrightarrow{k_{12}}\ \sim\!\sim M_2^{\cdot}\end{cases}$$

因为 $r_1=\frac{k_{11}}{k_{12}}$，所以 r_1 表示以单体单元 M_1 结尾的链自由基分别与单体 M_1 和 M_2 的反应能力之比。具体地看，当 $r_1>1$，即 $k_{11}>k_{12}$，则表示链自由基~~~~ $M_1^{\cdot}$ 加上同种单体 M_1 的倾向大于加上异种单体 M_2；若 $r_1<1$，即 $k_{11}<k_{12}$，则表示链自由基~~~~ $M_1^{\cdot}$ 更易于加上异种单体 M_2；若 $r_1=1$，即 $k_{11}=k_{12}$，则表示链自由基~~~~ $M_1^{\cdot}$ 加上两种单体 M_1、M_2 的难易程度相同。

作为特例，若 $r_1=0$，即 $k_{11}=0$，$k_{12}\neq0$，表示单体 M_1 只能与别种单体共聚，不易均聚；若 $r_1\approx\infty$，即 $k_{12}\approx0$，$k_{11}\neq0$，表示该单体 M_1 只能均聚，难以共聚。

因此，不仅可以根据竞聚率计算共聚物组成，而且可以根据一对单体竞聚率值的大小，来直观估计这两个单体能否共聚或共聚倾向的大小，竞聚率是单体共聚反应的重要数据。由于竞聚率是增长反应速率常数之比，所以它是温度的函数。常见单体的竞聚率均已测定，可以从有关手册或书中查到。表 4-1 列出了常见单体二元共聚的竞聚率数据。

表 4-1　常见单体竞聚率

单体 1	单体 2	r_1	r_2	r_1r_2	温度/℃
丁二烯	异戊二烯	0.75	0.85	0.64	5
	苯乙烯	1.39	0.78	1.08	60
	丙烯腈	0.3	0.02	0.006	40
	甲基丙烯酸甲酯	0.75	0.25	0.188	90
	氯乙烯	8.8	0.035	0.308	50
苯乙烯	异戊二烯	0.80	1.68	1.344	50
	丙烯酸	0.15	0.25	0.0375	50
	丙烯腈	0.40	0.04	0.016	60
	丙烯酸甲酯	0.75	0.20	0.15	60
	甲基丙烯酸甲酯	0.52	0.46	0.239	60
	醋酸乙烯酯	55	0.01	0.55	60
	氯乙烯	17	0.02	0.34	60
	偏二氯乙烯	1.85	0.085	0.157	60
	二乙烯基醚	40	0.002	0.08	60
丙烯腈	丙烯酸	0.35	1.15	0.4025	50
	丙烯酸甲酯	1.40	0.95	1.33	60
	甲基丙烯酸甲酯	0.15	1.20	0.18	60
	甲基乙烯基酮	0.61	1.78	1.086	60
	醋酸乙烯酯	6	0.02	0.12	60
	氯乙烯	2.7	0.04	0.108	60
	偏二氯乙烯	1.20	0.49	0.588	45
甲基丙烯酸甲酯	丙烯酸	1.86	0.24	0.446	50
	丙烯酸甲酯	1.99	0.33	0.657	65
	醋酸乙烯酯	26.0	0.03	0.78	60
	氯乙烯	12.5	0	0	60
	二乙烯基醚	10	0.006	0.06	60
	偏二氯乙烯	2.53	0.2	0.506	60
氯乙烯	丙烯酸甲酯	0.12	4.4	0.528	50
	醋酸乙烯酯	1.68	0.23	0.386	60
	甲基乙烯酮	0.29	0.34	0.101	60
	偏二氯乙烯	0.3	3.2	0.96	60
	乙烯基异丁基酮	2.0	0.2	0.4	50

续表

单体 1	单体 2	r_1	r_2	r_1r_2	温度/℃
醋酸乙烯酯	丙烯酸甲酯	0.1	9	0.9	60
	偏二氯乙烯	0	3.6	0	60
顺丁烯二酸酐	苯乙烯	0	0.01	0	60
	丙烯腈	0	6	0	60
	甲基丙烯酸甲酯	0.03	3.5	0.105	60
	氯乙烯	0.008	0.296	0.002	60
	醋酸乙烯酯	0.003	0.055	0.00016	75
反丁烯二酸二乙酯	苯乙烯	0.7	0.3	0.21	60
	醋酸乙烯酯	0.444	0.011	0.0049	60
	氯乙烯	0.47	0.12	0.0564	60
四氟乙烯	三氟氯乙烯	1.0	1.0	1	60

三、竞聚率的影响因素

竞聚率定义为两种增长速率常数之比，所有影响增长速率常数的因素也将会影响竞聚率。主要因素有单体结构和反应条件，共聚单体一经确定，影响竞聚率数值的就是温度、压力、溶剂等外界因素。

1. 温度

温度是影响化学反应速率的重要因素，但在共聚反应中，温度对竞聚率 r_1、r_2 值的影响较小。根据竞聚率定义 $r_1=k_{11}/k_{12}$，则有

$$\frac{\mathrm{d}\ln r_1}{\mathrm{d}T}=(E_{11}-E_{12})/RT^2 \tag{4-11}$$

式中 E_{11}、E_{12}——均聚自增长、共聚交叉增长反应活化能。

通常链增长反应活化能比较小，一般不大于 40kJ/mol，$(E_{11}-E_{12})$ 差值将更小，因此温度变化对竞聚率数值影响不大，如表 4-2 所示。

表 4-2　温度对竞聚率的影响

共聚体系	r_1	r_2	T/℃
苯乙烯-甲基丙烯酸甲酯	0.52	0.44	35
	0.52	0.46	60
	0.59	0.54	131
苯乙烯-丙烯腈	0.40	0.04	60
	0.41	0.03	75
	0.39	0.06	99
苯乙烯-丁二烯	0.44	1.40	5
	0.58	1.35	50
	0.78	1.39	60

共聚合过程中链增长反应都是自由基与烯类单体分子间的加成反应，应属同一类型。反应的频率因子基本处于同一数量级，因而反应速率常数的大小主要取决于反应的活化能。如果 $r_1<1$，表示 $k_{11}<k_{12}$，也即 $E_{11}>E_{12}$。升高相同温度时，活化能较大的增长速率常数 k_{11} 比活

化能较小的增长速率常数 k_{12}增加的幅度大。结果，随着温度升高，k_{11}与 k_{12}值逐渐接近，则 r_1 值逐渐上升，趋向于 1。相反，如果 $r_1>1$，随着反应温度升高，r_1 值逐渐下降，也趋近于 1。这样，共聚反应随着温度升高将趋向于理想共聚。

2. 压力

反应压力也是影响竞聚率的因素之一，但是这方面数据报道不多。从表 4-3 所列出的数据可知，竞聚率随压力的改变也较小。压力对竞聚率的影响与温度类似，随压力的增加，r_1r_2 值趋向于 1，共聚合反应趋向于理想共聚合。

表 4-3　压力对竞聚率的影响

共聚体系	r_1	r_2	r_1r_2	压力/MPa	温度/℃
甲基丙烯酸甲酯-丙烯腈	1.34	0.12	0.16	0.1	70
	1.46	0.37	0.54	10	
	2.01	0.45	0.91	100	
乙烯-醋酸乙烯酯	0.47	0.95	0.47	15	80~90
	0.67	0.95	0.66	25	
	0.77	1.02	0.79	40	
	1.07	1.04	1.11	100	

3. 溶剂

溶剂的极性对竞聚率的影响较小，如表 4-4 所示。但在离子共聚时，溶剂极性会影响离子对的性质，对竞聚率影响比较大。

表 4-4　苯乙烯(M_1)-甲基丙烯酸甲酯(M_2)在不同溶剂中的竞聚率

溶　剂	苯	苯甲腈	苯甲醇	苯　酚
r_1	0.57±0.032	0.48±0.045	0.44±0.054	0.35±0.024
r_2	0.46±0.032	0.49±0.045	0.39±0.054	0.35±0.024

4. 其他因素

有些共聚单体本身是酸性的，比如甲基丙烯酸(M_1)-甲基丙烯酸二乙氨基乙酯(M_2)共聚时，反应介质的 pH 值变化，会引起单体酸离解度发生变化，进而改变竞聚率值。例如，pH=1时，$r_1=0.98$，$r_2=0.90$；而 pH=7.2 时，$r_1=0.08$，$r_2=0.68$，可见，pH 值对竞聚率影响颇大。

在某些共聚体系中，加入一些盐类，会使共聚反应向交替共聚方向移动。如甲基丙烯酸甲酯-苯乙烯，在 50℃下以偶氮二异丁腈作为引发剂，竞聚率 $r_1r_2=0.212$，当加入一定量氯化锌后，r_1r_2 值会下降至 0.014，反应趋向于交替共聚。

四、共聚物组成曲线类型

共聚物组成方程是共聚物瞬时组成与单体组成之间的函数关系式，可以用相应的组成曲线简便而清晰地表示。若已知共聚单体的竞聚率 r_1、r_2，则可以利用式(4-10a)计算得到与一定单体组成f_1 值相对应的 F_1 值。当以f_1 为横坐标、F_1 为纵坐标作图时，可得到共聚物组成曲线 F_1-f_1。通过共聚物组成曲线可以形象地显示出，瞬时共聚物中两种单体单元比随单体组成比变化而变化的关系。根据竞聚率数值的不同，可将共聚物组成曲线分为几种不同类型。

（一）交替共聚($r_1r_2=0$)

$r_1r_2=0$ 时，两种单体的共聚合为交替共聚。

极端情况下，$r_1=r_2=0$，表明两种链自由基只能加上异种单体，即两种单体只能共聚，很难均聚。在交替共聚物中两个单体单元交替排列，严格相间，这时，共聚物组成方程变为 $\frac{d[M_1]}{d[M_2]}=1$ 或 $F_1=\frac{1}{2}$。说明不管单体组成怎样变化，共聚物中 M_1、M_2 单体单元各占50%，并且不随反应进行而改变。其 F_1-f_1 为图4-1中的水平线。

若 $r_1\neq0$，$r_2=0$，表明链自由基～～～$M_2^{\cdot}$ 只能加上 M_1 而不能与 M_2 反应，这时，共聚物组成方程为：

$$\frac{d[M_1]}{d[M_2]}=1+r_1\frac{[M_1]}{[M_2]}$$

或

$$F_1=\frac{r_1f_1+f_2}{r_1f_1+2f_2}。$$

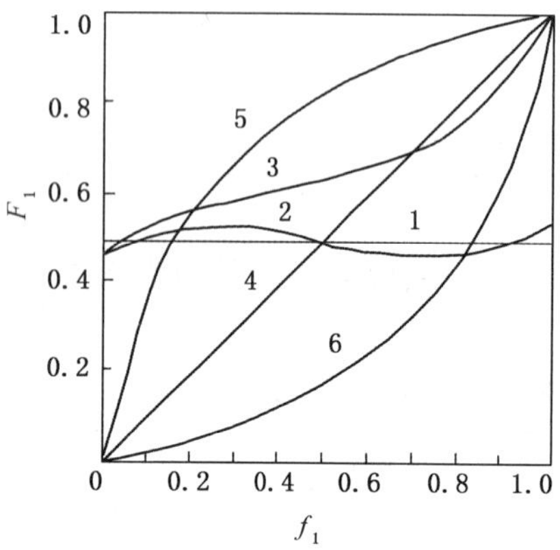

图4-1 交替及理想共聚组成曲线

1—$r_1=0$，$r_2=0$； 2—$r_1=0.01$，$r_2=0.01$；
3—$r_1=0.5$，$r_2=0$； 4—$r_1=r_2=1$
5—$r_1=5$，$r_2=0.2$； 6—$r_1=0.2$；$r_2=5$

当 M_2 过量很多时，即 f_1 比较小，若 $r_1<1$，则 r_1f_1 值很小，可忽略不计，则上两式可简化成 $\frac{d[M_1]}{d[M_2]}\approx1$ 或 $F_1\approx\frac{1}{2}$，表明此时共聚合反应接近形成交替共聚物。若单体 M_1 和 M_2 的量相差不多时，则 $F_1>\frac{1}{2}$。60℃下苯乙烯($r_1=0.01$)-顺丁烯二酸酐($r_2=0$)的共聚及甲基丙烯酸甲酯($r_1=12.5$)-氯乙烯($r_2=0$)的共聚均属于这种类型。

（二）理想共聚($r_1r_2=1$)

当 $r_1r_2=1$ 时，两种单体的共聚合为理想共聚。

极端的情况为 $r_1=r_2=1$，两种链自由基的均聚和共聚能力相同，这时，共聚物组成方程可简化为 $F_1=f_1$。即共聚时，不论单体配比与转化率怎样变化，共聚物组成始终等于单体组成，相应地，共聚物组成曲线为恒比对角线，见图4-1中曲线4。这种共聚称作理想恒比共聚，四氟乙烯($r_1=1.0$)-三氟氯乙烯($r_2=1.0$)的共聚属于这种情况。

一般地，由 $r_1r_2=1$，得 $r_2=1/r_1$，这时，共聚组成方程变为 $\frac{d[M_1]}{d[M_2]}=r_1\frac{[M_1]}{[M_2]}$，共聚物瞬时组成是单体组成的 r_1 倍。r_1 取不同值的共聚物组成曲线见图4-1中曲线5、6。这类共聚物组成曲线不与恒比对角线相交，但与另一对角线成对称状。60℃下丁二烯($r_1=1.39$)-苯乙烯($r_2=0.78$)的共聚，68℃下甲基丙烯酸甲酯($r_1=10$)-氯乙烯($r_2=0.1$)的共聚都属于这一类。

（三）非理想共聚($r_1r_2<1$)

1. 有恒比点

当 $r_1<1$、$r_2<1$ 时，这时共聚物组成曲线与恒比对角线相交，交点处共聚物瞬时组成等于单体组成，这一点称作恒比点。由于这时 $\frac{d[M_1]}{d[M_2]}=\frac{[M_1]}{[M_2]}$，代入式(4-9)，得到恒比点处共聚

物中单体组成比即单体配比，均为：

$$\frac{d[M_1]}{d[M_2]}=\frac{[M_1]}{[M_2]}=\frac{1-r_1}{1-r_2} \tag{4-12}$$

或

$$F_1=f_1=\frac{1-r_2}{2-r_1-r_2} \tag{4-12a}$$

苯乙烯($r_1=0.41$)–丙烯腈($r_2=0.04$)共聚，丁二烯($r_1=0.3$)–丙烯腈($r_2=0.02$)共聚均属于恒比点共聚。

若$r_1=r_2<1$，代入式(4-11a)，则恒比点组成为$F_1=f_1=\frac{1}{2}$，相应的组成曲线以恒比点为对称点，见图4-2中曲线1，苯乙烯($r_1=0.84$)–丙烯腈($r_2=0.83$)共聚属于这种情况。

如果共聚反应原料配比采用恒比组成，那么共聚物瞬时组成将恒等于单体组成，这种情况称为恒比共聚。采用这种方法可以合成预定组成的共聚物。

2. 无恒比点

当$r_1>$，$r_2<1$时，单体M_1的活性较M_2大，在共聚物中M_1单体单元含量相对较高，此时共聚物组成曲线不与恒比对角线相交，而处于该对角线的上方，见图4-2中曲线3。若$r_1<1$，$r_2>1$，情况恰好相反。属于这一类型的例子较多，如60℃下丙烯腈($r_1=2.7$)–氯乙烯($r_2=0.04$)的共聚，50℃下氯乙烯($r_1=0.12$)–丙烯酸甲酯($r_2=4.4$)的共聚等。

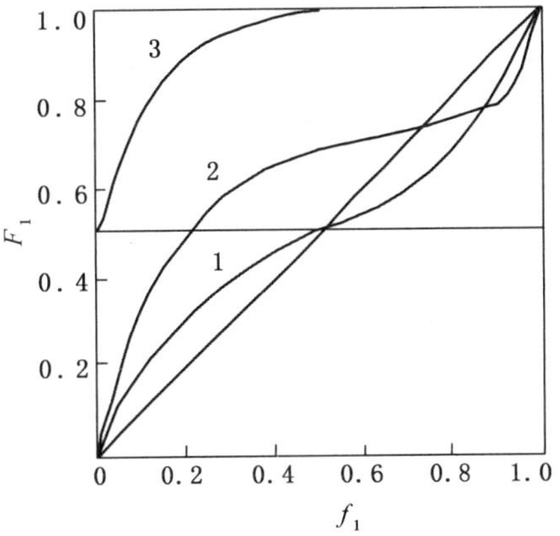

图4-2　非理想共聚组成曲线

1—$r_1=r_2=0.5$；　2—$r_1=0.41$，$r_2=0.04$；　3—$r_1=55$，$r_2=0.01$

若$r_1\gg1$，$r_2\ll1$，说明两种单体活性相差较大，例如苯乙烯($r_1=55$)–醋酸乙烯酯($r_2=0.01$)共聚，应属于这一类。但实际上，由于活性差得较大，聚合前期，主要是含有少量醋酸乙烯酯单元的聚苯乙烯，聚合后期，产物则是纯聚醋酸乙烯酯，共聚的结果，几乎是两种均聚物的混合物。

(四)嵌段共聚

当$r_1>1$，$r_2>1$时，表明两种链自由基都易与同种单体反应，有可能形成嵌段共聚物。但在自由基共聚中，这种情况较少，并且，两种单元嵌段链长取决于r_1和r_2值的大小，但都不可能太长，所以较难制得商品嵌段共聚物。

这种类型的共聚物组成曲线与$r_1<1$、$r_2<1$的类似，但位置和形状刚好相反。

第三节　共聚物组成与转化率的关系

一、共聚物组成方程的积分

共聚物组成微分方程式是瞬时组成方程式，适用于单体浓度微量变化的情况，比如较低转化率时。当转化率增高时，除恒比共聚外，共聚物瞬时组成与单体组成不同，且两者都随着转化率变化。由于共聚单体活性不同，活性高的单体在聚合反应中转化较多，而活性低的单体转化较少，所以，随着反应转化率的不断提高，单体组成不断改变，相应的共聚物组成也不断改变。在工业生产中，单体转化率大都在50%以上，共聚产物组成往往不均一，形成组成分布，下面由共聚物组成曲线来分析这一变化。

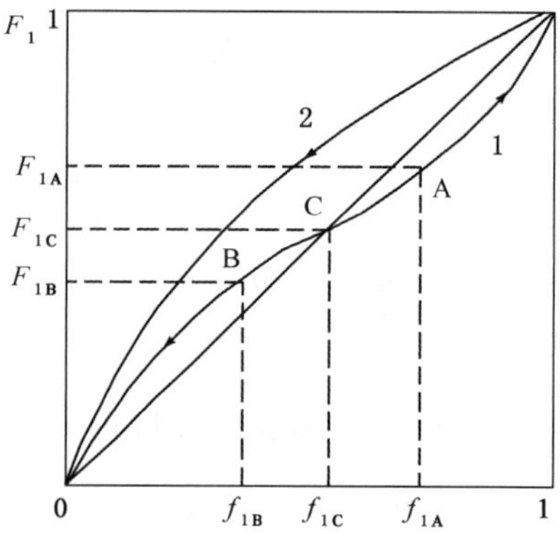

图 4-3　共聚物瞬时组成的变化方向

对于 $r_1<1$，$r_2<1$ 的共聚体系，共聚物组成曲线 F_1-f_1 如图 4-3 中的曲线 1。当原料配比为恒比组成时，随着反应转化率的增加，共聚组成为恒比组成，相应的未反应单体组成仍为恒比组成，两者均不随转化率而改变。如果单体初始配比在 A 点，即为 f_{1A}，反应起始共聚物组成应为 F_{1A}，由于 $F_{1A}<f_{1A}$，表明所消耗的单体组成总是小于未反应单体组成，随着反应进行，剩余单体组成就要大于 f_{1A}。同时，F_{1A} 也随着 f_{1A} 的逐渐增加而增大，即从 A 点沿箭头方向逐渐改变。图中 B 点的情况与 A 点恰好相反，随着反应转化率增加，单体组成 f_{1B} 逐渐变小，共聚物组成 f_{1B} 也逐渐减小。这两种情况下，聚合结果将得到组成不均一的共聚产物。图 4-3 中曲线 2 为 $r_1>1$，$r_2<1$ 共聚体系，随着反应进行，共聚物组成 F_1 总是大于单体组成 f_1，即沿着曲线上箭头方向变化。为了定量地描述组成随转化率变化关系，需要建立单体组成、共聚物瞬时组成、平均组成与转化率、原料配比之间的函数关系式。

首先，定义共聚反应中单体转化率为共聚反应消耗的单体总量占起始单体总量的百分比，即：

$$C=\frac{M^0-M}{M^0}=1-\frac{M}{M^0} \tag{4-13}$$

式中　C——共聚单体转化率；

M^0——单体起始物质的量，$M^0=M_1^0+M_2^0$；

M——一定转化率下未反应单体总物质的量，$M=M_1+M_2$。

一定转化率下共聚产物的平均组成 $\overline{F}_1$ 为转化为共聚物的某种单体(M_1)物质的量与单体总转化物质的量之比，即：

$$\overline{F}_1=\frac{M_1^0-M_1}{M^0-M} \tag{4-14}$$

将式(4-13)代入式(4-14)，整理后得：

$$\overline{F}_1=\frac{f_1^0-(1-C)f_1}{C} \tag{4-15}$$

式(4-15)反映了共聚物平均组成与单体起始组成、单体瞬时组成及转化率之间的定量关系。要使式(4-15)关系更明确，应进一步建立 f_1 与 C 的定量关系，需要对共聚物组成方程进行积分，最常用的是 Skeist 积分方法。

假设二元共聚反应进行到某一时刻，转化率为 C，体系中两单体的总物质的量为 M，单体 M_1 的摩尔分数为 f_1，对应的共聚物瞬时组成为 F_1，且 $F_1>f_1$。此时如果有 dM 摩尔单体进行了共聚反应，则瞬时共聚物中单体单元 M_1 的物质的量为 F_1dM，剩余单体中 M_1 的物质的量为$(M-\mathrm{d}M)(f_1-\mathrm{d}f_1)$。对 M_1 在这一反应瞬间作物料衡算，即：

$$Mf_1=F_1\mathrm{d}M+(M-\mathrm{d}M)(F_1-\mathrm{d}f_1)$$
$$=F_1\mathrm{d}M+Mf_1-F_1\mathrm{d}M-M\mathrm{d}f_1+\mathrm{d}M\mathrm{d}f_1 \qquad (4-16)$$

略去二阶无穷小项 $\mathrm{d}M\mathrm{d}f_1$，上式经整理可以写成：

$$\frac{\mathrm{d}M}{M}=\frac{\mathrm{d}f_1}{F_1-f_1}$$

将上式积分，积分上、下限从转化率为零到转化率 C，

$$\int_{M^0}^{M}\frac{\mathrm{d}M}{M}=\ln\frac{M}{M^0}=\int_{f_1^0}^{f_1}\frac{\mathrm{d}f_1}{F_1-f_1} \qquad (4-17)$$

将式(4-10a)的 F_1-f_1 关系代入式(4-17)，进行直接积分，得到下列结果：

$$C=1-\left[\frac{f_1}{f_1^{\ 0}}\right]^2\left[\frac{f_2}{f_2^{\ 0}}\right]\left[\frac{f_1^{\ 0}-\delta}{f_1-\delta}\right]^\gamma \qquad (4-18)$$

式中

$$\alpha=\frac{r_2}{1-r_2} \qquad \beta=\frac{r_1}{1-r_1}$$

$$\gamma=\frac{1-r_1r_2}{(1-r_1)(1-r_2)} \qquad \delta=\frac{1-r_2}{2-r_1-r_2} \qquad (4-19)$$

联立式(4-15a)、式(4-15)、式(4-18)，就可以建立 f_1、F_1、$\overline{F}_1$ 与 C 间的函数关系。尽管式(4-18)比较复杂，但对于一些特殊情况，如 $r_1=r_2=0$，$r_1=r_2=1$ 时，均可以简化。又如对于 $r_1>1$，$r_2<1$ 的共聚体系，在常用的单体组成 $f_1=0.6\sim1.0$ 范围内，F_1-f_1 近似值线关系，代入式(4-17)，比较容易积分得出 C-f_1 关系式。

例 2　丁二烯($r_1=1.39$)-苯乙烯($r_2=0.78$)共聚时，常采用的单体配比 f_1 为 0.7 左右。试推导 $f_1=0.6\sim1.0$ 范围内，共聚物和单体组成与转化率的定量关系式。

解：将 r_1、r_2 值代入共聚组成微分方程(4-10a)，得：

$$F_1=\frac{1.39f_1^{\ 2}+f_1f_2}{1.39f_1^{\ 2}+2f_1f_2+0.78f_2^{\ 2}}$$

在 $f_1=0.6\sim1.0$ 范围内，取不同 f_1 值，并计算得相应的 F_1 值，见下表。

f_1	0.6	0.7	0.8	0.9	1.0
F_1	0.67	0.76	0.85	0.93	1.0

相应的共聚组成曲线在 $f_1=0.6\sim1.0$ 范围内近似为直线，经拟合为：

$$F_1=0.77f_1+0.17$$

将 F_1-f_1 关系式代入式(4-17)，并积分，得：

$$\ln\frac{M}{M_0}=\ln(1-C)=\int_{f_1^0}^{f_1}\frac{\mathrm{d}f_1}{0.17-0.23f_1}$$

$$=4.3\ln\left(\frac{0.74-f_1^{\ 0}}{0.74-f_1}\right)$$

$$C=1-\left(\frac{0.74-f_1^{\ 0}}{0.74-f_1}\right)$$

根据上述组成与转化率关系式，可以进一步作出 f_1、F_1、$\overline{F}_1$ 与 C 之间的关系曲线。例

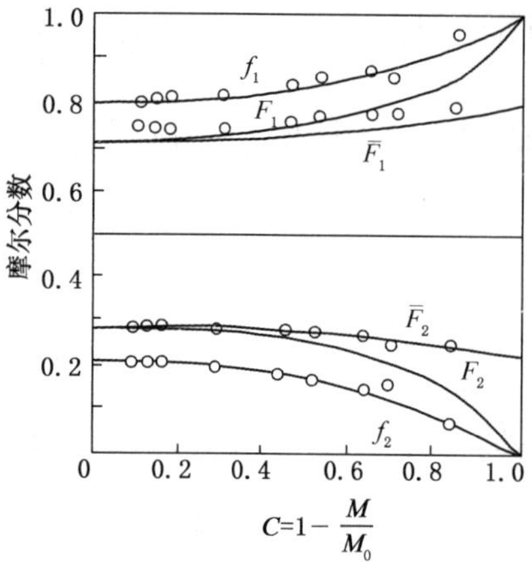

图 4-4 单体和共聚物组成随转化率变化曲线
苯乙烯(M_1)-甲基丙烯酸甲酯(M_2)
$r_1=0.53$，$r_2=0.56$，$f_1^{\ 0}=0.80$，
$f_2^{\ 0}=0.20$，中间水平线为恒比组成：
$f_1=F_1=\overline{F}_1=0.484$

如，苯乙烯-甲基丙烯酸甲酯共聚物组成与转化率关系曲线如图 4-4 所示。

从图 4-4 中可看出，苯乙烯($r_1=0.53$)-甲基丙烯酸甲酯($r_2=0.56$)的共聚合为有恒比点的非理想共聚合。当配料组成在恒比点处，则 $\overline{F}_1=F_1=f_1=f_1^{\ 0}$，共聚物组成不随转化率而变。当配料组成偏离恒比组成较多时，见图中 $f_1^{\ 0}=0.8$，$f_2^{\ 0}=0.2$ 的组成变化曲线，随着转化率的增高，共聚物的瞬时组成也逐渐变化，共聚产物将是组成不均一的共聚物的混合物。

为了更好地说明共聚物组成分布的情况，再举出苯乙烯($r_1=0.30$)-反丁烯二酸二乙酯($r_2=0.07$)共聚体系，利用式(4-17)进行数值积分，可以作出共聚物瞬时组成随转化率变化曲线，如图 4-5。从图 4-5 可看出，在恒比共聚时，$f_1^{\ 0}=0.57$，共聚物的瞬时组成相同，均为 $F_1=0.57$(曲线 6)；当原料组成在恒比点附近，如 0.5 或 0.6(曲线 3 或 4)，转化率不超过 90%时，共聚物组成变化不大，分布较集中；当原料配比离恒比点较远，如 $f_1^{\ 0}=0.8$(曲线 5)，组成不一的共聚物大分子各占一定比例，分布较宽。因此，要获得组成均一的共聚物，必须采用适当方法进行控制。

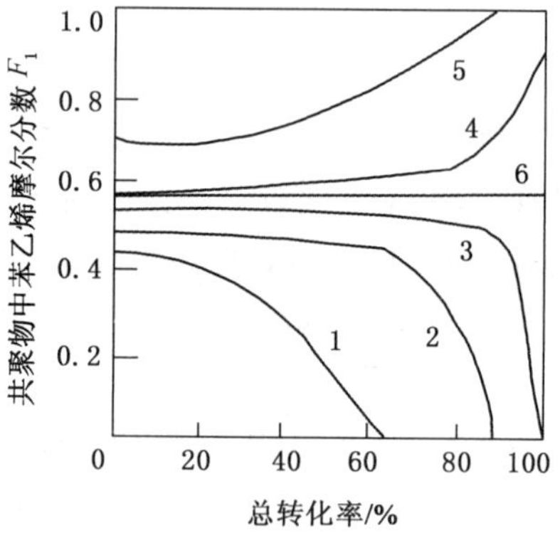

图 4-5 苯乙烯($r_1=0.30$)-反丁烯二酸二乙酯($r_2=0.07$)共聚物瞬时组成与转化率关系曲线
$f_1^{\ 0}$ 值：1—0.20；2—0.40；3—0.50；4—0.60；5—0.80；6—0.57，恒比组成

二、共聚物组成的控制

根据前面的分析，除了恒比共聚或交替共聚外，共聚物组成将随单体配料比和转化率而改变，因而对于共聚物组成的控制也需从这两方面考虑。

1. 严格控制单体的配料比

有恒比点的共聚体系，如苯乙烯($r_1=0.53$)-甲基丙烯酸甲酯($r_2=0.56$)，苯乙烯($r_1=0.4$)-反丁二烯二乙酯($r_2=0.04$)等，若配料比在恒比点，组成不随转化率变化，可以得到组成均一的共聚物。或者，配料比在恒比点附近，若转化率不超过 90%，共聚物组成也比较均一。因此，通过严格控制单体的配料比，可以得到理想的组成均一的共聚物。然而，若所需配料比偏离恒比点较远，就很难得到组成均一的共聚物。这时，可以采用以下方法。

2. 严格控制转化率

选定共聚物所需的适宜单体配比后，通过控制最终转化率，也可达到使共聚物组成均一的目的。如苯乙烯-甲基丙烯酸甲酯共聚时，工业生产中配料比 $f_1^{\ 0}=0.8$ 左右，如能控制反应最终转化率不超过 60%，则可得到组成比较均一的共聚物。实际上，即使对于无恒比点的共聚体系，如氯乙烯($r_1=1.68$)-醋酸乙烯酯($r_2=0.23$)共聚，工业应用中对共聚物的要求是以氯乙烯为主，醋酸乙烯酯含量仅为3%～15%，因而当单体配料中氯乙烯含量很大时，将转化率控制在90%以下，组成分布也比较窄。如果共聚情况与上述情形不同，比如需要进一步提高转化率或者原料中活泼单体(氯乙烯)含量较低时，可以采用下面方法控制共聚物组成。

3. 补加活泼单体

当单体配比偏离恒比组成较多，且要求达到的转化率不能过低时，必须陆续补加活性较大的单体，以保持体系中单体组成不变，达到共聚物组成均一的目的。特别是对于 $r_1>1$，$r_2<1$ 的共聚体系，如偏二氯乙烯($r_1=6$)-氯乙烯($r_2=0.1$)共聚时，由于 M_1 单体消耗快，随着反应进行，单体组成将变化很大，必须连续补加单体 M_1，以保证共聚产物中 M_1 单元的含量，获得组成比较均一的共聚物。

三、共聚物微观结构和链段分布

以上讨论的共聚物瞬时组成、平均组成和组成分布问题，是从宏观角度描述两种单体单元在二元共聚中的数量关系。若从共聚物大分子微观结构看，除了严格的交替共聚和嵌段共聚外，在无规共聚物中，同一个大分子内两种单体单元 M_1、M_2 的排列是不规则的。在一个大分子内由相同单体单元构成的一段分子链称为链段，其中单元数目称为链段长，不同长度的链段在大分子链中的相对比例，即为链段分布。链段分布与共聚物瞬时组成分布具有不同意义。例如对于 $r_1=10$，$r_2=0.1$ 的理想共聚体系，当某一瞬时单体配比为 1∶1 时，可以由式(4-9)计算出共聚物瞬时组成为 10，即共聚物中两单体单元 M_1、M_2 的数目比为 10∶1。但从大分子内单元排列情况看，并不表明这个大分子是由 $10M_1$ 链段和 $1M_2$ 链段相间组成，实际上各种长度的链段都可能存在，并按一定概率分布。

链段分布可以运用概率论方法导出相应的分布函数。以二元共聚为例，其增长反应机理见式(4-1)～式(4-4)。

自由基 $M_1^{\bullet}$ 形成 $M_1M_1^{\bullet}$ 和 $M_1M_2^{\bullet}$ 的概率分别表示为：

$$p_{11}=\frac{R_{11}}{R_{11}+R_{12}}=\frac{k_{11}[M_1^{\bullet}][M_2]}{k_{11}[M_1^{\bullet}][M_1]+k_{12}[M_1][M_2]}=\frac{r_1[M_1]}{r_1[M_1]+[M_2]} \tag{4-20}$$

$$p_{12}=1-p_{11}\frac{[M_2]}{r_1[M_1]+[M_2]} \tag{4-20a}$$

同理，$M_2M_2^{\bullet}$ 和 $M_2M_1^{\bullet}$ 的生成概率分别为：

$$p_{22}=\frac{r_2[M_2]}{[M_1]+r_2[M_2]} \tag{4-21}$$

$$p_{21}=1-p_{22}=\frac{[M_1]}{[M_1]+r_2[M_2]} \tag{4-21a}$$

若要形成长度为 x 的 xM_1 链段，可以看成在 $M_2M_1^{\bullet}$ 链自由基之后，连续加上$(x-1)$个 M_1 单元，再接上一个 M_2 单元，因此，生成～～ $M_2\underbrace{M_1M_1\cdots\cdots M_1}_{x}M_2$ ～～链段的概率$(p_{M_1})_x$ 应为：

$$(p_{M_1})_x=p_{11}{}^{x-1}p_{12}=p_{11}{}^{x-1}(1-p_{11}) \tag{4-22}$$

显然，生成 xM_2 链段的概率为：

$$(p_{M_2})_x = p_{22}^{\ x-1} p_{21} = p_{22}^{\ x-1}(1-p_{22}) \tag{4-23}$$

式中　x——整数1，2，3等。

式(4-22)和式(4-23)表明，形成 xM_1 或 xM_2 链段的概率是单体组成和 r_1 或 r_2 的函数。这两式称作链段序列数量分布函数。

xM_1 链段的数均长度 $\overline{N}_{M1}$ 是不同长度 M_1 链段的数量平均值，即是大分子中平均每段中应含有的 M_1 单元个数。

$$\overline{N}_{M_1} = \sum_{x=1}^{x} x(p_{M_1})_x = \frac{1}{1-p_{11}} = 1 + r_1 \frac{[M_1]}{[M_2]} \tag{4-24}$$

同理

$$\overline{N}_{M_2} = \sum_{x=1}^{x} x(p_{M_2})_x = \frac{1}{1-p_{22}} = 1 + r_2 \frac{[M_2]}{[M_1]} \tag{4-25}$$

大分子内的单元分布，即 xM_1 链段中的 M_1 单元数占 M_1 单元总数的百分率，也可以用下式表示。

$$\frac{x(p_{M_1})_x}{\sum x(p_{M_1})_x} = xp_{11}^{\ x-1}(1-p_{11})^2 \tag{4-26}$$

同理

$$\frac{x(p_{M_2})_x}{\sum x(p_{M_2})_x} = xp_{22}^{\ x-1}(1-p_{22})^2 \tag{4-27}$$

这样，在已知单体竞聚率及单体配比的情况下，就可以利用上述公式计算链段分布及单体单元分布等。

以 $r_1=5$、$r_2=0.2$ 的理想共聚体系为例，设 $[M_1]/[M_2]=1$，按式(4-20)计算得 $p_{11}=5/6$，代入式(4-22)计算出各种长度链段的分布函数值，例如 $1M_1$ 段、$2M_1$ 段、$3M_1$ 段……的概率或百分数分别为16.7%、13.9%、11.5%……，其分布曲线见图4-6a。从链段分布曲线看，随着 xM_1 段的链长增加，链段的形成概率越小。同样，利用式(4-26)可计算出 M_1 单元分布函数值，相应的分布曲线见图4-6b，从分布曲线b可知，形成 $5M_1$ 或 $6M_1$ 段的 M_1 单元占全部 M_1 单元的百分数最大。由式(4-24)和式(4-25)可计算出链段数均长度 $\overline{N}_{M_1}=6$，$\overline{N}_{M_2}=1.2$。

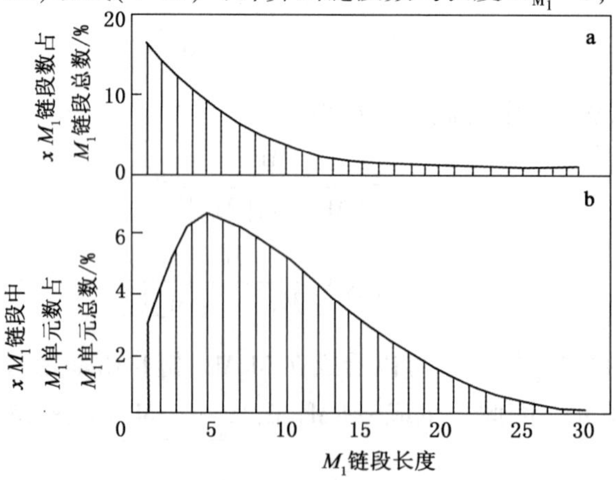

图4-6　共聚物链段分布(a)和单元分布(b)

$r_1=5$，$r_2=0.2$，理想共聚体系

需要指出的是，某一共聚物中一大分子和另一大分子内单体单元的序列分布并不完全相同，只有当聚合度大于 5000~10000 后，分子间序列分布才比较接近。

第四节　单体的活性和自由基活性

从表 4-2 可知，不同单体对之间进行共聚反应，竞聚率值各不相同，有些能够均聚的单体之间却不能共聚，表明单体和自由基的相对活性是不一样的。在均聚反应中，由增长速率常数的大小很难比较单体和自由基的活性。例如苯乙烯的 $k_p=145$，醋酸乙烯酯的 $k_p=2300$，不能断定苯乙烯的活性低，实际上，苯乙烯单体活性大于醋酸乙烯酯，而两种自由基的活性正相反。因此，只有进行共聚合反应研究才能判断出单体和自由基的相对活性。

一、单体的相对活性

当两种单体与同种自由基进行反应时，才能比较单体的相对活性。单体竞聚率可以帮助判断相对活性的大小。具体地看，竞聚率的倒数 $\frac{1}{r_1}=\frac{k_{12}}{k_{11}}$，表示 M_2 和 M_1 单体与同一自由基 $M_1^{\cdot}$ 反应能力之比。因此，选定某一单体 M_1，测出一系列单体 M_2 与之反应的 r_1 值，取倒数就可以比较这些 M_2 单体的相对活性。表 4-5 列出了一些乙烯基单体的相对活性，即 $\frac{1}{r_1}$。

表 4-5 中每一列数值代表了不同单体与同一自由基反应的相对活性，例如第一列为各种单体与丁二烯自由基反应的相对活性，但表中横行数据的比较是没有意义的。

从表 4-5 可以看出，除个别单体由于交替效应引起偏离之外，各单体的活性自上而下逐渐降低，乙烯基单体 $CH_2═CHX$ 的活性次序可归纳如下：

X：C_6H_5—，CH_2═CH— > —CN，—COR > —COOH，—COOR > —Cl > —OCOR，—R>—OR，—H

表 4-5　乙烯基单体的相对活性($1/r_1$)

单　体	链自由基						
	丁二烯	苯乙烯	醋酸乙烯酯	氯乙烯	甲基丙酸酸甲酯	丙烯酸甲酯	丙烯腈
丁二烯	1.0	1.7	—	29	4	20	50
苯乙烯	0.4	1.0	100	50	2.2	6.7	25
甲基丙烯酸甲酯	1.3	1.9	67	10	1.0	2	6.7
甲基乙烯酮	—	3.4	20	10	—	1.2	1.7
丙烯腈	3.3	2.5	20	25	0.82	—	1.0
丙烯酸甲酯	1.3	1.4	10	17	0.52	1.0	0.67
氯乙烯	0.11	0.059	4.4	1.0	0.10	0.25	0.37
醋酸乙烯酯	—	0.019	1.0	0.59	0.050	0.11	0.24

二、自由基的相对活性

各种自由基与同种单体反应时，才可以比较自由基的相对活性。交叉增长速率常数 k_{12} 可以帮助衡量自由基的相对活性大小。选定单体 M_2，当 $M_1^{\cdot}$ 为不同自由基时，得到一系列 k_{12} 值，就可以比较 $M_1^{\cdot}$ 自由基的相对活性。因为 $r_1=k_{11}/k_{12}$，若测出单体 M_1 均聚时链增长反应速率常数，即 k_{11}，则 $k_{12}=k_{11}/r_1$。表 4-6 列出了常见链自由基-单体反应的 k_{12} 值。

表 4-6　链自由基-单体反应的 k_{12} 值　(L·mol)·s^{-1}

单　体	链　自　由　基						
	丁二烯	苯乙烯	甲基丙烯酸甲酯	丙烯腈	丙烯酸甲酯	醋酸乙烯酯	氯乙烯
丁二烯	100	246	2820	98000	41800	—	357000
苯乙烯	40	145	1550	49000	14000	230000	615000
甲基丙烯酸甲酯	130	276	705	13100	4180	154000	123000
丙烯腈	330	435	578	1960	2510	46000	178000
丙烯酸甲酯	130	203	367	1310	2090	23000	209000
氯乙烯	11	8.7	71	720	520	10100	12300
醋酸乙烯酯	—	2.9	35	230	230	2300	7760

在表 4-6 中，由每一横行数据可知，不同自由基与同一单体反应的相对活性，从左向右依次增大，而每一纵列数据反映了单体的相对活性，从上向下依次减小。可以看出，自由基的活性次序与单体的活性次序刚好相反，活性大的单体，如苯乙烯，其自由基活性最小，而醋酸乙烯酯，单体活性最小，但其自由基却最活泼。但取代基对单体和自由基活性影响的程度是不一样的，例如苯乙烯单体活性比醋酸乙烯酯的大 50~100 倍，而醋酸乙烯酯自由基的活性却比苯乙烯自由基的大 100~1000 倍。因此，醋酸乙烯酯均聚速率常数要比苯乙烯的大。由此可见，取代基对自由基活性的影响要比对单体活性的影响大得多。

三、单体和自由基活性的结构因素

乙烯类单体中，取代基的共轭效应、极性效应、位阻效应既影响单体的活性，又影响自由基的活性。

1. 共轭效应

乙烯类单体 $CH_2{=}CHX$ 在聚合过程中转变为自由基时，取代基 X 与自由基中独电子发生共轭作用，导致独电子离域性增加，生成自由基的稳定性增大，取代基的这个作用称为共轭效应。取代基的共轭效应是影响单体和自由基活性的主要因素。取代基共轭稳定效应越大，由单体生成的自由基越稳定，即该单体的活性也越大。反过来看，生成的自由基越稳定，其进一步反应的活性就越小。因此，取代基对自由基活性影响的次序与对单体活性影响的次序恰好相反。或者说，单体活性与其相应的自由基的共轭稳定性相一致。

苯芳基或乙烯基的 π 电子易于流动，其与独电子发生共轭效应最大，使自由基最为稳定，因而苯乙烯和丁二烯单体最活泼。—CN、—COOH、—COOR 等取代基对乙烯自由基也有一定共轭效应，所以丙烯腈、丙烯酸及其酯类的自由基也比较稳定，相应的单体比较活泼。相反，卤素、乙酰基、醚键等基团的共轭作用非常小，所以氯乙烯、醋酸乙烯酯等单体的活性很小，而相应的自由基非常活泼。

共轭效应的大小影响单体和自由基相对活性的强弱，进一步可决定聚合反应速率的快慢。这是因为无论均聚或共聚的链增长反应，其反应速率常数都取决于两个因素：一是单体的活性，二是自由基的活性。通常，有共轭稳定和无共轭稳定的单体和自由基间有四种增长反应：

$$R^{\cdot} + M \longrightarrow R^{\cdot}$$

$$R^{\cdot} + M_s \longrightarrow R_s^{\cdot}$$

$$R_s^{\cdot} + M_s \longrightarrow R_s^{\cdot}$$

$$R_s^{\cdot} + M \longrightarrow R^{\cdot}$$

下标 s 表示有共轭效应，无 s 表示无共轭效应。例如，苯乙烯单体(S)和自由基(~~~S ·)分别是 M_s 和 $R_s^{\cdot}$，醋酸乙烯酯单体(VAc)和自由基(~~~VAc˙)分别是 M 和 $R^{\cdot}$，则苯乙烯(S)和醋酸乙烯酯(VAc)之间的反应可表示如下：

$$\left.\begin{aligned} &\sim\!\!\sim S^{\cdot} + S \xrightarrow{k_{11}} \sim\!\!\sim S-S^{\cdot} \quad k_{11}=176 \\ &\sim\!\!\sim S^{\cdot} + VAc \xrightarrow{k_{12}} \sim\!\!\sim S-VAc^{\cdot} \quad k_{12}=3.2 \end{aligned}\right\} r_1=55$$

$$\left.\begin{aligned} &\sim\!\!\sim VAc^{\cdot} + VAc \xrightarrow{k_{22}} \sim\!\!\sim VAc-VAc^{\cdot} \quad k_{22}=3700 \\ &\sim\!\!\sim VAc^{\cdot} + S \xrightarrow{k_{21}} \sim\!\!\sim VAC-S^{\cdot} \quad k_{21}=370000 \end{aligned}\right\} r_1=0.01$$

反应速率常数值取自表 4-5 和表 4-6。

以上反应的速率常数的大小次序为：

$$R_s^{\cdot} + M < R_s^{\cdot} + M_s < R^{\cdot} + M < R^{\cdot} + M_s$$

显然，均聚时无共轭作用取代基的单体聚合速率快，有共轭作用取代基的单体聚合速率慢，如醋酸乙烯酯均聚速率大于苯乙烯均聚速率；都具有共轭取代基的两单体之间，或者都没有共轭取代基的两单体之间容易进行共聚，有共轭取代基的单体与无共轭取代基的单体，将由于 $R_s^{\cdot}+M$ 反应大大慢于 $R_s^{\cdot}+M_s$ 反应，而难于进行共聚。例如，当苯乙烯和醋酸乙烯酯共聚时，会得到含苯乙烯均聚链段为主的嵌均共聚物；当醋酸乙烯酯单体均聚时，若加入少量的苯乙烯，会使聚合速率大大下降。

2. 极性效应

在乙烯类单体和自由基活性次序(表 4-5 和表 4-6)中，某些极性单体，如丙烯腈，会处于反常情况。这是因为取代基还有另一作用，即使烯类单体的双键极化，其中，推电子基团使之呈负电性，吸电子基团使之呈正电性。含推电子基团的单体与含吸电子基团的单体之间易进行共聚，并形成交替共聚物。取代基的这一作用称为极性效应。

按照单体双键极性的大小，可将单体排列于表 4-7 中。带有推电子基团的单体位于表左上方，带有吸电子基团的单体位于表的右下方。两单体在表中的位置距离越远，表明极性相差越大，竞聚率 r_1r_2 乘积越趋近于零，两单体交替倾向越强。顺丁烯二酸酐、反丁烯二酸二乙酯等单体很难均聚，却容易与极性相反的单体，如乙烯基醚类、苯乙烯等发生共聚。特别地，反二苯基乙烯(负电性)与顺丁烯二酸酐(正电性)两单体都不能均聚，却能很好地共聚。

3. 位阻效应

取代基的大小、数目及位置对单体和自由基的活性会有影响，这个效应称为位阻效应。表 4-8 列出了二、三、四取代乙烯与几种链自由基反应的增长速率常数 k_{12}。

表 4-7　自由基共聚中 r_1r_2 值[①]

单体	乙烯基醚类[②](-1.3)[③]	丁二烯(-1.05)	苯乙烯(-0.80)	醋酸乙烯酯(-0.22)	氯乙烯(0.20)	甲基丙烯酸甲酯(0.40)	偏二氯乙烯(0.36)	甲基乙烯基酮(0.68)	丙烯腈(1.20)	反丁烯二酸二乙酯(1.25)
丁二烯(-1.05)										
苯乙烯(-0.80)		0.98								
醋酸乙烯酯(-0.22)			0.55							
氯乙烯(0.20)		0.31	0.34	0.39						
甲基丙烯酸甲酯(0.40)		0.19	0.24	0.30	1.0					
偏二氯乙烯(0.36)		<0.1	0.16	0.6	0.96	0.61				
甲基乙烯基酮(0.68)			0.10	0.35	0.83		0.99			
丙烯腈(1.20)	0.0004	0.006	0.016	0.21	0.11	0.18	0.34	1.1		
反丁烯二酸二乙酯(1.25)	~0		0.021	0.0049	0.056		0.56			
顺丁烯二酸酐(2.25)	~0.002		0.006	0.00017	0.0024	0.11				

①r_1r_2 值计算自表 4-2。

②乙基、异丁基或十二烷基乙烯基醚。

③括号内为 e 值。

对单取代烯类单体，一般不需考虑空间位阻效应。1,1-二取代单体的两个取代基处于同一碳原子上，链增长过程中单体按“头-尾”方式结合，位阻效应也不明显。但由于两取代基的共轭效应及电子效应加强，自由基的稳定性将增加，相应的单体活性也将增加。从表 4-8 中可知，偏二氯乙烯活性比氯乙烯活性增加 2~10 倍。

对 1,2-二取代单体，由于两取代基处于不同碳原子上，位阻效应比较显著，而自由基的稳定性变化不大，因此，1,2-二氯乙烯不能均聚，却可以与位阻很小的单体进行共聚。从表 4-8 看出，1,2-二氯乙烯的活性比氯乙烯降低了 2~20 倍。

比较顺 1,2-二氯乙烯和反 1,2-二氯乙烯的情况可知，反式的活性比顺式高 6 倍。这主要是由于顺式结构中取代基比较拥挤，不能与双键共平面，难以形成共轭稳定的自由基，因而单体活性较低。然而，顺丁烯二腈则由于其顺式结构呈平面构型，其活性与反式异构体很接近。

三氯乙烯、四氯乙烯的位阻较大，一般不能均聚。从表 4-8 中共聚数据看，三氯乙烯的活性比 1,2-二氯乙烯两种异构体的要高，但比偏二氯乙烯的低。四氯乙烯的活性则不及三氯乙烯。这和氯乙烯与 1,2-二氯乙烯之间的差别是相似的。氟原子的体积很小，没有位阻效应，结果四氟乙烯和三氟氯乙烯都能均聚，也能共聚。

表 4-8　自由基-单体反应速率常数　　(L · mol) · s^{-1}

单　体	链　自　由　基		
	醋酸乙烯酯	苯乙烯	丙烯腈
氯乙烯	10100	8.7	720
偏二氯乙烯	23000	78	2200
顺 1,2-二氯乙烯	370	0.60	
反 1,2-二氯乙烯	2300	3.9	
三氯乙烯	3450	8.6	2.9
四氯乙烯	460	0.70	4.1
顺丁烯二腈		624	
反丁烯二腈		754	

四、*Q-e* 方程

竞聚率是共聚反应的重要参数，与单体和自由基的活性密切相关。而单体和自由基的相对活性取决于单体取代基的共轭效应、极性效应及位阻效应，即结构因素。因此，希望建立起描述结构和活性关系的定量方程式，进一步估算单体竞聚率。在众多关联式中应用最广泛的是 Alfrey 和 Price 提出的 *Q-e* 方程，在综合考虑了共轭效应和极性效应对自由基和单体活性影响的基础上，将共聚交叉增长速率常数表示成：

$$k_{12}=P_1Q_2\exp(-e_1e_2) \tag{4-28}$$

其他三种增长反应速率常数为：

$$k_{11}=P_1Q_1\exp(-e_1^2) \tag{4-28a}$$

$$k_{22}=P_2Q_2\exp(-e_2^2) \tag{4-28b}$$

$$k_{21}=P_2Q_1\exp(-e_1e_2) \tag{4-28c}$$

式中　P_1、P_2——自由基 $M_1\cdot$、$M_2\cdot$ 共轭效应的一般量度；

Q_1、Q_2——单体 M_1、M_2 共轭效应的一般量度；

e_1——单体 M_1 及其自由基 $M_1\cdot$ 极性的一般量度；

e_2——单体 M_2 及其自由基 $M_2\cdot$ 极性的一般量度。

单体竞聚率可表示为：

$$r_1=\frac{k_{11}}{k_{12}}=\frac{Q_1}{Q_2}\exp[-e_1(e_1-e_2)] \tag{4-29}$$

$$r_2=\frac{k_{22}}{k_{21}}=\frac{Q_2}{Q_1}\exp[-e_2(e_2-e_1)] \tag{4-30}$$

将上述两式相乘，得：

$$r_1r_2=\exp[-(e_1-e_2)^2] \tag{4-31}$$

或

$$\ln(r_1r_2)=-(e_1-e_2)^2 \tag{4-31a}$$

一般情况下，将苯乙烯作为基准单体，规定其 $Q=1.0$，$e=-0.8$，由实验测得 r_1、r_2，代入式(4-29)、式(4-30)中，可求出另一共聚单体的 Q、e 值。常见单体的 Q、e 值列于表 4-9 中。

表 4-9　常见单体 Q、e 值

单　体	Q	e
丁二烯	2.39	-1.05
丙烯酸	1.27	0.77
苯乙烯	1.00	-0.80
α-甲基苯乙烯	0.98	-1.27
甲基丙烯酸甲酯	0.74	0.40
甲基乙烯基酮	0.69	0.68
反丁烯二酸二乙酯	0.61	1.25
丙烯腈	0.60	1.20
丙烯酸甲酯	0.42	0.60
顺丁烯二酸酐	0.23	2.25
偏氯乙烯	0.22	0.36
叔丁基乙烯基醚	0.15	-1.58
氯乙烯	0.044	0.20
乙基乙烯基醚	0.032	-1.17
醋酸乙烯酯	0.026	-0.22
异丁基乙烯基醚	0.023	-1.77

利用 $Q-e$ 方程，可以在没有竞聚率实验数据的情况下，由表 4-9 中的 Q、e 值计算竞聚率，也可以由实验测定的竞聚率来计算 Q、e 值。但由于 $Q-e$ 关联式中没有考虑位阻效应，且竞聚率的实验测定有一定误差，因而从理论和实验两方面来看，这种计算会产生偏差。例如，从某一单体与不同单体共聚后测得的竞聚率，来计算该单体的 Q、e 值，结果会不尽相同，表 4-9 中的 Q、e 值即是一个平均的结果。即便如此，$Q-e$ 方程仍不失为简便有价值的关联式。

Q、e 值除了计算单体竞聚率外，还可以预测单体共聚的情况。Q 值大小代表共轭效应的强弱，Q 值越大，单体活性越大，相应的自由基也越稳定。通常 $Q>0.2$ 称为共轭单体，$Q<0.2$ 称为非共轭单体。e 值代表单体的极性，吸电子基团使烯烃双键带正电性，e 为正值；推电子基团使烯烃双键带负电性，e 为负值；单体的极性效应越大，e 的绝对值越大。以 Q 值为横坐标，e 为纵坐标，将各单体的 Q、e 值标在图 4-7 中。一般，横坐标值相差大的单体，也即 Q 值相差较大的单体难以共聚，如苯乙烯($Q=1.0$)和醋酸乙烯酯($Q=0.026$)单体。而纵坐标相差较大，也即 e 值相差较大的单体，如苯乙烯($e=-0.80$)和顺丁烯二酸酐($e=2.25$)，易形成交替共聚物。另外，Q、e 值相近的两种单体可以进行理想共聚，比如苯乙烯-丁二烯共聚。这可以通过计算竞聚率判断，当 $e_1\approx e_2$，则 $r_1r_2\approx 1$，显然为理想共聚；若同时 $Q_1\approx Q_2$，则 $r_1\approx r_2\approx 1$，就成为理想恒比共聚。

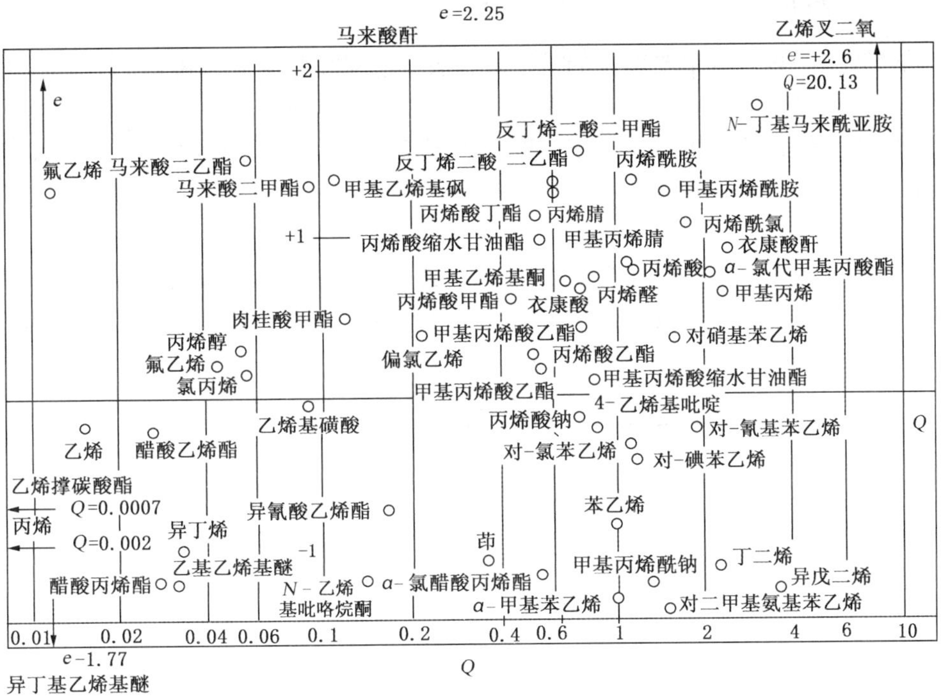

图 4-7　*Q-e* 图

第五节　典型共聚物

前面比较详细地介绍了共聚合反应的基本原理。事实上，在生产实践中，通过二元和多元共聚合方法已经合成出品种繁多、性能优良、用途广泛的聚合物，表 4-10 中列出了一些典型例子。

表 4-10　典型共聚物及其性能

共 聚 物	主 单 体	第二单体	改进的性能及用途
EVA	乙烯	40%醋酸乙烯酯	增加韧性；塑料和改性材料
丁苯橡胶	丁二烯	25%苯乙烯	增加强度；通用合成橡胶
丁腈橡胶	丁二烯	26%丙烯腈	增加极性；耐油、耐低温合成橡胶
SAN 树脂	苯乙烯	24%丙烯腈	提高抗冲强度，增韧塑料
氯醋树脂	氯乙烯	13%醋酸乙烯酯	增加塑性和溶解性，塑料、涂料
MMA-S 共聚物	甲基丙烯酸甲酯	10%苯乙烯	改善流动性和加工性，塑料
F-46 树脂	四氟乙烯	六氟丙烯	增加柔性，特种橡胶
腈纶树脂	丙烯腈	7%丙烯酸甲酯	改善柔软性，合成纤维

作为共聚合应用的实例，下面介绍两种较常见的共聚物，丁苯橡胶(BS)和聚苯乙烯-丙烯腈(SAN)树脂。

一、丁苯橡胶

在合成橡胶中一直占有主要地位的是丁苯橡胶，它是由丁二烯(BD)和苯乙烯(S)通过自由基乳液共聚合而制得的。它的主要用途是制造轮胎及其他橡胶制品，所以属于大量应用的通用合成橡胶。另外，还有用量也比较大的橡胶浸渍制品、涂料及胶黏剂等，它们不需要先从胶乳再加工成生胶，而是直接应用胶乳得到上述橡胶制品，因此，丁苯胶乳也是合成胶乳中的一个重要品种。

丁二烯与苯乙烯在配料质量比为 7∶3 左右，进行乳液聚合，得到丁苯共聚物胶乳。丁苯橡胶有二类：一类是高温丁苯或称为 SBR 热胶，也就是在较高温度(50℃左右)下聚合的；另一类是低温丁苯或 SBR 冷胶，是在低温(5℃左右)下聚合的，如表 4-11 所示。

表 4-11　丁苯橡胶聚合工艺条件示例

项　目	热　胶	冷　胶
丁二烯(1)	71(质量比)	70(质量比)
苯乙烯(2)	29	30
r_1	1.4	1.38
r_2	0.5	0.64
温度/℃	50	5
转化率/%	72	60

作为丁苯橡胶，转化率一般为 60%~75%，不超过 75%，见表 4-11 中的数据。从丁二烯和苯乙烯的竞聚率来看，r_1 比 r_2 要大得多，也就是丁二烯远较苯乙烯来得活泼，因此，共聚物所含有的丁二烯百分含量总是比配料中的要大。例如，若配料 BD∶S 为 72∶28(质量比)，开始所得共聚物组成比大致为 BD∶S=78∶22；随着转化率升高，单体组成中 BD 量逐渐减少，而 S 量逐渐增大；当转化率为 60%时，共聚物组成中 S 大约为 24%；若转化率继续升高，则组成变化较大。作为通用橡胶的组成一般规定 S 含量为 22%~25%，因此转化率不宜过大。

从共聚物的结构看，要尽量得到线型聚合物以便进一步加工，如果转化率超过 70%，将出现较多的支化甚至交联结构，因此，一般转化率控制在 60%~70%范围内，并且要加入一定量的调节剂。由于乳液共聚合能得到较多的 1,2-结构，侧链带有双键，所以更容易支化。共聚物中丁二烯部分同时含有反式 1,4-结构和顺式 1,4-结构，还有 1,2-结构，所以是无规共聚结构，上述三种链节结构可表示如下：

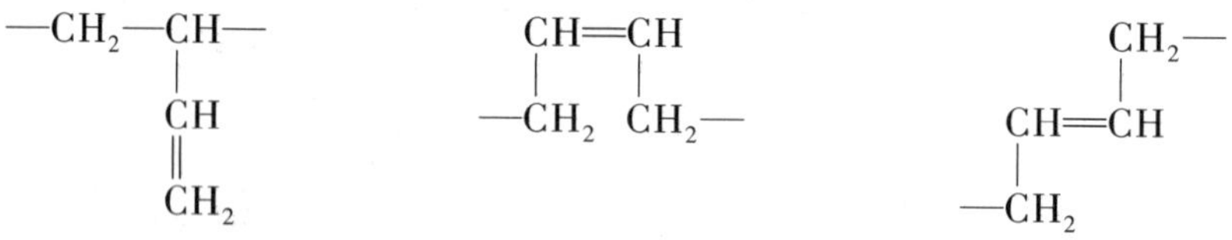

1,2-结构　　1,4-顺式结构　　1,4-反式结构

由于这种无规共聚结构的存在，丁苯橡胶即使在拉伸情况下也不出现结晶，不同于天然橡胶在拉伸时出现结晶而使自身增强，所以丁苯橡胶需要填料来增强。除此之外，丁苯橡胶的耐气候性、耐高温及低温性能都比较好，因此早已成为世界范围内年产量最大的合成橡胶品种。

二、苯乙烯-丙烯腈共聚物

苯乙烯和丙烯腈经自由基共聚合，可得到无色透明的热塑性 SAN 树脂。工业上 SAN 树脂一般可采用本体法、悬浮法或乳液法制得，其中最佳的聚合工艺是本体聚合法。进行聚合时必须注意：在60℃时，苯乙烯 $r_1=0.4$，丙烯腈 $r_2=0.04$，由于两种单体竞聚率相差较大，所以只有在恒比组成时，才能制得组成均一的共聚物。在聚合温度为130~180℃的范围内，苯乙烯与丙烯腈的配比应控制在(75~77)∶(23~25)。如不按照此配比，则聚合物组成与残余单体混合物的组成随着转化率增高会有很大差异，结果共聚物组成表现出很大的非同一性，从而使共聚物的性质大为恶化。从实践得知，共聚物中含有30%(质量)丙烯腈时，则透明度、冲击强度、抗拉强度及抗弯强度等性能都比较好。若共聚物中苯乙烯的质量分数为0.7，则起始配比中苯乙烯的质量分数应该为0.65左右，同时控制转化率不能超过80%左右，以保证共聚物组成比较均一。另外，由于在130~180℃聚合时，体系黏度颇高，可加入少量惰性溶剂，借以改善移热效果。

悬浮聚合与乳液聚合工艺问题较多，如丙烯腈单体在水中的溶解度高达百分之几，这就使水相与油相的组成不断变化，不仅所得产品的分子量分布较宽，其组成分布也不均一，明显影响了树脂的实用性能。

SAN树脂作为一种增韧塑料，具有与聚苯乙烯一样的加工性能，制品尺寸稳定。由于其内含有丙烯腈，所以其共聚物具有较高的刚性。特别对非极性物质如汽油、煤油和其他芳香化合物，具有较高的化学稳定性。它的机械性能超过通用级聚苯乙烯，具有优良的透明性、抗冲强度和耐划伤性，长期耐光性和对温度的稳定性良好。SAN可注射和挤出成型，还能吹塑，主要用作家电配件、仪表盘、透镜、电器零件等。

习　　题

1. 根据大分子微观结构，共聚物可分为哪几种类型？各种类型聚合物的结构特点如何？在这些聚合物的名称中，单体的前后位置有何规定？

2. 试用动力学法推导二元共聚物组成微分方程，说明该方程的适用范围。

3. 当 $r_1=r_2=1$；$r_1=r_2=0$；$r_1>0$，$r_2=0$；$r_1r_2=1$ 等特殊情况下，$d[M_1]/d[M_2]=f([M_1]/[M_2])$，$F_1=f(f_1)$ 函数关系如何？

4. 两单体进行理想共聚、恒比共聚、理想恒比共聚和交替共聚的必要条件如何？试各举一例说明。

5. 画出下列各对竞聚率的共聚物组成曲线示意图，并说明其特征。当 $f_1=0.5$ 时，低转化率阶段的 F_1 约为多少？

r_1	0.05	0.01	0	2	0.2
r_2	0.05	0	0	0.5	5

6. 分子量为72、53的两单体进行共聚，实验数据如下：

单体中 M_1 质量分数/%	20	25	50	60	70	80
共聚物中 M_1 质量分数/%	25.5	30.5	59.5	69.5	78.6	86.4

试用斜率截距法求竞聚率 r_1、r_2。

7. 两单体的竞聚率 $r_1=0.20$，$r_2=0.5$，若 $f_1^0=0.50$，转化率 $C=50\%$，求共聚物的平均组成。

8. 控制共聚物组成可以采用哪些方法？各适用于什么情况？举例说明。

9. 丙烯腈和丁二烯共聚生产丁腈橡胶，反应温度为40℃，丙烯腈(M_1)和丁二烯(M_2)的配料比为47∶53(质量比)。已知 $r_1=0.02$，$r_2=0.3$，若采取混合单体一次投料，并在高转化率下停止反应，试讨论所得共聚物组成的均匀性。

10. 苯乙烯(M_1)与甲基丙烯酸甲酯(M_2)在60℃进行自由基共聚，已知 $r_1=0.52$，$r_2=0.46$，两单体均聚增长速率常数分别为176和367L/(mol·s)。

(1)计算共聚时交叉增长速率常数；

(2)比较两单体和两链自由基的反应活性的大小；

(3)作出此体系的 F_1-f_1 曲线；

(4)要制备组成均一的共聚物，可采取什么方法？

11. 由 Q、e 值计算苯乙烯-丙烯腈和苯乙烯-丙烯酸甲酯的竞聚率。

12. 甲基丙烯酸甲酯、丙烯酸甲酯、顺丁烯二酸酐、丙烯腈、苯乙烯、醋酸乙烯酯等单体分别与丁二烯共聚，试以交替倾向排列次序，并说明理由。

本章小结

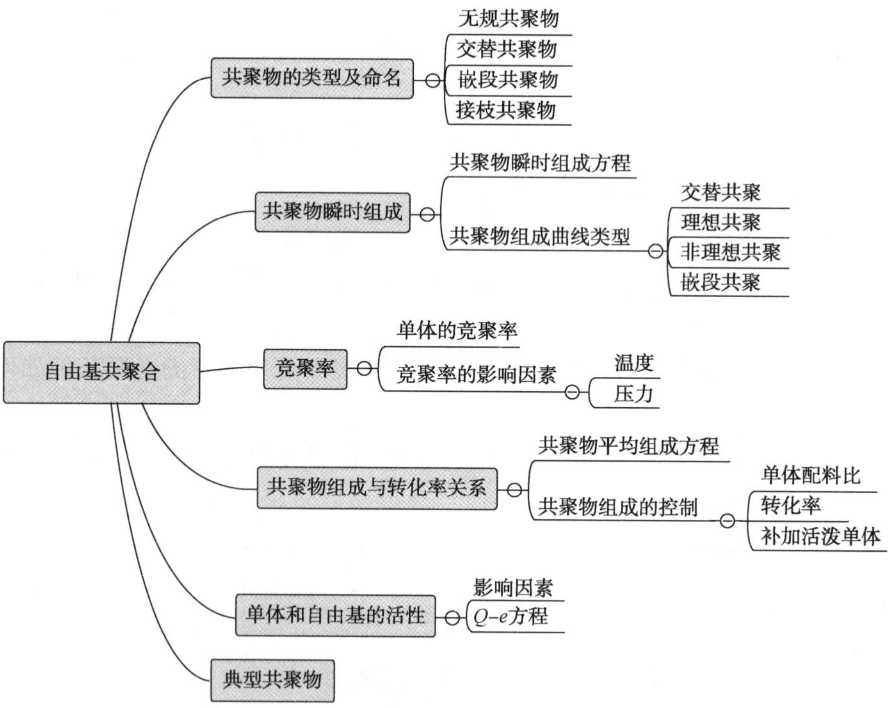

第五章 聚合方法

知识目标：

1. 掌握本体、溶液、悬浮、乳液四种聚合方法的含义和优缺点；
2. 理解聚合物乳液聚合机理；
3. 能说出典型聚合物的聚合实施方法及原理。

自由基聚合常用的实施方法有本体聚合、溶液聚合、悬浮聚合及乳液聚合等四种。若按单体在聚合介质中的溶解分散情况来划分，本体和溶液聚合属均相体系，悬浮及乳液聚合为非均相体系。若按聚合物在其单体或溶剂中的溶解情况，本体、溶液及悬浮聚合都还有均相聚合和非均相聚合之分。例如，聚苯乙烯可溶于单体苯乙烯及溶剂苯中，因此苯乙烯的本体、悬浮及在苯中的溶液聚合，聚合体系始终呈均相，称为均相聚合。而聚氯乙烯不溶于单体氯乙烯中，在聚合过程中会从单体中沉淀出来，形成两相，因此，氯乙烯的本体、溶液及悬浮聚合都是非均相体系，即沉淀聚合。

乳液聚合时，单体的聚合在微小的胶束和乳胶粒内进行，按照乳胶粒中聚合物-单体的溶解情况，也有均相与非均相之区别，但实际上并无必要再区分。

以下对这四种聚合方法分别加以阐述。

第一节 本体聚合及其应用实例

一、本体聚合

本体聚合(bulk polymerization)是只有单体本身在引发剂或热、光、辐射的作用下进行的聚合。在本体聚合体系中不含有其他溶剂或分散介质，只在必要时加入少量增塑剂、分子量调节剂、润滑剂、色料等助剂。

本体聚合的优点是，聚合产品纯度高，可以直接聚合成型。本法特别适合于研究工作，如对单体聚合能力的初步鉴定、聚合动力学研究、竞聚率测定等。

它的缺点是，当转化率高时，体系黏度增大，不容易散热，加上凝胶效应，致使放热集中，如果散热不良，会使分子量分布变宽，最终影响聚合物机械强度。严重的会引起爆聚，使产品报废。为克服这些缺点，在生产中可采取以下措施：

(1)在反应进行到较低的转化率时，就分离出聚合物。

(2)在较低温度下反应，并使用较低浓度的引发剂。

(3)改进聚合方法，采用两段聚合。第一阶段预聚合，使转化率在40%以下，此时体系黏度较低，散热容易；第二阶段再送入聚合釜或模型中继续聚合。苯乙烯和甲基丙烯酸甲酯等大都采用两步聚合法。

本体聚合在工业生产中的应用见表5-1所举之例。

表5-1 本体聚合工业生产举例

聚合物	过程要点
聚甲基丙烯酸甲酯(有机玻璃板)	第一段预聚至转化率为10%左右的黏稠浆液，然后浇模分段升温聚合，最后脱模成板材
聚苯乙烯	第一段于80~85℃预聚至转化率为33%~35%，然后流入聚合塔，温度从100℃递增至220℃聚合，最后熔体挤塑造粒
聚氯乙烯	第一段预聚至转化率为7%~11%，形成颗粒骨架，第二段继续沉淀聚合，最后以粉状出料
聚乙烯(高压)	选用管式或釜式反应釜，连续聚合．控制单程转化率约为15%~30%，最后熔体挤塑造粒

二、高压聚乙烯——气相本体聚合

聚乙烯是以乙烯为原料制得的。原料乙烯是由石油或石油馏分裂解、分离、精制而得。

虽然乙烯的聚合热很高(95kJ/mol)，从热力学上分析是能够聚合的单体，但是要真正实现乙烯的聚合，需要比较苛刻的反应条件，如高温和高压。直到齐格勒-纳塔引发剂出现以后，在低压和中压下制备聚乙烯才成为可能。

高压聚乙烯在结构上含有较多的支链，密度较低，为0.92g/cm^{3}左右，又称为低密度聚乙烯。其结晶度较低(55%~65%)、熔点较低(105~110℃)，熔体流动性较好，具有良好的机械强度、电绝缘性、耐磨性、耐辐射性及化学稳定性，而且吸水透气性低、无毒，故在工农业生产上广泛应用，可作包装薄膜、电缆、食品袋，也可吹塑制瓶等。

乙烯本体聚合一般采用连续法，管式或釜式反应器均有采用。生产过程主要有乙烯压缩、聚合、回收乙烯及造粒四个工序。

高压聚乙烯聚合是按自由基连锁反应机理进行的。在反应中也分为链引发、链增长、链终止三个基元反应。

1. 引发反应

高压聚乙烯常用空气或氧为引发剂，也有用过氧化合物的。在高温、高压下氧与乙烯反应生成过氧化物，进而分解成初级自由基，它能与乙烯分子作用生成自由基活性种，进行链引发。引发剂量不能太多，一般不超过0.05%，否则反应太剧烈，温度骤升而发生爆炸。

2. 增长反应

引发产生的自由基活性种具有高度反应活性，与乙烯进行增长反应的速度很快，只有几秒或几十秒，为放热反应。放热主要是在链增长阶段，这时应注意散热，以免反应过分剧烈。高温可促使反应活性增大，高压促使反应物乙烯分子密集，有利于分子间碰撞。

3. 链终止反应

当链增长到一定程度后，链自由基之间的碰撞，可能发生链终止反应。其终止反应方式有两种，歧化终止和偶合终止，两种类型终止反应可同时进行，其比例随反应物和条件而变化。

4. 链转移反应

增长着的自由基在达到一定聚合度后，会发生链转移反应，而大分子链转移的结果产生支链大分子。反应温度愈高，支化程度就愈大，高压聚乙烯每 1000 个 C 原子含有支链数平均为 21 个。聚合物支链愈多，密度愈小，结晶度愈小。

生产过程的影响因素主要有以下几个方面：

（1）引发剂。工业上一般都用氧（或空气）、过氧化物为引发剂。早期管式聚合用氧作引发剂较多，优点是价格便宜，可直接在乙烯进料时加入，因为在 200℃ 以下时，氧是乙烯聚合的阻聚剂，不会在压缩机或乙烯回收系统中引发聚合。缺点是氧引发温度较高，在 250℃ 以上，因此反应温度必须高于 200℃。由于氧是在一次压缩机进口处加入，因此不能用迅速改变引发剂量的方法来控制反应温度。工业上也可用空气作引发剂，但空气中含有惰性气体，如果惰性气体在回收乙烯中循环含量太多，就会影响反应进行，因此要把部分气体放空，或把回收乙烯送至乙烯精制车间进行精制。近年来釜式反应器逐渐采用过氧化物作引发剂，一般选用常压下引发温度为 110~210℃ 的引发剂，如过氧化二叔丁基、过氧化月桂酰。

（2）反应压力的影响。乙烯高压聚合时，增加压力会有利于链增长反应，而对链终止影响不大。因为一般釜式生产压力为 150 ~ 200MPa，管式生产压力高达 300MPa，聚合压力每提高 30MPa，转化率可提高 1%。因为在高压条件下，乙烯被压缩为气密相状态，即提高了乙烯的浓度，有利于提高转化率，提高聚合物平均分子量，见图 5-1。

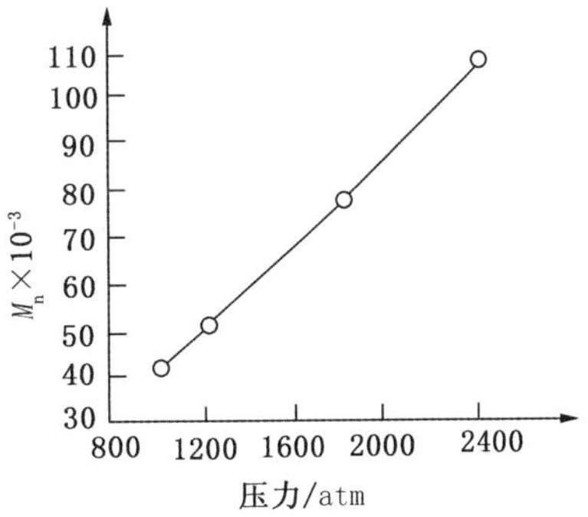

图 5-1　乙烯聚合压力与分子量关系（250℃ 本体聚合；$1atm = 1.01 \times 10^5 Pa$）

（3）反应温度的影响。乙烯聚合时温度是随引发剂种类不同而异的。一般随温度的提高聚合速率增加，但产物的分子量降低。同时由于链转移活化能大于链增长活化能，故升高温度有利于链转移，产物的支链增多，密度降低，结晶度也降低。

（4）调节剂的影响。在工业生产中为了控制聚合物分子量和减少链的支化作用，常加入调节剂。常用的是烷烃、烯、酮、醇、醛类等，工业上常称之为密度调节剂。几种常用调节剂的链转移常数如下：

调节剂	链转移常数
丙　烯	0.0015
丙　醛	0.10
甲　醇	0.0021

如丙烯，它除了起调节分子量作用外，还能使产物短链分子支化程度增加，可调节产物密度，适用于低密度聚乙烯的生产。

丙醛的链转移常数大，能控制短链分子生成，起到使密度上升的结果，适用于高密度聚乙烯的生产。

反应条件对聚乙烯产品性能的影响如表 5-2 所示。

表 5-2　反应条件对聚乙烯产品性能的影响

反应条件		平均分子量	分子量分布密度	短链支化	MI①	密度
压力	↑	↑	—	↓	↓	↑
温度	↑	↓	↑	↑	↑	↓
引发剂用量	↑	↓	↑	↑	↑	↓
调节剂用量	↑	↓	↓	↓	↑	↑

①MI 为熔融指数。

低密度聚乙烯由于乙烯来源方便，价格便宜所以可大规模生产。现在以产量计算，占塑料品种首位，近年来更向大型化方向发展。但是由于是在高压下生产，故对设备耐压性要求高。为了改革高压聚合工艺，而又保留低密度聚乙烯性能，现在常采用丙烯、1-丁烯等进行离子型共聚，即在配位络合引发剂存在下，在低压下进行聚合反应。

三、苯乙烯的热聚合

苯乙烯聚合通常采用本体聚合和悬浮聚合，较少采用乳液聚合。在本体聚合时由于采用的引发方式不同，可以分为热引发聚合、引发剂引发聚合等，本节着重叙述苯乙烯热引发聚合。

因为苯乙烯分子结构上有苯环存在共轭效应，故自由基对苯乙烯的引发反应要比乙烯容易得多，反应时无需高温高压条件。

常用的聚苯乙烯分子量约为 5 万~30 万，玻璃化温度 95℃，密度 1.04~1.065g/cm^3，具有非晶态结构，是典型的硬塑料，其尺寸稳定、透明、电绝缘性能好，容易加工，其抗张强度、抗冲强度、弯曲强度随分子量增大而增加。但聚苯乙烯最大的缺点是质脆，不耐冲击。但可通过与丙烯腈、丁二烯等单体共聚，或聚苯乙烯与丁二烯接枝来提高抗冲强度。聚苯乙烯是聚合物的第三大品种，可用于制造包装薄膜、泡沫制品、家用电器内衬或外壳、容器等。

(一) 苯乙烯热聚合工艺

苯乙烯为沸点 145℃的液体，在贮存和运输过程中，可能发生自聚，所以苯乙烯单体中一般要加阻聚剂如对苯二酚。在聚合前要进行单体的精制，得到纯度为 99.5%的聚合级苯乙烯。

苯乙烯受热时，会形成自由基，加热温度达到 120℃以上时，生成自由基的速率明显增加，因此，可用连续本体热引发聚合。

连续本体热引发聚合生产聚苯乙烯，一般分为预聚、聚合两个阶段进行。预聚采用立式搅拌釜，聚合温度为 80~90℃，控制转化率在 50%左右。这时，由于苯乙烯聚合自动加速效应未出现或刚开始，聚合热可用夹套或蛇管中冷却水带走；由于散热较好，可避免爆聚而影响质量。将预聚得到的黏稠清亮的预聚物，送入聚合塔或釜(如果是釜则由三个釜串联而成)进行第二阶段聚合，反应温度由 100℃逐渐升至 200℃，单程转化率可达 95%以上，物料经挤出、冷却、切粒，即成透明聚苯乙烯粒料，所得产品比较纯净。

（二）聚合反应影响因素

苯乙烯热聚合由热引发产生自由基，但链引发产生的自由基速率很慢，反应系统中自由基的浓度很小，故转化率只能缓慢增大。提高反应温度，可提高聚合速率，增加单体转化率，但同时分子量会下降，见表5-3。

表5-3　温度对苯乙烯热聚合速率及分子量的影响

聚合温度/℃	起始聚合速率/%·h^{-1}	重均分子量 $\overline{M}_w$
60	0.089	2250000
70	0.205	1140000
80	0.462	880000
90	1.02	610000
100	2.15	420000
110	4.25	310000
120	8.5	230000
130	16.2	175000
140	28.4	130000
160		83000

为了克服聚苯乙烯的缺点，近年来聚苯乙烯均聚物增长率逐渐减缓，而共聚物增长率逐渐提高，已开发出阻燃型和耐冲击型聚苯乙烯新品种。

四、丙烯酸酯类聚合

丙烯酸酯类聚合物有聚丙烯酸、聚甲基丙烯酸及其酯类、聚丙烯酰胺、聚丙烯腈等，其中尤以聚甲基丙烯酸甲酯及聚丙烯腈为最重要。

甲基丙烯酸甲酯的聚合方法有本体、溶液、悬浮和乳液聚合等，其中本体聚合和悬浮聚合是最为重要的聚合方法。其间歇式本体聚合可通过浇铸的方法，来制造板、棒、管及其他型材。

甲基丙烯酸甲酯的间歇本体聚合可分成预聚合、聚合及高温后处理三个阶段。这样，便于根据各阶段的特点来控制反应。

预聚合是在带有搅拌的反应釜中，将加入单体、引发剂（过氧化二苯甲酰或偶氮二异丁腈）、增塑剂（邻苯二甲酸二丁酯）、脱模剂（硬脂酸）等反应物，在温度为90～95℃温度下、聚合至转化率为10%～20%，得到黏稠状液体，然后用水冷却，使聚合反应停止。预聚阶段的特点是体系黏度不高，凝胶效应较小，散热容易，因此可在高温下进行。而且聚合至转化率为10%～20%以后，体积已部分收缩，有利于下一阶段的制模浇铸。

第二阶段为聚合反应，将预聚所得黏稠液浆灌入无机玻璃平板模或棒材模中，然后在热空气浴或水浴中加热，反应温度为40～50℃，使之慢慢聚合，直至转化率达90%左右。这一阶段在低温下聚合的目的是，使聚合速率不致过快，散热容易。另外，如果聚合温度过高，则容易产生气泡。高温后处理阶段，一般在90℃左右进行，使残存单体充分聚合。

聚甲基丙烯酸甲酯为无定形聚合物，$T_g=105℃$，其机械强度好，尺寸稳定，透明，耐光、耐候、耐化学药品，但不耐溶剂，可作飞机窗玻璃、标牌、指示灯罩、光导纤维等。

第二节 溶液聚合及其应用实例

一、溶液聚合

溶液聚合(solution polymerization)是将单体溶于某种溶剂中进行聚合的方法。其生成的聚合物一般能溶于溶剂中，聚合体系呈均相。若所用的溶剂仅能溶解单体，而不能溶解聚合物，则生成的聚合物将呈细小的悬浮体从溶液中沉淀析出。

溶液聚合的优点是体系黏度低，聚合热易散发，不会造成局部过热现象；即使溶液浓度较高时，也可避免凝胶现象；分子量分布较窄。

在溶液聚合时，应注意溶剂对聚合反应的影响，有些溶剂的链转移常数较大，不易获得分子量很高的聚合物。溶液聚合的缺点是，由于使用溶剂，起始单体浓度较低，聚合速率相对较慢；当产物必须从溶剂中分离出来时，需要复杂的溶剂回收装置。

二、醋酸乙烯酯溶液聚合

醋酸乙烯酯聚合的方法很多，可以根据产品要求来选择。生产维尼纶所需的聚醋酸乙烯酯是经溶液聚合方法获得的。醋酸乙烯酯溶液聚合，采用甲醇作溶剂，偶氮二异丁腈作引发剂，醋酸乙烯酯与甲醇配比为 80 : 20 左右，聚合温度为 60~65℃，与甲醇-醋酸乙烯酯混合体系的沸点相近，聚合反应热靠甲醇气化、回流冷凝带走。通常采用两个釜串联来完成聚合反应。第一釜反应温度为 60~65℃，转化率达 20%左右；第二釜反应温度为 63~65℃，转化率要求 50%~70%左右。若转化率太高，会引起支化，影响产品质量，最终产物聚合度为 1700~2000。

聚醋酸乙烯酯的甲醇溶液可进一步醇解成聚乙烯醇，合成纤维用聚乙烯醇要求醇解度在 98%以上，分散剂和织物上浆用则要求醇解度 80%左右。

影响反应和产物质量的因素有溶剂、反应温度、转化率。

(1) 溶剂。醋酸乙烯酯溶液聚合，可用苯、甲苯、甲醇、乙醇为溶剂。但在工业上用甲醇作溶剂，因为甲醇的链转移常数较小，得到的聚醋酸乙烯酯溶于甲醇中，不需分离，可直接醇解，简化工艺。

因为甲醇可引起链转移反应，所以其用量会明显影响产物的分子量，生产中可通过调节甲醇用量来控制分子量。

(2) 聚合温度。由于醋酸乙烯酯聚合的各种链转移反应活化能及副反应的活化能，都比链增长反应活化能大，所以随反应温度升高，链转移反应和副反应将加剧，会引起聚合物结构(图 5-2)和性能恶化，所以生产中必须选用适宜温度，并尽量控制温度稳定。

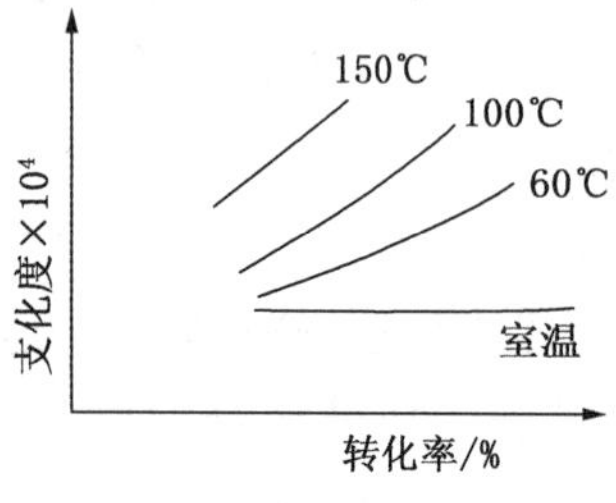

图 5-2 聚合温度、转化率对产物支化度的影响

(3) 转化率。转化率越高，聚合反应进行程度越完全，需要回收的未参加反应单体量越小，但转化率过高，会使产品支化度增加(图 5-2)和分子量分布变宽，影响产物质量。

三、丙烯腈水相沉淀聚合

聚丙烯腈是重要的合成纤维原料，其保暖性好，有人造羊毛之称。

丙烯腈聚合也属于连锁反应的机理，在实际生产中较多采用溶液聚合法。若采用均相溶液聚合，反应完毕后，聚合溶液可以直接使用，如用于纺丝制得腈纶纤维。若采用非均相聚合，在聚合过程中聚合物不断以絮状沉淀析出，聚合物需经处理后，才可作为产品出厂。

这里主要介绍丙烯腈水相沉淀聚合方法。将丙烯腈单体和第二单体如丙烯酸甲酯(可改善纤维的手感)、第三单体如甲基丙烯磺酸钠(可改善纤维的染色性)、引发剂和水，经计量泵打入聚合釜后，用酸(如硝酸)调节反应体系的 pH 值为 2~3.5，在反应釜内反应 1~2h，转化率达 70%~80%。聚合后的淤浆从釜顶出来，带有一定量未反应单体进入碱终止釜终止反应，然后淤浆进入脱单体塔，用水蒸气蒸馏法把单体脱除后，淤浆再经脱水、洗涤、干燥等工序制成制品。

影响聚合反应的因素主要有以下几点。

(1) 引发剂。丙烯腈水相沉淀聚合，一般采用水溶液氧化-还原引发剂体系 $NaClO_3$-Na_2SO_3 或 $K_2S_2O_8$-$NaHSO_3$，其特点是引发剂分解活化能低，聚合温度只有 30~55℃，甚至更低，产品色泽更佳。

(2) 单体浓度。丙烯腈水相沉淀聚合，起始单体浓度高达 15%~40%，因此聚合速率较快，转化率较高，聚合物粒子大小均一。

(3) 聚合温度。反应温度一般控制在 35~55℃，随着反应温度提高，转化率也提高，但聚合物平均分子量降低。另外，温度对聚丙烯腈悬浮粒子大小和聚合体淤浆过滤性能有影响，为了使淤浆过滤速率适宜，温度以 45℃左右为宜，这时小于 3μm 的粒子数量较少，过滤速度较快。

(4) pH 值。酸对氧化-还原引发体系有活化作用，一般要求体系 pH<4，在碱性条件下就不能引发聚合。另外，当采用带有磺酸基团第三单体时，通过控制 pH 值，还能得到颗粒大小均匀的聚合体。

总之，水相沉淀聚合所得产品色泽好，分子量分布窄，所得产物为固体粒子便于运输，缺点是在反应过程中，不能完全避免反应釜结疤。

第三节　悬浮聚合及其应用实例

一、悬浮聚合

悬浮聚合(suspension polymerization)是指溶解有引发剂的单体在激烈搅拌下，以小液滴状悬浮于水中进行的聚合。因为悬浮聚合的单体不溶于水，所以一般采用油溶性引发剂。一个小单体液滴相当于一个本体聚合单元，它在聚合过程中逐渐转化为固体粒子。单体与聚合物共存时，聚合物-单体粒子有黏性，为了防止粒子互相粘结，体系中常加有分散剂，这样在粒子表面可形成保护膜，见图 5-3。因此分散和搅拌是悬浮聚合的两个关键问题。

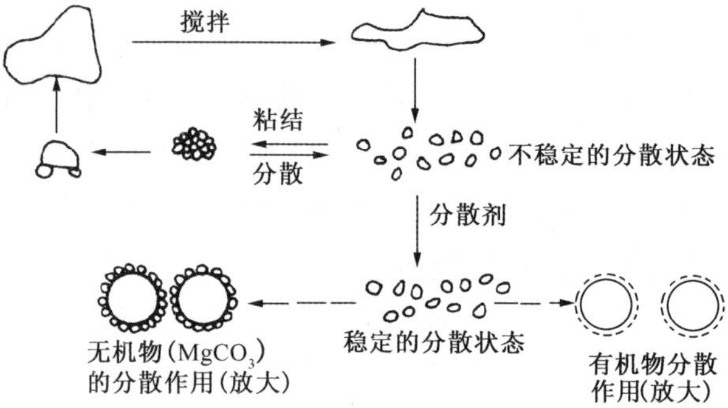

图 5-3 悬浮聚合中的单体液滴分散合并示意图

悬浮聚合产物的粒径在 0.01~5mm 范围(一般为 0.05~2mm)内。粒径在 1mm 左右的也称珠状聚合，在 0.01mm 以下的又称分散聚合。粒径的大小与搅拌强度、分散剂的性质和用量等因素有关。

悬浮聚合优点是，体系黏度低，反应热容易散发，产品分子量及其分布比本体聚合稳定，产品分子量比溶液聚合要高，所得聚合物固体粒子可直接使用。缺点是产品中残留分散剂，要生产透明和绝缘性产品，必须严格控制分散剂残留量。

分散剂可分为水溶性有机高分子如聚乙烯醇、明胶等，以及在水中几乎不溶的无机物如硫酸铁、碳酸钡、碳酸镁等。水溶性分散剂可在单体液滴表面形成一层保护膜，降低界面张力，并使液滴变小。溶于水中的分散剂可提高介质黏度，增加单体液滴碰撞凝聚的阻力，防止粘结。不溶于水的无机粉末会附着在单体液滴的表面，起机械隔离作用，并使颗粒尺寸大小一定，聚合后可淋洗除去。

二、氯乙烯的悬浮聚合

在工业生产上，氯乙烯聚合方法有四种：悬浮聚合、乳液聚合、本体聚合和溶液聚合。由于悬浮聚合成本低，产品质量好，适于大规模生产，是目前聚氯乙烯的主要生产方法。

聚氯乙烯是通用树脂，应用范围很广，既可制备薄膜、人造革、塑料鞋、泡沫塑料等软塑料制品，也可制备板、管、型材等硬塑料制品。

氯乙烯悬浮聚合基本组成是单体、水、油溶性引发剂、分散剂等四个组分，可根据产品用途不同，调节各组分的用量。

聚合时先将水、分散剂、其他助剂、引发剂依次加入聚合釜内，经抽真空或充氮排氧后，再加入单体，升温至预定聚合温度 45~65℃，在聚合过程中温度要保持恒定。达到一定转化率(根据产品要求而定，一般疏松聚氯乙烯转化率为 80%~85%)，结束聚合，回收单体，出料，经洗涤、干燥后即得聚氯乙烯产品。

影响氯乙烯悬浮聚合的因素，主要有以下几个方面。

(1) 单体。单体纯度要求大于99.9%，乙炔含量<0.01%，单体中可能引入的杂质主要是乙炔及其他多氯化合物。一般来说不饱和多氯化物将使聚合速率减慢，并使产物分子量降低，同时也会生成支链聚合物，使产品性能变坏，增加鱼眼(指大分子链彼此缠结成团或有少量交联，使树脂在加工温度下不熔融、塑化，在加工制品中出现未塑化的斑点或透明硬粒)。

微量乙炔会引起阻聚、缓聚，产物平均分子量降低，而且大分子链中含有双键，使产物热稳定性降低。

(2) 水质。对聚合使用的水有一定要求，希望杂质含量低，尤其要控制水中氯根含量，如氯根含量过高，会使树脂颗粒不均匀，鱼眼增多。另外，水中铁离子多，会降低树脂热稳定性；铁离子还会使自由基失活。

(3) 引发剂。常用引发剂为偶氮二异丁腈、过氧化二碳酸二异丙酯、过氧化十二酰、偶氮二异庚腈等，可单独使用，也可合并使用。过氧化十二酰较稳定，便于储存，用它引发聚合得到的聚氯乙烯性能良好，但聚合速率较慢。过氧化二碳酸二异丙酯聚合速率快，缺点是不稳定，储存时易分解引发爆炸，用它作引发剂得到的聚氯乙烯热稳定性差。而过氧化二碳酸二环己酯引发速率和过氧化二碳酸二异丙酯相似，它的热稳定性好，且使产品热稳定性提高。为克服单一引发剂的缺点，生产上常采用两种引发剂合并使用的方法。

(4) 分散剂。工业上常用白明胶、聚乙烯醇、苯乙烯与顺丁烯二酸酐的共聚物。明胶作分散剂，用量过多会引起聚氯乙烯热稳定性变坏，还会影响颗粒形状，如颗粒不疏松、粒度不均匀，鱼眼多。聚乙烯醇可改善聚合物颗粒形状，能得到表面疏松棉花球状多孔树脂，其加工性能良好，热稳定性好，但鱼眼多。苯乙烯-顺丁烯二酸酐共聚物，分散能力强，用量少，得到的产物表面疏松，易塑化，粒度均匀，树脂吸水率较低。它适合于特殊用途，可作药剂或血液的流通管、输血袋等医疗用具。

(5) 介质 pH 值。反应介质的 pH 值对聚合速率及聚合物质量有影响，一般控制 pH 值为 7~8。因为聚合过程中有少量 HCl 放出，会使介质呈酸性，降低悬浮液稳定性，故要加入磷酸盐、焦磷酸钠等起缓冲作用的 pH 调节剂。

(6) 聚合温度。当配料比一定时，聚合物平均分子量取决于聚合温度，因为在氯乙烯聚合过程中，向单体链转移是重要终止方式，所以聚氯乙烯分子量与引发剂浓度无关，仅决定于聚合温度。因此，要根据聚氯乙烯用途严格控制温度。

三、可发性聚苯乙烯

以聚乙烯醇为悬浮剂，用聚苯乙烯珠体制造泡沫塑料，使聚苯乙烯得到了更重要的、广泛的应用。其工艺过程主要分为四步，即石油醚处理、预发泡、熟化和发泡成型。

这里主要介绍石油醚处理。用分子量为 5 万左右的聚苯乙烯，加入水量为聚苯乙烯树脂的 2~3 倍，采用压力为 0.5~0.7MPa，以沸程为 40~60℃ 石油醚作发泡剂，用聚乙烯醇作悬浮剂、用量为水的 2%，在温度约 95℃ 下，搅拌 4h，然后冷却过滤，得到含有石油醚的珠体聚苯乙烯。此珠体聚苯乙烯经预发泡、熟化和发泡成型可得十分有用的产品泡沫塑料。

总之，悬浮聚合法除主要用来生产聚氯乙烯、聚苯乙烯外，还可生产聚甲基丙烯酸甲酯及有关共聚物、聚四氟乙烯、聚三氯乙烯及聚醋酸乙烯酯等。

第四节　乳液聚合及其应用实例

一、乳液聚合

单体在水介质中，由乳化剂分散成乳液状态进行的聚合，称为乳液聚合(emulsion polymerization)。乳液聚合最简单组分有四种：单体、分散介质水、引发剂、乳化剂。乳液聚合主要用来生产丁苯橡胶、丁腈橡胶、氯丁橡胶等合成橡胶及其胶乳以及分散性聚氯乙烯树脂、某些胶黏剂、织物表面处理剂和涂料用乳液等。

(一) 乳液聚合法的优缺点

乳液聚合具有如下的优点：

(1) 以水作介质，安全价廉。

(2) 体系黏度低，传热容易，温度容易控制。

(3) 在本体、溶液和悬浮聚合中，使聚合速率提高的诸因素会使分子量降低，而在乳液聚合中，即使反应速率快，产物分子量也高，并且在低温下聚合反应速率仍很快。

(4) 反应所得聚合物乳液可直接用作涂料、胶黏剂、织物处理剂等。

缺点是产品中残留有乳化剂，会影响产物的电性能。如果要获得固体聚合物，乳液还必须经破乳、洗涤、脱水、干燥等工序，后处理较麻烦。

(二) 乳化剂和乳化作用

单体如苯乙烯、氯乙烯等一般不溶于水或微溶于水，因此，在生产上把单体称为油相，分散介质为水称为水相。在搅拌下油相会分散成液滴，但在搅拌停止后又重新聚集分层。乳化剂会降低表面张力，使单体分散成稳定液滴，同时乳化剂吸附在液滴表面，形成保护层，防止凝聚，这种使油-水分散成比较稳定、长期不分层的乳液的过程称为乳化。

常用的乳化剂有以下几种：

(1) 阴离子乳化剂。阴离子乳化剂中极性基团是阴离子，如$—COO^-$、$—SO_4^-$、$—SO_3^-$，常用的阴离子乳化剂有油酸钾$C_{17}H_{33}COOK$、十二烷基硫酸钠$C_{12}H_{25}Na$、二丁基萘磺酸钠$[(C_4H_9)_2C_{10}HSO_3Na]$等。阴离子乳化剂在碱性溶液中较稳定，因此，乳液聚合时要注意调节pH值，以保证乳液稳定。

(2) 阳离子乳化剂。其极性基团为阳离子，一般为铵盐。如十六烷基季铵盐、氨基酸等。

(3) 非离子乳化剂。它能溶于水中，但不能离解成正、负离子，主要有烷基醇聚氧乙烯醚$[R—(OC_2H_4)_n—OH]$、烷基酚聚氧乙烯醚$[R—C_6H_4(OC_2H_4)_n—OH]$等。这种乳化剂对pH值变化不敏感，比较稳定，但一般不能单独使用。

乳化剂分子的一端含亲水的极性基团，另一端含疏水的非极性基团。

把乳化剂加入油水混合物中，在乳化剂浓度较低时，乳化剂以分子状态溶解于水中，在界面处它的亲水基伸向水层，疏水基伸向空气层。由于乳化剂的溶入，水的表面张力下降，当乳化剂浓度达到一定值后，乳化剂分子开始由 50～150 个聚集在一起，形成直径为 40～50nm 的球状胶束。乳化剂开始形成胶束的浓度，称为临界胶束浓度，简称 CMC（数值约为 0.01%～0.03%）。当乳化剂浓度继续提高时，约 50～150 个乳化剂分子聚集在一起，胶束呈棒状，长度为 100～300nm，直径约为乳化剂分子长度的两倍，见图 5-4。

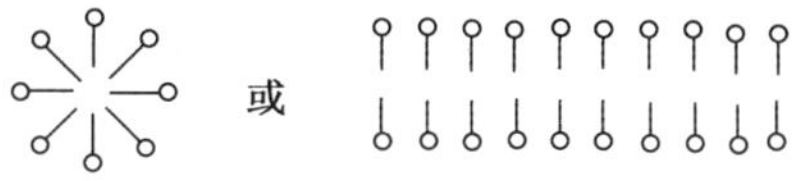

图 5-4　胶束形状示意图

——疏水基；○—亲水基

胶束中的乳化剂分子，其疏水基伸向胶束内部，亲水基伸向水层。当加入单体后，极少部分单体溶于水，小部分单体进入胶束的疏水层中，这个过程叫增溶过程。增溶后胶束体积增大，如球状胶束直径由原来的 40～50nm 增大到 60～100nm，而大部分单体呈液滴状分散在水相中，液滴表面吸附着乳化剂分子。这样形成的乳液是稳定的，即使搅拌停止也长期不分层。所以乳化剂的乳化作用可归纳为如下三个方面：

（1）降低界面张力，有利于单体分散成细小液滴；

（2）吸附在液滴表面形成保护膜，使乳液得以稳定；

（3）增溶作用，使部分单体溶于胶束内。

（三）乳液聚合的场所

乳液聚合使用的是水溶性引发剂，它先在水相中分解成初级自由基，与在水相中溶解的单体相遇，将发生聚合，但由于水中单体浓度极低，增长链在分子量很小时，就将从水相中沉淀出来，停止增长，所以水相溶解的单体对聚合贡献很小，不是乳液聚合的主要场所。

单体液滴也不是聚合场所，原因有两个，其一引发剂是水溶性的，单体液滴中并无引发剂；其二单体液滴体积比胶束大得多，且个数少，所以比表面积小，引发剂在水相中分解的自由基难以扩散到单体液滴中引发聚合。经分析证明，单体液滴中生成的聚合物量约为总量的 0.1%。

绝大部分聚合发生在增溶胶束内，因为油溶性单体和水溶性引发剂可在胶束中相遇，同时，胶束内单体浓度很高，类似于本体单体浓度，比表面积大，提供了自由基扩散进入引发聚合的条件，见图 5-5。

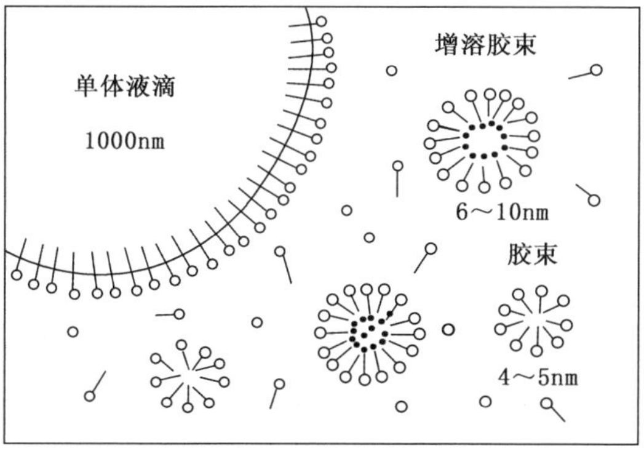

图 5-5　乳液聚合体系示意图

（四）聚合过程

聚合时，水溶性的引发剂分解成自由基后，迅速扩散进入增溶胶束。在此单体与自由基相遇，就会引发单体成为活性种，并继续进行链增长，当有第二个自由基进入时就发生终止反应。随着聚合的进行胶束中单体被消耗，那么水相中单体会不断进入胶束，补充被消耗的单体。并且还会不断吸收水相溶液中自由胶束和包覆在单体液滴上的乳化剂，使体积不断增大，形成聚合物-单体乳胶粒。

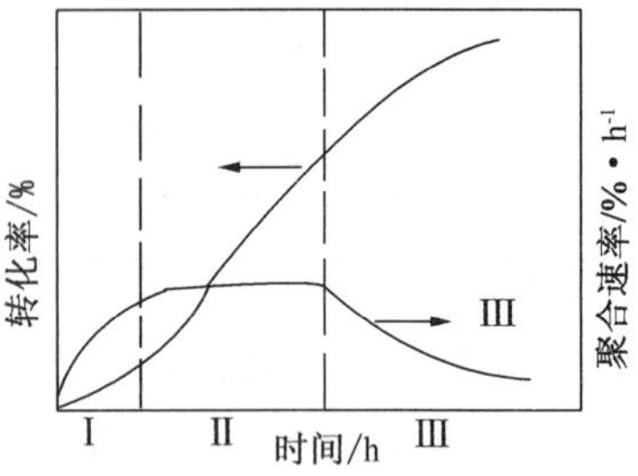

图 5-6　乳液聚合速率曲线示意图

Ⅰ—加速期；Ⅱ—恒速期；Ⅲ—降速期

聚合一般分为三个阶段，见图 5-6。第一阶段是乳胶粒生成期，也称为成核期。在第一阶段乳胶粒数会不断增加，所以聚合速率不断增加。在这一阶段，体系中含有单体液滴、胶束、乳胶粒三种粒子，虽然乳胶粒数不断增加，但液滴数不变，只是体积不断缩小，直到未成核胶束消失，此时，标志着第一阶段消失。这一阶段时间较短，转化率为 2%~15%。

第二阶段是从胶束消失到单体液滴消失，为恒速阶段。胶束消失后，乳胶粒数不变。单体液滴不断向乳胶粒提供单体，在乳胶粒内进行引发、增长、终止反应，乳胶粒增大，最后直径约 50~150nm。此阶段由于乳胶粒数目恒定，胶粒内单体数恒定，因此，聚合速率恒定，并持续到液滴消失为止。此时，转化率可达 60%左右，具体情况根据单体种类不同而异。

第三阶段为降速阶段，单体液滴已消失，乳胶粒内仍进行聚合反应，直到单体完全转化。但由于单体无补充来源，故此阶段聚合速率随乳胶粒内单体浓度降低而降低。

（五）聚合速率和分子量

1. 聚合速率

研究乳液聚合动力学时，主要研究第二阶段的聚合速率。在自由基聚合中，聚合速率可表示为

$$R_p = k_p[M][M^{\cdot}]$$

式中　k_p——聚合速率常数；

$[M]$——单体浓度；

$[M^{\cdot}]$——自由基浓度。

在乳液聚合中，$[M^{\cdot}]$有其新的意义。因为在一个乳胶粒内，当第一个自由基进入胶束内发生聚合成为乳胶粒，直到第二个自由基进入后，才能发生终止反应，所以对一个乳胶粒来说，粒内要么只有一个自由基，要么没有。没有自由基时，乳胶粒内暂时并不发生聚合反应，要等第三个自由基进入后才会继续引发增长。因此，在一个乳胶粒内自由基平均数 $\bar{n}$ 应为$\frac{1}{2}$。两个自由基进入乳胶粒内间隔时间为 10~100s 左右，进行链增长的时间较长，故可得较高分子量的聚合物。而乳胶粒内自由基终止时间仅为 10^{-3}s，1L 乳胶粒内自由基浓度应为：

$$[M^{\cdot}] = \frac{10^3 N}{2N_A}$$

式中 N——恒速阶段乳胶粒浓度，个/mL；

N_A——阿佛加德罗常数 6.02×10^{23}个/mol；

2 ——一半乳胶粒内有自由基。

将[$M^{\bullet}$]代入增长速率方程，得：

$$R_p=\frac{10^3Nk_p[M]}{2N_A} \tag{5-1}$$

2. 平均聚合度

乳液聚合的平均聚合度就等于动力学链长。虽然可以偶合终止，但一条长链自由基和一个初级自由基偶合，聚合物的平均聚合度基本上仍是动力学链长，由式(3-44)得：

$$\overline{X}_n=\frac{r_p}{r_i} \tag{5-2}$$

式中 r_p、r_i——一个乳胶粒的增长速率和引发速率，单位均为 s^{-1}。

考虑一个乳胶粒，其引发速率应为：

$$r_i=\frac{R_i}{N} \tag{5-3}$$

式中 R_i——自由基生成速率或体系中总的引发速率，个/(mL·s)；

N——乳胶粒数，个/mL。

r_i 的含义是一秒钟内进入一个乳胶粒中的自由基数量。

$$r_p=k_p[M][M^{\bullet}]=k_p[M]\times1=k_p[M] \tag{5-4}$$

把式(5-3)、式(5-4)代入式(5-2)，得：

$$\overline{X}_n=\frac{Nk_p[M]}{R_i} \tag{5-5}$$

由以上分析可见，乳液聚合中乳胶粒数 N 是决定聚合速率和分子量的重要因素。提高乳化剂浓度可同时增加聚合速率和聚合度。

二、丁苯乳液聚合

丁苯乳液聚合主要用于丁苯橡胶的生产。

早期采用过硫酸钾为引发剂生产丁苯橡胶，反应温度为 50℃；后来发展了氧化-还原引发体系，反应温度为 5℃。前一工艺生产的丁苯橡胶较硬，后一工艺生产的丁苯橡胶较软，分别称为热丁苯、冷丁苯。目前我国全部采用冷法生产丁苯橡胶。

丁苯橡胶的生产过程主要有原料准备、聚合过程、单体回收、聚合物分离和后处理等工序。

(一)原料准备

1. 单体

丁二烯是易燃、易爆的物质，易自聚。因此在储存运输过程中加有阻聚剂对叔丁基邻苯二酚，生产前应精制，除去阻聚剂及杂质。同样，苯乙烯的纯度要求>99%，也应除去其有害杂质。

2. 反应介质水

应使用去离子的软水，因为 Ca^{2+} 、Mg^{2+} 可能与乳化剂作用生成不溶于水的盐，降低乳化剂的作用及反应速度。水中溶解的氧在低温乳液聚合中可能产生阻聚作用，为了去除氧，应加入占单体量 4%的保险粉(连二亚硫酸钠 $Na_2S_2O_4 \cdot 2H_2O$，具有强还原性)。

3. 乳化剂

采用脂肪酸皂和歧化松香酸皂作乳化剂。

4. 氧化-还原引发体系引发剂

氧化剂为有机过氧化物或水溶性过硫酸盐，例如对蓋烷过氧化氢(CH_3—⟨H⟩—$C(CH_3)_2$—OOH)、异丙苯过氧化氢、过氧化氢、过硫酸钾等。还原剂主要是亚铁盐，如硫酸亚铁，其作用是使过氧化物在低温下分解成自由基，工业上称作活化剂。但随反应进行，pH 值会升高，工业上采用乙二胺四乙酸钠盐(EDTA 钠盐)作螯合剂，使之与 Fe^{2+} 生成水溶性螯合物，因其离解度小，在较长时间内可保持亚铁离子存在。工业生产中也使用雕白块(甲醛亚硫酸氢钠)为副还原剂，使生成的高铁离子还原为亚铁离子。

5. 电解质

用热丁苯工艺条件时，以 $K_2S_2O_8$ 作引发剂，可不加其他电解质。采用冷丁苯工艺时以有机过氧化物为引发剂，需加电解质，常用的有 Na_3PO_4、K_3PO_4、KCl 等，其中磷酸盐还有缓冲剂的作用，因此使用较多。电解质用量为单体的 0.3%~0.5%。

6. 分子量调节剂

用正十二烷基硫醇或叔十二烷基硫醇作为链转移剂，以控制产品的分子量，并抑制支化反应和交联反应。随体系转化率的升高，调节剂浓度下降，丁苯胶乳分子量将增大。因此调节剂不可一次加入反应体系，而应分两次或多次加入。可将分子量调节剂溶解于苯乙烯单体中，再加入聚合釜中。

7. 终止剂

在早期高温聚合中，用对苯二酚作为终止剂，对于氧化-还原引发体系，二硫代氨基甲酸钠可作为有效的终止剂。将终止剂配制成去离子水溶液，在反应物料流出聚合反应釜后连续加于管线中。

(二) 聚合过程

将聚合级的丁二烯与溶有分子量调节剂的苯乙烯，在管线中一起混合，然后与乳化剂混合液(包括乳化剂、电解质、脱氧剂、去离子水)等在管线混合后进入冷却器，使之冷却至10℃，再与活化剂溶液(包括还原剂、螯合剂)进行混合，从第一聚合釜的底部进入聚合系统，氧化剂则直接从底部进入第一聚合釜。聚合系统由 8~12 个聚合釜组成，串联操作。反应物料聚合到规定转化率后，加入终止剂使聚合反应停止。为此，在聚合釜后有数个小型终止釜串联，可根据转化率值在不同位置添加终止剂溶液。

聚合反应的终点主要根据单体转化率和黏度来控制。从终止釜流出的胶乳被卸入胶乳缓冲罐，经过两个不同真空度的闪蒸器回收未反应的丁二烯及苯乙烯，随后与防老剂液及适量的填充油液在混合槽中搅拌混合。经混合的胶乳用泵送到絮凝槽，在此与浓度为 24%~26%的食盐水相遇而破乳成浆状物，再与浓度 0.5%的稀硫酸混合后连续流入胶粒化槽，胶粒经加工处理后即得商品丁苯橡胶。

三、氯乙烯的乳液聚合

（一）一般乳液聚合

乳液聚合法是工业生产聚氯乙烯（PVC）较早的方法，1950 年前后是聚氯乙烯主要的生产方法，后来才发展了悬浮聚合方法。

乳液聚合一般先将乳化剂溶于水中，接着加入单体和引发剂，搅拌成乳液，升温聚合。乳液聚合配方按质量比例大致如下：

氯乙烯	100
水	150~250
乳化剂	1.5~5.0
引发剂	1

聚合温度为 50~55℃，聚合前单体须精制，采用软水，用作乳化剂的有十二烷基硫酸钠、磺化蓖麻油等。引发剂为水溶性的，如 $K_2S_2O_8$、$(NH_4)_2S_2O_8$ 等。采用间歇法、连续法生产均可。乳液聚合的设备大致类同于悬浮聚合的设备。聚合后的乳液可加入电解质进行破乳，最后喷雾干燥得粉末状树脂。

（二）乳液种子聚合——聚氯乙烯树脂糊的生产

1. 概述

一般乳液聚合得到的聚合物微粒粒径在 0.2μm 以下，改变乳化剂种类和用量或改变工艺，虽可使微粒粒径有所增加，但要粒径超过 1μm 则较难实现。为此，可采用乳液种子聚合方法。在乳液聚合体系中如已有生成的高聚物胶乳微粒，当工艺条件恰当时，单体原则上仅在已生成的微粒上聚合，增大原来微粒的体积，而不形成新的微粒。在这种情况下，原来的微粒好似种子，因此称为乳液种子聚合法。

聚氯乙烯应用十分广泛，用不同的成型方法可制得不同形态的制品，有一种性能非常柔软的制品是用“搪塑成型方法”制造的。该法是用高分散性粉状聚氯乙烯树脂加稳定剂等各种添加剂，与调塑剂调成糊状物，再将这类“聚氯乙烯糊”加工成型而得。这里所用的聚氯乙烯原料必须是经乳液种子聚合方法生产而得的高分散性聚氯乙烯树脂，或至少一部分聚氯乙烯树脂是乳液种子聚合方法生产的。

2. 工艺

工业上同时使用两种规格的胶乳作为种子。不加种子经乳液聚合得到的胶乳液称为第一代种子；用第一代种子进一步进行乳液聚合得到的胶乳液为第二代种子。氯乙烯乳液种子聚合配方见表 5-4。

表 5-4　氯乙烯乳液种子聚合配方

原　料		用量/%	原　料		用量/%
单体	氯乙烯	100	乳化剂	十二醇硫酸钠	0.74
反应介质	水	145	氧化剂	过硫酸铵	0.067
种子	第一代	1	还原剂	亚硫酸氢钠	0.025
	第二代	2			

氯乙烯乳液种子聚合常采用间歇法操作。首先在聚合釜中加入一定量的水、种子胶乳以及氧化还原引发剂，用氮气排除空气，先将单体量的1/15加于反应釜中，然后加入一部分乳化剂溶液，升温至50℃，反应半小时后，分批均匀地加入剩余单体和乳化剂溶液，保持反应温度在(50±0.5)℃。反应时间约7~8h，当压力降至50~60kPa时，停止反应，将未反应单体排出，产品胶乳送往乳液储槽，加入热稳定剂，然后送往喷雾干燥器进行干燥，干燥后的粒子经旋风分离器后沉积于成品储斗中。

用乳液种子聚合方法，还可制得核-壳型共聚物乳液，先用某种聚合物微粒为种子，再加入另一种单体进行乳液聚合，则得到核-壳型共聚物；同时该法也是获得共混聚合物的方法之一。有些合成树脂乳液涂料所用乳液常采用乳液种子聚合方法进行生产。

四、乳液聚合与其他聚合方法比较

为了直观，列表加以比较，见表5-5。

表5-5　各种聚合方法比较

	本体聚合	溶液聚合	悬浮聚合	乳液聚合
配方主要成分	单体、引发剂	单体、引发剂、溶剂	单体、引发剂、水、分散剂	单体、引发剂、水、乳化剂
引发剂	油溶性引发剂	油溶性引发剂	油溶性引发剂	水溶性引发剂
聚合场所	本体内	溶液内	单体液滴内	胶束和乳胶粒内
温度控制	难	较易，溶剂为带热体	易，水为带热体	易，水为带热体
聚合机理	遵循自由基聚合一般机理，提高速率的因素往往使分子量降低，分子量控制较困难，分子量分布较宽	可伴有向溶剂的链转移，速率较小，分子量也较低，分子量较易控制，分子量分布较窄	与本体聚合同	能同时提高聚合速率和聚合物分子量，分子量控制较易，具有特殊机理
生产特征	体系温度高，需搅拌散热，间歇生产(少数连续生产)，设备简单	散热容易，可连续生产，不易制成干燥粉状或粒状树脂	散热容易，间歇生产，常有分离、洗涤、干燥等工序	散热容易，可连续生产；制取固体树脂时，需经凝聚、洗涤、干燥等工序
产品特征	宜制板材和型材，产物纯净，可直接成型，宜生产透明、浅色制品	聚合液一般直接使用	直接得粒(或粉)状产物，利于成型，产物比较纯净，可能留有少量分散剂	产品含有少量乳化剂及其他助剂，用于要求电性能不高的场合
主要工业生产品种	合成树脂 LDPE(颗粒状) HDPE(粉状或颗粒) PS(颗粒状) PVC(粉状) PMMA(板、棒、管等) PP(颗粒状)	合成树脂 PAN(溶液或颗粒) PVAc(溶液) HDPE(粉状或颗粒) PP(颗粒) 合成橡胶 顺丁橡胶(胶粒或胶片) 异戊橡胶(胶粒或胶片) 乙丙橡胶(胶粒或胶片) 丁基橡胶(胶粒或胶片)	合成树脂 PVC(粉状) PS(珠状) PMMA(珠状)	合成树脂 PVC(粉状) PVAc及其共聚物(乳液) 聚丙烯酸酯及其共聚物(乳液) 合成橡胶 丁苯橡胶(胶粒或乳液) 丁腈橡胶(胶粒或乳液) 氯丁橡胶(胶粒或乳液)

五、乳液聚合技术进展

随着环境生态保护要求的提高，聚合物水性化趋势加强，聚合物乳液广泛应用于涂料、胶黏剂等，所占比例逐年大幅加大，乳液聚合技术发展迅猛。

（一）核壳乳液聚合

核壳乳液聚合是在种子乳液聚合基础之上发展起来的，采用“粒子设计”的概念，即在不改变乳液单体组成的前提下改变乳液粒子结构，从而提高乳液性能。核壳乳液聚合是首先制备种子(核)乳液，再加入另一种单体继续聚合形成壳层，最终得到核壳结构的非均相共聚物粒子。核壳乳液聚合的影响因素有乳化剂用量、单体加入次序、单体亲水疏水性等。核壳共聚物乳液主要有软核硬壳和硬核软壳两种类型。

将核壳乳液聚合用于互穿网络聚合物合成，可以得到乳液互穿网络聚合物(LINP)，其核壳结构乳液的结合为接枝-交联型。该聚合物兼具构成 LIPN 的各种聚合物的优良性能，故与一般共聚方法获得的聚合物相比，在聚合物的相容性、玻璃化转变温度以及成膜性等方面表现出优异的性能，在不增加原料成本的情况下可提高聚合物的耐磨、耐水、耐候、抗污、防辐射、冲击强度及粘结强度等性能，并可显著降低最低成膜温度，改善加工性能，广泛应用于塑料改性、橡胶增强、涂料、胶黏剂、医用高分子、纺织助剂、皮革涂饰剂等各种领域。

（二）微乳液聚合

与传统乳液聚合相比，微乳液聚合通过加入助乳化剂，并采用高速搅拌法和超声波分散法等微乳化工艺，使乳胶粒子粒径小于 80nm，达到纳米级，所得乳液外观清亮透明，是热力学稳定体系。在化妆品、胶黏剂、燃料乳化、上光油等方面，特别是在药物微胶囊化、纳米级金属材料、聚合物粉末的制备中有着重要的应用。

微乳液聚合时，单体在体系中所占比例低于 10%，乳化剂用量占比大于 10%，需加入助乳化剂，如戊醇，乳化剂与戊醇协同作用能显著降低水的表面张力，使单体乳化成纳米级微液滴，还会在液滴表面形成保护膜，乳液的稳定性更好。微乳液聚合能同时在胶束和单体微液滴内进行，成核机理包括胶束成核和微液滴成核。

（三）反相乳液聚合

反相乳液聚合是先形成水包油型乳液体系，水相是水溶性单体的水溶液，油相包括有机溶剂、油溶性引发剂、油溶性乳化剂，再进行聚合。反相乳液聚合常用单体有丙烯酰胺、甲基丙烯酸及其钠盐、丙烯腈等，有机溶剂有二甲苯、环己烷等，乳化剂为油溶性的非离子表面活性剂，如 Span60、Span80、Tween60 等，聚合场所在水相进行，成核机理主要是液滴成核。

（四）无皂聚合

传统的聚合物乳液中因乳化剂的存在而影响产品的性能和应用。无皂乳液聚合指在反应过程中完全不加乳化剂或仅加入微量乳化剂(小于临界胶束浓度 CMC)的乳液聚合方法。无皂乳液聚合能得到单一分散、表面洁净的胶乳粒子，满足特殊需要，同时减少了乳化剂对环境的污染。

与传统乳液聚合相比，无皂乳液聚合的特点主要在于胶粒的形成机理及其稳定的条件差别很大。在无皂乳液聚合体系中没有乳化剂存在，乳胶粒子主要是通过结合在其聚合物分子链或端基上的离子基、亲水基等得以稳定的，因而，无皂聚合物的结构类似表面活性剂分子。

利用引发剂如过硫酸盐分解产生的自由基引发聚合可以引入离子基团；与弱电离或强电离的亲水性极性单体共聚，共聚单体亲水基位于胶粒表面，这些亲水基或以离子形式存在，或形成空间位阻效应而稳定胶粒，发挥类似乳化剂的作用，稳定乳液。

习　　题

1. 试比较本体聚合、溶液聚合、悬浮聚合和乳液聚合的基本成分和优缺点。

2. 简述乳液聚合的机理和三个阶段特征。

3. 计算苯乙烯乳液聚合速率和聚合度。60℃，$k_p = 176$L/(mol·s)，[M] = 5.0mol/L，$N = 3.2\times10^{14}$个/mL，$r_1 = 1\times10^{12}$个/(mL·s)。

4. 苯乙烯本体聚合的工业生产分两个阶段进行。首先于80~85℃使苯乙烯预聚至转化率为33%~35%，然后流入聚合釜，在100~200℃温度下聚合完毕后，将熔体挤出造粒。试解释采取上述步骤的原因。

5. 什么叫淤浆聚合？什么叫沉淀聚合？

6. 乳液聚合采用何法既有较高的聚合速率又有较高的分子量？

第六章　离子聚合

知识目标：

1. 掌握阴、阳离子聚合的基本概念；
2. 掌握阴、阳离子聚合常用单体和引发剂；
3. 掌握阴、阳离子聚合反应机理及主要特点；
4. 能合理选择单体与引发剂，确定离子聚合工艺条件。

离子型连锁聚合简称离子聚合，聚合反应的增长活性中心是自由离子或离子对。按照中心离子的电荷性质分为带正电荷的阳离子聚合和带负电荷的阴离子聚合。本章将主要讨论阴、阳离子聚合以及某些属于离子聚合机理的环状单体开环聚合。

离子聚合除具有连锁聚合的主要特征外，与自由基聚合相比有一定差异。离子聚合速率快，阳离子聚合速率一般比自由基聚合速率大几个数量级；由于中心离子活性很大，而终止反应的活化能较高，所以反应需要在较低的温度下及适当的溶剂中，才能获得高分子量产物。由于增长活性中心带有电荷，溶剂的极性和溶剂化能力也会直接影响聚合速率和聚合物结构。此外，离子聚合对体系中微量水、空气及杂质等非常敏感，给科学实验和工业生产增加了难度。

离子聚合对单体有极高的选择性。离子聚合的引发剂大都带有部分电荷，因而对单体也有相应的电荷要求。当烯类单体的双键上带有氰基、羰基、卤素或酯基等吸电子基时可以进行阴离子聚合；而带有烷氧基、1,1-二烷基等推电子基的烯类单体才能进行阳离子聚合；双键上带有苯基、乙烯基等能同双键共轭的烯类或共轭二烯单体，则既能进行阴离子聚合，又可进行阳离子聚合。

近年来离子聚合在高分子合成的理论研究上和工业生产中受到越来越多的重视。在理论上，由于离子聚合有较强的控制聚合物大分子链构型的能力，同时通过离子聚合可以获得“活性聚合物”，使人们可能进行“分子设计”，合成出具有预想结构和性能的聚合物。在工业生产中，利用离子聚合已经生产了许多性能优良的聚合物，如丁基橡胶、异戊橡胶、聚甲醛、热塑性弹性体 SBS 等。其中一些品种只能通过离子聚合来生产。通过离子聚合，还可以将常用单体如丁二烯、苯乙烯等，聚合成结构、性能与自由基聚合产物截然不同的新产物。总之，离子聚合在理论研究和工业应用领域中正显示出越来越强的生命力。

第一节　阴离子聚合

一、阴离子聚合的单体

阴离子聚合反应(anion polymerization)通式可表示如下：

$$B^{\ominus}A^{\oplus}+M \longrightarrow BM^{\ominus}A^{\oplus}\cdots\cdots \xrightarrow{M} BM_n^{\ominus}A^{\oplus}$$

式中　$B^{\ominus}$——阴离子活性中心，通常是碳阴离子；

$A^{\oplus}$——称为反离子，一般是金属离子。

能进行阴离子聚合的单体包括以下几类：

(1) 烯类单体，如烯烃和共轭二烯烃、丙烯酸酯类、丙烯腈等；

(2) 羰基化合物，如醛类；

(3) 含氧、硫的三元杂环化合物。

这里，着重讨论烯类单体的阴离子聚合。原则上，具有吸电子基的烯类单体都能进行阴离子聚合。吸电子基会降低双键上的电子云密度，以利于阴离子进攻，同时，加成后形成的碳阴离子，也因吸电子基的诱导和共轭效应使电子云密度分散，从而使碳阴离子稳定。

事实上，具有 π-π 共轭体系的烯类单体才能进行阴离子聚合，如苯乙烯、丁二烯、异戊二烯、硝基乙烯、丙烯腈、甲基丙烯酸甲酯和丙烯酸类等。另外一些单体虽有吸电子基，如氯乙烯、醋酸乙烯酯等，但这类单体的 p-π 共轭效应与诱导效应相反，减弱了双键电子云密度下降的程度，不利于阴离子聚合。

二、阴离子聚合的引发剂和引发反应

阴离子聚合引发剂是提供电子的碱性物质，或称为亲核试剂。按引发机理，可分为阴离子加成引发剂(有机金属化合物)和电子转移引发剂(碱金属、碱金属-芳烃复合引发剂)二类。

(一)有机金属化合物

这是最常用的一类阴离子聚合引发剂，有碱金属烷基化合物、碱金属氨基化合物等。其引发机理是引发剂阴离子对烯烃双键加成引发，可用下列通式表示：

$$R^{\ominus}Me^{\oplus}+CH_2=\underset{\displaystyle X}{\underset{|}{CH}} \longrightarrow R-CH_2-\underset{\displaystyle X}{\underset{|}{CH}}{}^{\ominus}Me^{\oplus}$$

碱金属烷基化合物的引发活性与碱金属 Me—C 键极性有关。碱金属电负性越小，Me—C 键极性越强，越趋向于离子键，引发剂的活性越大。

Na、K 是强碱金属，电负性分别为 0.8、0.9，Na—C、K—C 键带有离子性，因而 $R^{\ominus}Na^{\oplus}$、$R^{\ominus}K^{\oplus}$是非常活泼的阴离子引发剂。如正戊基钠活性很大，易与极性溶剂如醚作用，在使用时需用非极性溶剂，在烷烃中不溶，较难使用。Li 的电负性为 1.0，Li—C 键为极性共价键。丁基锂 n-C_4H_9Li 是最常用的阴离子聚合引发剂，溶于非极性溶剂如苯、烷烃等，并且具有缔合性。Mg 的电负性为 1.2，R_2Mg 中 Mg—C 键的极性很弱，不能直接引发阴离子聚合，需引入卤素制成 RMgX 即格利雅试剂，以增加活性，通常只能引发活性较大的单体。

碱金属氨类化合物常可以作为自由阴离子引发体系，例如 $NaNH_2$、KNH_2-液氨体系。这是因为 Na、K 的碱金属性很强，液氨作为溶剂具有较高的介电常数和较强的溶剂化能力，引发反应如下：

$$2K+2NH_3 \longrightarrow 2KNH_2+H_2$$

$$KNH_2 \longrightarrow K^{\oplus}+NH_2^{\ominus}$$

$$NH_2^{\ominus}+CH_2{=}\underset{\underset{C_6H_5}{|}}{CH} \longrightarrow H_2N{-}CH_2{-}\underset{\underset{C_6H_5}{|}}{CH^{\ominus}}$$

（二）碱金属

这类引发剂的引发机理是电子直接转移引发。Li、Na、K 等碱金属原子将最外层—个价电子，直接转移给单体，生成碳阴离子，引发聚合。引发反应分两步进行，首先是碱金属 Me 原子将最外层电子转移给单体，生成单体自由基-阴离子；接着两个自由基-阴离子很快偶合成双阴离子，引发单体聚合。

$$Me^{\bullet}+CH_2{=}\underset{\underset{C_6H_5}{|}}{CH} \longrightarrow Me^{\oplus}CH_2{-}{}^{\ominus}\underset{\underset{C_6H_5}{|}}{CH^{\bullet}} \longleftrightarrow Me^{\oplus\ominus}{-}\underset{\underset{C_6H_5}{|}}{CH}{-}CH_2^{\bullet}$$

$$2Me^{\oplus}\ {}^{\ominus}\underset{\underset{C_6H_5}{|}}{CH}{-}CH_2^{\bullet} \longrightarrow Me^{\oplus}\ {}^{\ominus}\underset{\underset{C_6H_5}{|}}{CH}{-}CH_2{-}CH_2{-}\underset{\underset{C_6H_5}{|}}{CH^{\ominus}}Me^{\oplus}$$

例如，钠引发丁二烯阴离子聚合生产丁钠橡胶，锂使异戊二烯聚合为合成天然橡胶，属于此类。

碱金属难溶于单体，引发反应是一个非均相过程，引发效率正比于碱金属细粒的比表面积。可以采用特殊技术来提高其引发效率，例如将碱金属在真空系统中制成金属镜，并吸附于反应器的器壁上，再加入单体进行聚合。

（三）碱金属-芳烃复合引发剂

若碱金属原子将最外层的一个价电子转移给中间介质，使中间介质变为自由基-阴离子，再引发单体聚合，这种引发称作电子间接转移引发。典型例子是金属钠与萘在四氢呋喃（THF）中引发苯乙烯聚合。

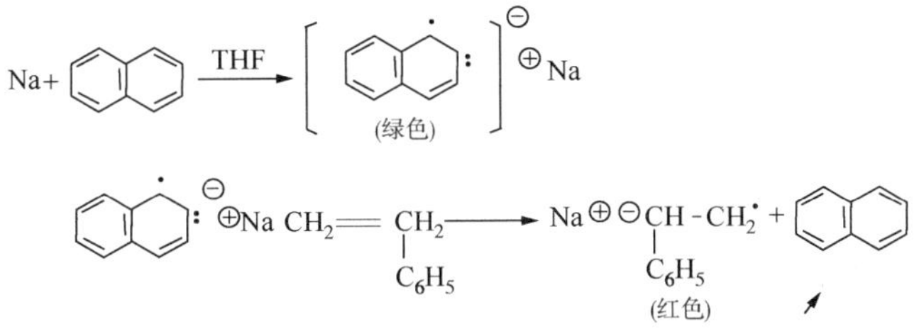

$$2Na^{\oplus\ominus}\underset{\underset{C_6H_5}{|}}{CH}{-}CH_2^{\bullet} \longrightarrow Na^{\oplus\ominus}\underset{\underset{C_6H_5}{|}}{CH}{-}CH_2{-}CH_2{-}\underset{\underset{C_6H_5}{|}}{CH^{\ominus}}\ Na^{\oplus}$$

在上面引发反应过程中，萘只起了电子转移中间体的作用，本身不构成聚合物的结构。极性溶剂 THF 起到稳定 $Na^{\oplus}$ 的作用，使之溶剂化，形成均相溶液，这不仅提高了碱金属的利用率，又防止了逆反应的发生。

Li-液氨也属于电子间接转移引发体系，可以进行由液氨溶剂化的电子引发聚合。

$$Li+NH_3 \longrightarrow Li^{\oplus}(NH_3)+e(NH_3)$$

$$e+CH_2{=}\underset{\underset{C_6H_5}{|}}{CH} \longrightarrow {}^{\bullet}CH_3{-}\underset{\underset{C_6H_5}{|}}{CH^{\ominus}}$$

$$2\,{}^{\bullet}CH{=}\underset{\underset{C_6H_5}{|}}{CH^{\ominus}} \longrightarrow {}^{\ominus}\underset{\underset{C_6H_5}{|}}{HC}{-}CH_2{-}CH_2{-}\underset{\underset{C_6H_5}{|}}{CH^{\ominus}}$$

(四)阴离子引发剂与单体活性的匹配

阴离子聚合与自由基聚合相比，单体对引发剂具有较强的选择性。在自由基聚合中，单体对引发剂几乎不具有选择性，凡是能进行自由基聚合的单体，几乎都可以被能够产生自由基的物质引发。一般地说，阴离子聚合只有当引发剂与单体活性相匹配才能得到所需的聚合物。引发剂与单体活性的匹配情况见表 6-1，表中按引发剂活性由强到弱、单体聚合活性由弱到强的次序排列。表 6-1 中由直线连接的单体和引发剂都可以进行阴离子聚合。

表 6-1　阴离子聚合引发剂和单体活性

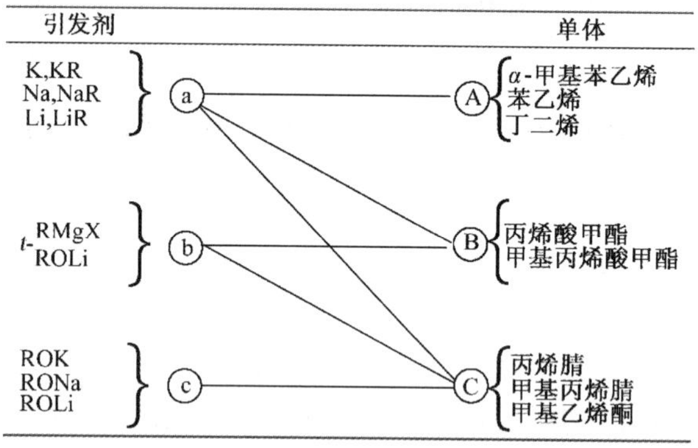

表中ⓐ类碱金属及其烷基化合物引发剂，碱性极强、活性很大，因此可以引发各类单体阴离子聚合。Ⓐ组是非极性共轭单体，需要ⓐ类强引发剂才能聚合，在适当条件下，可以制备活性聚合物。ⓑ类是中等强度碱，它不能使极性最小的Ⓐ组单体聚合。Ⓑ组是极性单体，用ⓐ类引发剂易引起某些副反应导致链终止，难以制得活性聚合物；用格利雅试剂 RMgX 在极性溶剂中可以制得立构规整的聚合物。ⓒ类引发剂碱性较弱，Ⓒ组单体主要以自由基机理聚合，也可以用ⓑⓒ类引发剂进行阴离子聚合，若用ⓐ类引发剂，反应十分剧烈，需要在低温下进行。

三、阴离子聚合的机理

(一)活性阴离子聚合

阴离子聚合与其他连锁聚合反应类似，应包括链引发、链增长、链终止或链转移等基元反应。阴离子聚合反应体系中，阴离子引发剂几乎定量地迅速分解成具有引发活性的正、负离子，全部碳阴离子立刻与单体加成，开始增长反应。相对于快引发反应，阴离子聚合增长反应较慢，但与自由基聚合相比，要快得多。如果体系中没有终止剂存在，聚合温度很低，无链转移反应，阴离子活性中心将以相同的模式进行链增长，很难发生链终止反应，直至单体耗尽，仍能长时间保持活性，这时的阴离子聚合称作活性聚合。

阴离子聚合难终止的原因有：①增长活性中心带有相同电荷，不能进行双基终止；②和阴离子活性中心形成离子对的反离子是金属阳离子，不会与碳阴离子形成共价键导致链终止；③从活性链上脱出氢负离子 H^-需要较高的能量，反应难以进行。因此，活性阴离子聚合的机理特点是快引发、慢增长、无终止和链转移。

活性阴离子聚合的典型例子是萘钠在四氢呋喃中引发苯乙烯聚合。反应开始前，钠将外层电子转移给萘，形成绿色的萘钠复合物，而钠离子与四氢呋喃中氧原子上的未共用电子对形成比较稳定的络合阳离子。萘自由基-阴离子引发苯乙烯聚合一开始，绿色溶液很快转变为苯乙烯阴离子的红色溶液，直至单体耗尽，红色也不消失。再加入单体，还可以继续聚合，聚合物大分子数目不变，而分子量不断增加，表明活性链并未终止，形成了活性聚合物(living polymer)。

某些单体在阴离子聚合时，当反应温度较高或反应时间较长时，活性链端基会发生异构化，导致链终止而失活。当体系中存在微量的 H_2O、O_2、CO_2 等都易使碳阴离子终止，因而，阴离子聚合需在高真空或惰性气氛中，试剂和玻璃仪器非常洁净的条件下进行。

(二)活性阴离子聚合反应速率

1. 聚合反应速率

阴离子聚合机理的特点是快引发、慢增长、无终止。聚合反应速率方程推导如下。

链增长反应为阴离子活性中心与单体连续加成，形成增长活性链，过程用下列通式表示：

$$BM_{n-1}^{\ominus}A^{\oplus}+M\xrightarrow{k_p}BM_n^{\ominus}A^{\oplus}$$

则总的聚合速率方程就是增长反应速率方程：

$$R_p=-\frac{d[M]}{dt}=k_p[M^{\ominus}][M] \qquad (6-1)$$

式中　$[M^{\ominus}]$——阴离子增长活性中心的总浓度。

前已提及，对于无杂质的阴离子活性聚合，链引发快于链增长。聚合开始前，引发剂已定量地全部离解成阴离子活性中心，碳阴离子立刻与单体加成，反应体系中增长活性中心浓度不变，$[M^{\ominus}]$就等于引发剂的浓度$[I]_0$，则式(6-1)可写成：

$$R_p=-\frac{d[M]}{dt}=k_p[I]_0[M] \qquad (6-2)$$

移项，积分上式得单体浓度随时间变化关系式：

$$[M]=[M]_0e^{-k_p[I]_0t} \qquad (6-3)$$

通常需要通过实验测定$[M^{\ominus}]$，比如用光谱法在可见光或近紫外光范围内测定，或采用化学滴定法测定。聚合速率可以用毛细管流动法测定，由式(6-1)可以求得增长速率常数 k_p。

阴离子聚合速率方程与自由基聚合速率方程相似，反应速率参数值也相近，例如苯乙烯阴离子聚合的 k_p 值与自由基聚合的 k_p 值接近。但是由于阴离子活性中心浓度高达 $10^{-3}\sim10^{-2}$ mol/L，而自由基浓度约为 $10^{-9}\sim10^{-7}$mol/L，并且阴离子聚合无终止反应，所以阴离子聚合速率比自由基聚合速率大 $10^4\sim10^7$ 倍。

2. 聚合度和动力学链长

典型的阴离子活性聚合具有以下特点：

(1) 引发剂全部、快速地分解为活性中心。如萘钠在四氢呋喃中形成双阴离子，丁基锂离解为单阴离子。

(2) 反应体系内浓度、温度分布均匀，所有增长链的增长几率相同。

(3) 无链转移和链终止反应，无明显链解聚反应。

若满足上述条件，单体全部转化后，获得的活性聚合物的分子量非常接近，即所谓单分散性聚合物。活性聚合物的平均动力学链长(ν)定义为每个链活性中心所消耗的单体数，即：

$$\nu=\frac{[M]_0-[M]}{[M^{\ominus}]}=\frac{[M]_0-[M]}{[I]_0} \tag{6-4a}$$

将式(6-3)代入上式，则

$$\nu=\frac{[M]_0}{[I]_0}\left(1-e^{-k_p[I]_0t}\right) \tag{6-4b}$$

当单体100%转化后，即 t 趋向于无限长，最大平均动力学链长为：

$$\nu_\infty=\frac{[M]_0}{[I]_0} \tag{6-5}$$

活性聚合物的平均聚合度就是每一个聚合物大分子所包含的单体数，若一个聚合物大分子由一个活性中心形成，则平均聚合度为：

$$\overline{X}_n=\frac{[M]_0-[M]}{[M^{\ominus}]}=\frac{[M]_0}{[I]_0}\left(1-e^{-k_p[I]_0t}\right)=\nu \tag{6-6}$$

如果是萘钠引发聚合，则形成双阴离子增长，一个聚合物分子具有两个活性中心，需用两个引发剂分子，即：

$$\overline{X}_n=\frac{[M]_0-[M]}{\frac{1}{2}[M^{\ominus}]}=\frac{2[M]_0}{[I]_0}\left(1-e^{-k_p[I]_0t}\right)=2\nu \tag{6-7}$$

活性聚合物分子量分布服从 Poisson 分布，其 x-聚体的摩尔分数为：

$$n_x=e^{-\nu_\infty}\cdot\nu_\infty^{\,x-1}/(x-1)! \tag{6-8}$$

若引发反应包括一个单体分子，则 $\overline{X}_n=\nu+1$，根据式(6-8)，可以求出重均和数均聚合度之比

$$\frac{\overline{X}_w}{\overline{X}_n}=1+\frac{\overline{X}_n}{(1+\overline{X}_n)^2}\approx1+\frac{1}{\overline{X}_n} \tag{6-9}$$

当 $\overline{X}_n$ 值很大时，$\overline{X}_w/\overline{X}_n$ 趋近于1，分子量分布很窄。例如萘钠在四氢呋喃中引发苯乙烯聚合，产物分子量之比 $\overline{X}_w/\overline{X}_n=1.06\sim1.12$，接近单分散性，这种聚苯乙烯常作为分子量及其分布测定的标准样品。

3. 链增长速率常数的影响因素

增长速率常数 k_p 受溶剂、反离子的性质影响。

离子聚合中，增长活性中心离子附近存在反离子，使得增长反应复杂化。两者之间的结合，可能是共价键、离子对以及自由离子，彼此处于平衡状态。

$$\underset{\text{共价键}}{A{-}B}\rightleftharpoons\underset{\text{紧对}}{A^{\oplus}B^{\ominus}}\rightleftharpoons\underset{\text{松对}}{A^{\oplus}/\!/B^{\ominus}}\rightleftharpoons\underset{\text{自由离子}}{A^{\oplus}+B^{\ominus}}$$

共价键化合物一般无引发活性。链增长反应的活性中心可以是自由离子，也可以是离子对，或者是两者的混合体。大多数离子聚合的活性中心是处于平衡的离子对和自由离子。实验测得的 k_p 应是离子对和自由离子共同增长的表观增长速率常数，它是自由离子和离子对增长速率常数($k_{(-)}$ 和 $k_{(\mp)}$)的函数。实验结果表明，自由离子的增长速率常数 $k_{(-)}$ 比离子对增长速率常数 $k_{(\mp)}$ 大几个数量级。

溶剂的极性和溶剂化能力不同，中心离子和反离子间的结合能及两者间的距离不同，进一步改变了离子对和自由离子的相对浓度，使得聚合速率不同。溶剂极性和溶剂化能力大的，自由离子和离子对中松对相对增加，结果聚合速率和聚合物分子量增大。溶剂的极性可以用介电常数的大小定性地反映，其对苯乙烯阴离子聚合表观增长速率常数 k_p 的影响见表 6-2。

表 6-2 溶剂极性对苯乙烯阴离子聚合 k_p 的影响

(苯钠催化剂，25℃)

溶 剂	介电常数 ε	k_p/L · mol^{-1} · s^{-1}
苯	2.2	2
1,4-二氧六环	2.2	5
四氢呋喃	7.6	550
1,2-二甲氧基乙烷	5.5	3800

表 6-2 中数据表明，溶剂的极性越大，k_p 值越大，但 1，2-二甲氧基乙烷的 ε 比四氢呋喃小，k_p 值反而大，这与溶剂的溶剂化能力有关。

溶剂对反离子的溶剂化能力和反离子性质对增长速率常数的影响，见表 6-3。

表 6-3 苯乙烯阴离子聚合增长速率常数(25℃)

反离子	离子半径/nm	二氧六环 $k_{(\mp)}$	四氢呋喃	
			$k_{(\mp)}$	$k_{(-)}$
$Li^{\oplus}$	0.094	0.94	160	
$Na^{\oplus}$	0.117	3.4	80	
$K^{\oplus}$	0.149	19.8	60~80	6.5×10^4
$Rb^{\oplus}$	0.163	21.5	50~80	
$Cs^{\oplus}$	0.186	24.5	22	

从表 6-3 中数据看出，当用极性较小，溶剂化能力也不大的二氧六环为溶剂时，随着反离子半径增加，离子对间距离增大，静电吸引力减少，单体容易插入，所以离子对增长速率常数 $k_{(\mp)}$ 随反离子半径增加而增大。如果改在极性不大，但溶剂化能力较大的四氢呋喃中聚合，自由离子增长速率常数 $k_{(-)}$ 与反离子种类无关，都是 6.5×10^4；离子对增长速率常数 $k_{(\mp)}$ 比在二氧六环中的大，并且从锂到铯，随反离子半径增加而减小。这是由于半径减小时，溶剂化程度增大，离子对离解程度增加，易成松对，导致 $k_{(\mp)}$ 值增大。

活性阴离子聚合总反应活化能可以简单地等于增长反应活化能。由实验测得的表观增长活化能是小的正值，表明聚合速率随温度升高略有增加，对温度并不敏感。温度对增长反应影响的情况比较复杂。一方面，温度升高，离子对的离解平衡常数降低，即自由离子浓度降低；另一方面，升高温度可以使增长速率常数 $k_{(\mp)}$ 和 $k_{(-)}$ 同时增加。两方面的影响相抵，所以表观活化能数值比较小。

四、活性阴离子聚合的应用

活性阴离子聚合技术已经得到比较广泛的应用。

(1)活性聚合是目前合成均一分子量聚合物的唯一方法，可为凝胶渗透色谱测定分子量及其分布提供标准试样。

(2)在活性聚合体系中，聚合末期可以有目的地加入二氧化碳、环氧乙烷、二异氰酸酯等，它们与活性链进行加成反应，可得到具有特定端基如羧基、羟基、异氰酸酯基等的聚合物，进一步可合成嵌段聚合物。

这里主要介绍制备嵌段共聚物苯乙烯-丁二烯-苯乙烯热塑性弹性体(SBS)的方法。

利用阴离子聚合制备嵌段共聚物，通常是先制得一种单体的活性聚合物，然后再加入另一种单体聚合，可合成任意链段长度的嵌段产物。

$$\sim\sim M_1^{\ominus}A^{\oplus}+M_2 \longrightarrow \sim\sim M_1M_2\sim\sim M_2^{\ominus}A^{\oplus}$$

上述反应能否顺利进行，取决于 $M^{\ominus}$和 M_2 的相对碱性，即 $M_1^{\ominus}$的给电子能力和 M_2 的亲电子能力。例如 $PS^{\ominus}$可以引发 MMA 聚合，而 $PMMA^{\ominus}$却不能引发苯乙烯(S)聚合，原因是 $PMMA^{\ominus}$碱性较弱。常用 pK_d 值表示单体碱性相对大小，K_d 为下列共轭酸碱平衡的电离平衡常数：

$$MH \rightleftharpoons M^{\ominus}+H^{\oplus}$$

$pK_d=-\lg K_d$。一般 pK_d 值大的单体形成阴离子后，能引发 pK_d 值小的单体，反之则不能。表6-4为一些单体的 K_d 值。

表 6-4　阴离子聚合单体的相对活性

类　别	单　体	pK_d 值
1	苯乙烯	40~42
2	丙烯酸酯	24
3	环氧化物	15
4	丙烯腈、异氰酸酯	25
5	硝基烯烃	11

苯乙烯(S)和丁二烯(BD)的 pK_d 值属于同一类别，但是 $S^{\ominus}$能引发 BD 单体，反之则相对难些，即引发也具有方向性。从这两种单体共聚的竞聚率数据可以说明这一问题。

$$\sim\sim S^{\ominus}+\begin{cases}\xrightarrow{S} k_{11}=0.05\sim0.09\\ \xrightarrow{BD} k_{12}=1.05\sim1.04\end{cases}\qquad r_1=\frac{k_{11}}{k_{12}}=0.05(苯)$$

$$\sim\sim BD^{\ominus}+\begin{cases}\xrightarrow{BD} k_{22}=0.013\sim0.002\\ \xrightarrow{S} k_{21}=0.003\sim0.0075\end{cases}\qquad r_2=\frac{k_{22}}{k_{21}}=3(苯)$$

如果活性链末端是 $S^{\ominus}$，则其主要倾向于和 BD 单体反应；如果活性链末端是 $BD^{\ominus}$，则也主要倾向于和 BD 单体反应。所以将 S 和 BD 单体混合时，总是 BD 首先聚合，待其消耗完了后，S 再聚合，得到嵌段共聚物。采用这种方法可以合成二段(SB)、三段(SBS)、四段(SBSB)、星状$(SB)_xA$ 等嵌段共聚物。

SBS 三嵌段共聚物是最早出现，至今仍是重要的热塑性弹性体(热塑性橡胶)。其合成有三步法与二步法。

1. 三步法

这种方法采用单功能引发剂有机锂引发聚合，依次加入单体，见下式：

$$\mathrm{S} \xrightarrow{\mathrm{RLi}} \mathrm{S}^{\ominus} \xrightarrow{\mathrm{BD}} \mathrm{SB}^{\ominus} \xrightarrow{\mathrm{S}} \mathrm{SBS}$$

其嵌段共聚物中没有无规共聚物链段，但易导致生成 PS 均聚物和 SB 二嵌段共聚物。

2. 二步法

二步法可分为 3 种方法。

（1）双功能引发剂。采用双功能引发剂合成的三嵌段共聚物中不含有 SB 二嵌段共聚物。

$$\mathrm{BD} \xrightarrow{\mathrm{LiRLi}^{\ominus}} \mathrm{BRB}^{\ominus} \xrightarrow{\mathrm{S}} \mathrm{SBS}$$

（2）单功能引发、偶合法。这种方法采用单功能引发剂引发聚合，先依次加入 S 和 BD 单体，生成 SB 二嵌段共聚物，然后加入偶合剂使 $\mathrm{SB}^{\ominus}$ 二嵌段共聚物偶合成三嵌段共聚物 SBS。

$$\mathrm{S} \xrightarrow{\mathrm{RLi}} \mathrm{S}^{\ominus} \xrightarrow{\mathrm{BD}} \mathrm{SB}^{\ominus}$$

$$\mathrm{SB}^{\ominus} + \mathrm{XRX} + {}^{\ominus}\mathrm{BS} \longrightarrow \mathrm{SBS}$$

该法要求 $\mathrm{SB}^{\ominus}$ 与 XRX 之间有严格配比（2∶1），偶合效率要高，避免出现 SB 嵌段共聚物，偶联剂有 $\mathrm{COCl_2}$ 等。

（3）共聚合法. 这种方法得到的共聚物中常存在一段 S 与 BD 无规共聚物。

$$\mathrm{S} \xrightarrow{\mathrm{RLi}} \mathrm{S}^{\ominus} \xrightarrow{\mathrm{BD+S}} \mathrm{SBS}$$

上述方法的共同要求是尽量避免生成 PS 均聚物及 SB 二嵌段共聚物等，导致聚合物性能变差。三嵌段 SBS 共聚物中各段的分子量范围大致如下：

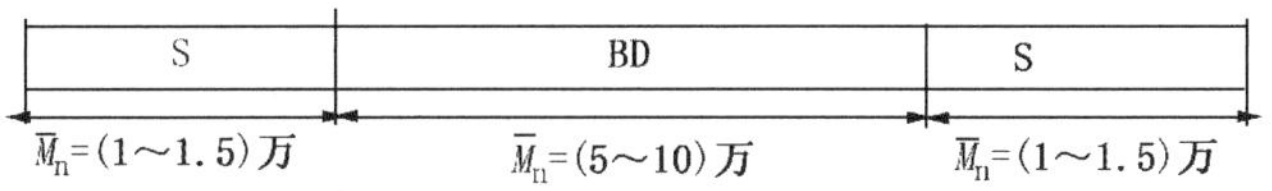

SBS 热塑性弹性体兼有橡胶和塑料的性能。在室温下它与一般硫化橡胶性能相同，具有较高的弹性，尤其是低温弹性。SBS 共聚物具有二相结构，S 段作为分散相，BD 段为连续相，在常温下分散相成为物理交联点，高温下成为流态，物理交联不再存在，可以注射或挤压成型，同时，分散相还起到了增强作用，使共聚物具有比较高的抗拉强度。

由于 SBS 具有良好的弹性、热塑性和可溶性等，一方面可用于挤出和注塑成型产品，如生产自行车内胎、外胎，鞋底及其他运动器具等；另一方面应用是胶黏剂、密封材料。

第二节　阳离子聚合

一、阳离子聚合的单体

阳离子聚合反应通式可表示如下：

$$\mathrm{A}^{\oplus}\mathrm{B}^{\ominus} + \mathrm{M} \longrightarrow \mathrm{AM}^{\oplus\ominus} \cdots\cdots \xrightarrow{\mathrm{M}} \mathrm{AM}_n{}^{\oplus}\mathrm{B}^{\ominus}$$

式中 $A^{\oplus}$——阳离子活性中心，通常是碳阳离子或氧鎓离子；

$B^{\ominus}$——反离子。

可能进行阳离子聚合的单体有烯类、含氧杂环、羰基化合物等。本节主要讨论烯类单体的阳离子聚合(cation polymerization)。

具有推电子基的烯类单体适宜进行阳离子聚合。推电子基有烷基、烷氧基、苯基和乙烯基等，一方面，它们可使碳—碳双键电子云密度增加，有利于质子或阳离子的进攻和结合；另一方面可使生成的碳阳离子所带的正电荷易于分散，稳定性增强。

α-烯烃带有的烷基是较弱的推电子基。丙烯的甲基、丁烯上的乙基是推电子基，但一个烷基的推电子能力较弱，聚合速率较慢，并且生成的二级碳阳离子易发生重排，形成更稳定的三级碳阳离子。所以，丙烯、丁烯经阳离子聚合只能得到低分子油状物。更高级的 α-烯烃，例如2,4,4-三甲基-1-戊烯，则由于空间位阻太大，聚合时只能得到二聚体。

异丁烯是唯一能阳离子聚合的 α-烯烃。它的不对称的两个 α-甲基使碳—碳双键电子云密度增加较多，易受质子进攻，生成的三级碳阳离子 C^+ 比较稳定。聚合物大分子链中—CH_2—上的氢，受到两端四个甲基的保护，不易被夺取，减少了重排、支化等副反应，因此能够得到线型高聚物。

烷基乙烯基醚 $CH_2=CH—OR$ 是另一类能阳离子聚合的单体。烷氧基中氧原子上带有未共用电子对，能与碳—碳双键形成 p-π 共轭，使双键电子云密度增加，有利于质子进攻；同时烷氧基的共振结构使生成的碳阳离子上的正电荷分散而稳定，因此烷基乙烯基醚只适宜阳离子聚合。

一些具有 π-π 共轭的烯类单体，如苯乙烯、α-甲基苯乙烯、丁二烯、异戊二烯等，π 电子的活动性强，容易诱导极化，因而既可以阴离子聚合，又可以阳离子聚合。但是这类单体聚合活性较低，工业上很少通过阳离子聚合生产聚合物。

虽然理论上可以进行阳离子聚合的单体达几百种，实现工业化的却只有异丁烯、烷基乙烯基醚、1,3-戊二烯、甲醛等少数几种。

二、阳离子聚合的引发剂和引发反应

阳离子聚合引发剂是亲电试剂。引发方式有两种：一是由引发剂产生阳离子，再与单体加成，形成碳阳离子实现引发；另一是通过电荷转移引发。阳离子聚合常用引发剂有以下几类。

(一)质子酸

常见无机酸 $HClO_4$、H_2SO_4、H_3PO_4、HCl、HBr 等，在溶液中离解产生质子氢，来引发阳离子聚合，可用下式表示：

$$H^{\oplus}A^{\ominus}+CH_2=\underset{\displaystyle X}{\underset{|}{CH}} \longrightarrow CH_3\underset{\displaystyle X}{\underset{|}{CH^{\oplus}}}\ A^{\ominus}$$

作为阳离子引发剂的质子酸，要有足够的强度以产生 H^+，同时酸根阴离子的亲核性不要过强。例如，氢卤酸等强质子酸在非极性溶剂中引发聚合时，酸根离子亲核性很强，易与阳离子活性中心结合形成共价键，导致反应终止，当它用于引发烯烃聚合时，只能得到齐聚物，作汽油、柴油、润滑油使用。含氧酸 $HClO_4$、H_2SO_4 等酸性稍弱，在极性有机溶剂中，酸根离子被溶剂化，不易使活性链终止，因而可得到较高分子量的聚合物。

（二）路易斯酸

路易斯酸是最常见的阳离子聚合引发剂，有 $AlCl_3$、BF_3、$SnCl_4$、$ZnCl_2$、$TiBr_4$ 等。除少数能单独引发聚合外，如 $AlBr_3$、$TiCl_4$，大多数路易斯酸需要和能够提供质子或碳阳离子的物质一同引发聚合。这些提供质子或碳阳离子的物质称作共引发剂。常用的共引发剂有两种，一种是能产生质子的物质，如 H_2O、ROH、HX、RCOOH 等，引发过程如下：

$$BF_3+H_2O \longrightarrow H^{\oplus}(BF_3OH)^{\ominus}$$

$$H^{\oplus}(BF_3OH)^{\ominus}+CH_3=\begin{array}{c}X\\|\\C\\|\\Y\end{array}\longrightarrow CH_3-\begin{array}{c}X\\|\\C^{\oplus}\\|\\Y\end{array}(BF_3OH)^{\ominus}$$

另一种是能产生碳阳离子的物质，如 RX、RCOX、$(RCO)_2O$ 等，引发过程用下式表示：

$$SnCl_4+RCl \longrightarrow R^{\oplus}(SnCl_5)^{\ominus}$$

$$R^{\oplus}(SnCl_5)^{\ominus}+CH_2=\begin{array}{c}X\\|\\C\\|\\Y\end{array}\longrightarrow RCH_2-\begin{array}{c}X\\|\\C^{\oplus}\\|\\Y\end{array}(SnCl_5)^{\ominus}$$

这一类引发体系的引发活性与引发剂和共引发剂的活性有关。引发剂的活性取决于其接受电子的能力，即酸性强弱，一般活性次序为 $BF_3>AlCl_3>TiCl_4$，$AlCl_3>AlRCl_2>AlR_2Cl>AlR_3$。共引发剂活性次序一般也是其酸性强弱次序，例如用路易斯酸引发异丁烯聚合时，共引发剂活性次序为 $HCl>CH_3COOH>$ 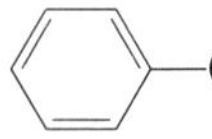 $—OH>H_2O>CH_3OH$。

引发剂和共引发剂的用量有一最佳配比，在此配比下，聚合速率最快、分子量最高。例如 $SnCl_4-H_2O$ 引发苯乙烯聚合，在 CCl_4 溶剂中，最大速率出现在 $[H_2O]/[SnCl_4]\approx0.002$ 时；当改用 30%硝基苯-70% CCl_4 为溶剂时，则 $[H_2O]/[SnCl_4]\approx1.0$，聚合速率最大，见图 6-1 所示。其原因是，体系中过量的水会产生活性较低的氧鎓离子，使聚合速率降低；另外水是阳离子聚合的链转移剂，过量的水导致链终止，也降低了聚合速率。

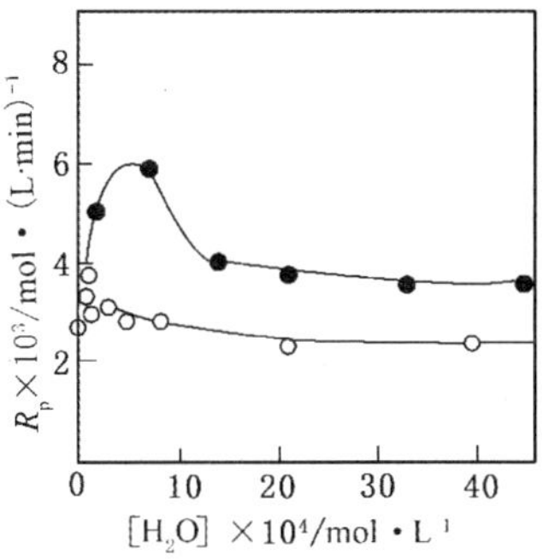

图 6-1　水的浓度对 $SnCl_4$ 引发苯乙烯聚合的影响（CCl_4 中、25℃）

○-$[SnCl_4]=0.08$mol/L

●-$[SnCl_4]=0.12$mol/L

（三）其他引发剂

其他能产生阳离子的物质有碘、氧鎓离子、高氯酸盐［如 $CH_2CO^{\oplus}(ClO_4)^{\ominus}$］、$C_7H_7^{\oplus}SbCl_6^{\ominus}$ 等。这类引发剂的活性较低，只能引发活性较高的单体聚合。另外，高能辐射也能产生阳离子引发聚合，并且没有反离子。

$$CH_2=\begin{array}{c}X\\|\\C\\|\\Y\end{array}\longrightarrow \cdot CH_2-\begin{array}{c}X\\|\\C^{\oplus}\\|\\Y\end{array}+e^{\ominus}$$

三、阳离子聚合的机理

阳离子聚合机理与其他连锁聚合反应类似，包括链引发、链增长、链终止、链转移等基元反应。

(一)链引发

链引发反应由连续两步反应组成，引发剂首先生成质子氢或碳阳离子，然后与单体双键加成形成单体碳阳离子。碳阳离子活性中心与反离子形成离子对。以路易斯酸类引发剂为例，C 和 RH 分别代表引发剂和共引发剂，M 代表单体，引发反应过程如下：

$$C+RH \rightleftharpoons H^{\oplus}(CR)^{\ominus}$$

$$H^{\oplus}(CR)^{\ominus}+M \longrightarrow HM^{\oplus}(CR)^{\ominus}$$

阳离子聚合引发速率相当快，引发活化能 $E_i=8.4\sim21kJ/mol$，而自由基聚合引发剂分解活化能 $E_d=105\sim125kJ/mol$，引发反应较慢。

(二)链增长

阳离子链增长反应可用下列通式表示：

$$HM_n^{\oplus}(CR)^{\ominus}+M \xrightarrow{k_p} HM_nM^{\oplus}(CR)^{\ominus}$$

单体分子连续不断地插入碳阳离子和反离子中间，与碳阳离子活性中心加成进行链增长反应。阳离子聚合链增长反应是单体的 π 电子进入碳阳离子的 p 空轨道，大多数增长反应活化能 $E_p=8.4\sim21kJ/mol$，比较低，反应速率很快。

阳离子聚合增长活性中心与反离子形成离子对，离子对的紧密程度和存在形式直接影响聚合速率、分子量及聚合物大分子的链节构型。而反应介质、反离子性质及反应温度是影响离子对离解程度和存在形式的主要因素。

链增长反应过程中有的体系会伴随有分子内重排(或异构化)反应。其原因是碳阳离子的稳定性不同，一般叔碳阳离子最稳定，仲碳离子次之，伯碳离子稳定性最低。碳阳离子通过自身的氢负离子或其他如甲基、氯原子的转移，重排或异构形成更稳定的结构，再进行链增长反应。例如 3-甲基-1-丁烯单体的阳离子聚合反应就是典型的异构化聚合。在不同的聚合

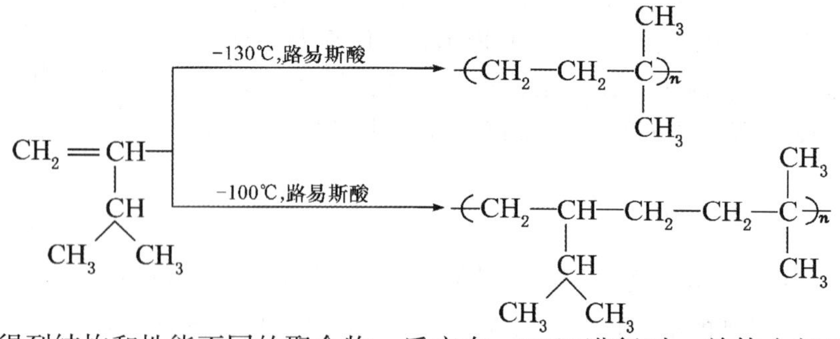

条件下，可以得到结构和性能不同的聚合物。反应在-130℃进行时，单体全部异构化，得到的是高结晶度的 1,3 加成聚合物；而在-100℃以上聚合时，单体部分发生异构化，产物是1,3 和 1,2 加成的无规共聚物。原因是当单体插入离子对间进行加成反应时，首先生成仲碳阳离子，它可以发生氢负离子转移，异构成叔碳阳离子。在较低温度(-130℃)下，增长反应慢，碳阳离子有足够时间全部异构化，得到 1，3 加成的结晶产物。当温度在-100℃以上时，增长反应加快，与异构化反应形成竞争，生成部分异构化的产物。

（三）链转移

增长的碳阳离子活性中心易与亲核性物质，例如单体、溶剂、杂质及反离子等发生电荷转移反应，即链转移反应。链转移的结果，动力学链并未终止，但导致了聚合物分子量下降。

1. 向单体转移

增长活性中心向单体分子转移，生成含有不饱和端基的聚合物，同时生成离子对再进行增长，因此动力学链并未终止。

$$HM_nM^{\oplus}(CR)^{\ominus}+M \xrightarrow{k_{tr,m}} M_{n+1}+HM^{\oplus}(CR)^{\ominus}$$

例如，异丁烯聚合时向单体的链转移反应如下：

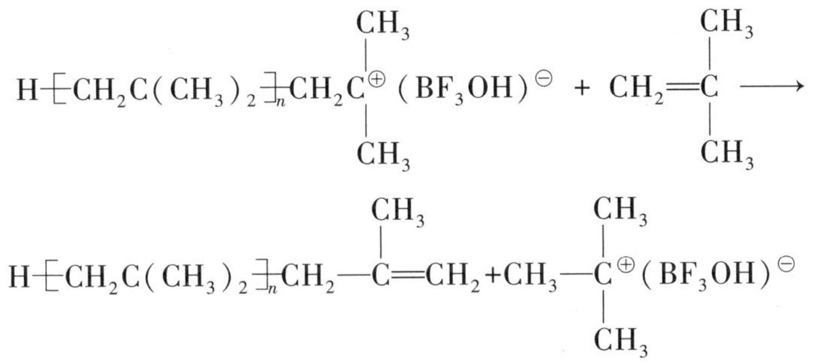

向单体转移是阳离子聚合中最主要的链终止方式之一。向单体转移常数 C_M 比自由基聚合的 C_M 大得多，因而阳离子聚合中的链转移更易发生，反应必须在很低的温度下进行。

2. 向反离子转移（自发终止）

增长碳阳离子活性中心与反离子构成的离子对重排，使活性链终止，再生出原来的引发剂–共引发剂络合物，引发单体继续增长。

$$HM_nM^{\oplus}(CR)^{\ominus} \xrightarrow{k_t} M_{n+1}+H^{\oplus}(CR)^{\ominus}$$

以异丁烯聚合为例，

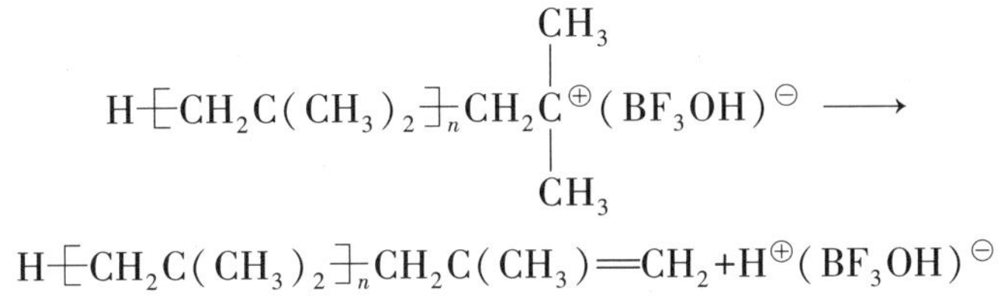

3. 向聚合物大分子转移

增长碳阳离子活性中心，夺取大分子链中负氢离子 $H^{\ominus}$ 而终止，生成末端饱和的聚合物，同时导致聚合物大分子再增长产生支链。

（四）链终止

阳离子聚合的增长活性中心带有相同电荷，不可能双基终止，只能是单基终止，或者加入终止剂，使动力学链终止。

1. 与反离子加成

当反离子的亲核性比较大时，反离子可与碳阳离子活性中心结合，形成共价键，导致链终止。

$$HM_nM^{\oplus}(CR)^{\ominus} \longrightarrow HM_nM(CR)$$

增长活性中心还可能与反离子中亲核性较强的共引发组分结合，导致链终止，如下式所示：

$$H\left[CH_2C(CH_3)_2\right]CH_2-\overset{\displaystyle CH_3}{\underset{\displaystyle CH_3}{\overset{|}{\underset{|}{C^{\oplus}}}}}(BF_3OH)^{\ominus} \longrightarrow$$

$$H\left[CH_2C(CH_3)\right]CH_2-\overset{\displaystyle CH_3}{\underset{\displaystyle CH_3}{\overset{|}{\underset{|}{C}}}}-OH + BF_3$$

2. 添加链终止剂

阳离子聚合中，外加链转移剂或终止剂使链终止是主要的终止方式。

$$HM_nM^{\oplus}(CR)^{\ominus}+XA \longrightarrow HM_nMA+XCR$$

常用的链终止剂 XA 是水、醇、酸、酸酐、酯、醚等。尽管动力学链是否终止，要看生成的 XCR 是否具有引发活性，但是，除碳阳离子外，硫、氧阳离子活性都比较低，实际上已使动力学链终止。

在阳离子聚合中，真正的链终止反应较难实现，但与阴离子聚合相比，却不易生成活性聚合物，其主要原因是反应体系中难以做到完全除去杂质。总之，阳离子聚合机理的特点为快引发、快增长、易转移、难终止。

(五)阳离子聚合反应速率

1. 聚合反应速率方程

阳离子聚合反应机理比较复杂。首先，由于聚合速率很快，反应易受微量杂质的影响，实验难度大，实验数据重复性也较差；同时，阳离子聚合快引发、难终止、易转移的特点，使得很难建立活性中心浓度不变的稳态假定。这些给聚合反应速率方程的建立带来困难。但是，对某些聚合体系，如苯乙烯-$SnCl_4$ 及异丁烯-$SnCl_4$ 等，经实验研究表明，如考虑特定的引发、终止方式，仍可以用稳态假定建立聚合速率方程。

下面以路易斯酸共引发体系引发烯类单体阳离子聚合为例，来推导聚合速率方程。链引发过程中引发剂-共引发剂反应很快就达到平衡，而引发单体生成碳阳离子的反应相对较慢，是控制步骤。链终止为向反离子链转移的单基终止。各基元反应式如下：

引发

$$C+RH \underset{k_{-1}}{\overset{k_1}{\rightleftharpoons}} H^{\oplus}(CR)^{\ominus}$$

$$H^{\oplus}(CR)^{\ominus}+M \xrightarrow{k_i} HM^{\oplus}(CR)^{\ominus}$$

增长

$$HM^{\oplus}(CR)^{\ominus}+M \xrightarrow{k_p} HMM^{\oplus}(CR)^{\ominus}$$

$$HM_{n-1}M^{\oplus}(CR)^{\ominus}+M \xrightarrow{k_p} HM_nM^{\oplus}(CR)^{\ominus}$$

终止

$$HM_nM^{\oplus}(CR)^{\ominus} \xrightarrow{k_t} M_{n+1}+H^{\oplus}(CR)^{\ominus}$$

各反应速率方程为：

引发

$$K_e=\frac{k_1}{k_{-1}}=\frac{[H^{\oplus}(CR)^{\ominus}]}{[C][RH]} \tag{6-10}$$

$$R_i=k_i[H^{\oplus}(CR)^{\ominus}][M]=k_iK_e[C][RH][M] \tag{6-11}$$

增长 $$R_p=k_p[HM^{\oplus}(CR)^{\ominus}][M] \tag{6-12}$$

终止 $$R_t=k_t[HM^{\oplus}(CR)^{\ominus}] \tag{6-13}$$

式中　　K_e——引发剂-共引发剂络合平衡常数；

$[HM^{\oplus}(CR)^{\ominus}]$——增长离子对的总浓度。

假定 $R_i=R_t$，得：

$$[HM^{\oplus}(CR)^{\ominus}]=\frac{K_e k_i[C][RH][M]}{k_t} \tag{6-14}$$

将式(6-14)代入式(6-12)，得聚合速率为：

$$R_p=\frac{K_e k_i k_p[C][RH][M]^2}{k_t}=K[C][RH][M]^2 \tag{6-15}$$

其中 $K=K_e k_i k_p/k_t$。式(6-15)表明，聚合速率对引发剂和共引发剂浓度均是一级反应，对单体浓度呈二级反应。

反离子加成终止，也属于单基终止，式(6-15)同样适用，但引发剂-共引发剂浓度随着链终止进行而降低。如果引发和终止机理与上述不同，则聚合速率方程形式会有所不同。例如若假定引发剂和共引发剂的反应是慢反应，即控制步骤，则引发速率将与[M]无关，以上速率方程中对[M]的方次应减去 1，而式中 k_i 表示引发-共引发剂反应速率常数。因此，根据速率方程中[C]、[RH]、[M]的反应级数，可以推断阳离子聚合引发和终止机理。

2. 聚合度

聚合物分子的平均聚合度为单体消耗速率与聚合物生成速率之比，聚合物生成速率为链终止速率和链转移速率之和，即：

$$\overline{X}_n=\frac{R_p}{R_t+R_{tr,m}+R_{tr,s}} \tag{6-16}$$

式中，$R_{tr,m}$和 $R_{tr,s}$分别是向单体和溶剂(或转移剂)链转移的速率。

$$R_{tr,m}=k_{tr,m}[HM^{\oplus}(CR)^{\ominus}][M] \tag{6-17a}$$

$$R_{tr,s}=k_{tr,s}[HM^{\oplus}(CR)^{\ominus}][S] \tag{6-17b}$$

将式(6-13)、式(6-17a)、式(6-17b)代入式(6-16)，与自由基聚合类似，聚合度可表示成：

$$\frac{1}{\overline{X}_n}=\frac{k_t}{k_p[M]}+C_M+C_s\frac{[S]}{[M]} \tag{6-18}$$

其中链转移常数 $C_M=k_{tr,m}/k_p$，$C_s=k_{tr,s}/k_p$。

如果没有链转移反应，而以单基终止为主要终止方式时。聚合度为

$$\overline{X}_n=\frac{k_p}{k_t}\cdot[M] \tag{6-19}$$

向单体转移为主时，聚合度为：

$$\overline{X}_n=\frac{1}{C_M} \tag{6-20}$$

向溶剂或转移剂链转移为主时，聚合度为：

$$\overline{X}_n=\frac{1}{C_s}\cdot\frac{[M]}{[S]} \tag{6-21}$$

3. 阳离子聚合反应速率参数

阳离子聚合与自由基聚合不同，各基元反应速率常数不仅与单体种类、反应温度有关，而且还与引发体系、溶剂性质有关。因此，各个阳离子聚合体系的反应速率参数差别较大，常常不能直接从聚合物手册中查到某一特定体系的反应速率参数。为了比较阳离子聚合和自由基聚合的反应速率参数，将苯乙烯以 H_2SO_4 引发阳离子聚合和苯乙烯自由基聚合数据列于表 6-5 中。

表 6-5　苯乙烯阳离子聚合[H_2SO_4-$(CH_2Cl)_2$]和自由基聚合反应速率参数

参　数	阳 离 子	自 由 基
活性中心浓度/mol · L^{-1}	$\approx 10^{-3}$	约 10^{-8}
k_p/L · mol^{-1} · s^{-1}	7.6	10
$k_{tr,m}$/L · mol^{-1} · s^{-1}	1.2×10^{-1}	—
k_t	自发终止 $4.9\times10^{-2}(s^{-1})$	10^7(L · mol^{-1} · s^{-1})
k_p/k_t	10^2	$k_p/k_t^{1/2}$　10^{-2}

从表 6-5 中数据可见，阳离子聚合的 k_p 并不比自由基聚合的大。但由于 k_t 很小，阳离子聚合的 k_p/k_t 比自由基聚合的 $k_p/k_t^{1/2}$ 要大得多，同时，活性种浓度比较高，因而阳离子聚合速率要快得多。

(六)影响阳离子聚合的因素

1. 温度

温度对聚合速率和聚合度均有一定影响，可以通过聚合反应的总活化能来考察温度对聚合速率的影响。E 为总活化能，E、E_p、E_t 分别为引发、增长、终止反应活化能，根据式(6-15)，得；

$$E=E_i+E_p-E_t$$

阳离子聚合时，E_i 比较小，E_t 通常大于 E_p，总活化能 E 大约为-21～41.8kJ/mol。当 E 为负值时，温度降低，聚合速率加快；E 为正值时，温度降低，聚合速率降低。与自由基聚合相比，阳离子聚合反应活化能较小，反应通常在较低温度下进行，反应速率受温度影响较小。

类似地，温度对聚合度的影响也可以借助聚合度总活化能 $E\overline{X}_n$ 来反映。

$$E\overline{X}_n=E_p-E_t \quad 或\ E_{\overline{X}_n}=E_p-E_{tr}$$

由于阳离子聚合的 E_t、E_{tr} 都大于 E_p，因此 $E_{\overline{X}_n}$ 几乎总是负值，温度上升，聚合度下降，所以阳离子聚合通常在低温下进行。

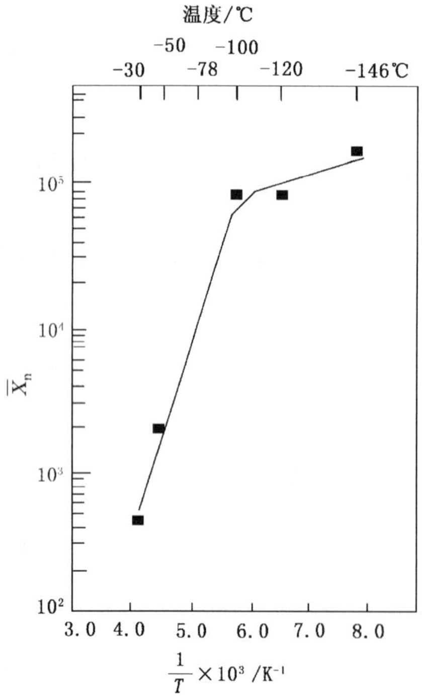

图 6-2　$AlCl_3$ 引发异丁烯聚合 $\overline{X}_n$ 与温度的关系

温度对聚合度的影响有时表现得比较复杂。例如异丁烯在二氯乙烷中进行阳离子聚合，在不同温度范围内，温度对向单体链转移和向溶剂链转移时聚合度的影响程度不同。图 6-2 是测得的聚合度 $\overline{X}_n$ 与 $1/T$ 关系曲线，为两根交叉直线，在-100℃时出现转折，$E\overline{X}_n$ 由-23.4kJ/mol变成-31kJ/mol。原因是低于-100℃时，主要通过向单体链转移生成聚合物；-100℃以上时，向溶剂链转移为主。

2. 溶剂和反离子

阳离子聚合与阴离子聚合一样，增长阳离子活性中心附近始终存在着反离子，受溶剂与反离子性质变化的影响，它们的存在形式可以是共价键、离子对(松对和紧对)及自由离子等。大多数阳离子聚合的活性中心，是处于平衡的离子对和自由离子。实验测得的 k_p 是表观增长速率常数，与离子对和自由离子增长速率常数关系为：

$$k_p=(1-\alpha)\ k_{(\pm)}+\alpha k_{(+)}$$

式中　α——离子对的离解度。

一般自由离子的 $k_{(+)}$ 比离子对的 $k_{(\pm)}$ 大 1～6 个数量级，因此，即使自由离子只占活性中心的一小部分，在聚合总速率中亦会占主要地位。

溶剂的极性和溶剂化能力的大小直接影响离子对和自由离子的相对浓度。在极性大和溶剂化能力大的溶剂中，自由离子和离子对中松对比例都增加，因而聚合速率和聚合度都增大。表 6-6 中列举了溶剂的介电常数对苯乙烯阳离子聚合表观增长速率常数 k_p 的影响。

表 6-6　溶剂对苯乙烯阳离子聚合的影响　(25℃，$HClO_4$ 引发)

溶　剂	介 电 常 数	k_p/L · mol^{-1} · s^{-1}
CCl_4	2.3	0.0012
$CCl_4/(CH_2Cl)_2$，40/60	5.16	0.40
$CCl_4/(CH_2Cl)_2$，20/80	7.0	3.2
$(CH_2Cl)_2$	9.72	17.0

从表 6-6 中可看出，溶剂极性越大，聚合增长速率常数越大，越有利于链增长。但作为阳离子聚合的溶剂，还要求不与中心离子反应，并在低温下能溶解聚合物，保持流动性等，因此，常选择极性较低的卤代烷，一般不用含氧化合物，如四氢呋喃。

反离子对阳离子聚合主要有两个方面的影响，一是当反离子的亲核性较强时，易与阳离子结合而导致链终止；二是反离子体积越大，形成离子对越松散，聚合速率就越大。例如，苯乙烯于 25℃，在 1,2-二氯乙烷溶剂中，用 $HClO_4$、$SnCl_4H_2O$ 和 I_2 引发聚合，其 k_p 值分别为 17.0、0.42和 0.003L/(mol · s)。这种差别是由于三者的反离子体积为 $ClO_4^{\ominus}$>$SnCl_4OH^{\ominus}$>$I_3^{\ominus}$造成的。

四、重要的阳离子聚合物——丁基橡胶

从 20 世纪 40 年代至今，丁基橡胶一直是重要的阳离子聚合物，它是异丁烯和少量异戊二烯的共聚物。以 $AlCl_3$ 为引发剂，氯甲烷为溶剂，在-100℃进行阳离子聚合，工业生产采用连续操作，单体氯甲烷溶液和引发剂氯甲烷溶液分别冷却，然后注入反应器。聚合反应瞬间完成，产物为淤浆液，送入热水闪蒸槽，脱除氯甲烷和单体后，加入少量硬脂酸锌防止共聚物结块，再加入抗氧剂等防止共聚物老化，然后过滤、干燥、挤出及压光，即为丁基橡胶产品。

丁基橡胶的质量与异戊二烯的含量和产物的分子量有关。异戊二烯的含量由所需的交联

度决定，分子量则要求不低于20万，实际应用的分子量在35万~45万之间。影响分子量的因素除杂质外，主要是聚合温度、配料比及转化率。聚合温度越低，分子量越大；配料中异戊二烯含量增大。分子量会偏低；同样配料比下，转化率超过60%，分子量呈下降趋势，分子量分布变宽。

丁基橡胶在低温下不结晶，-50℃也保持柔软，气密性好，比天然橡胶强4~10倍。还具有耐候、耐臭及防水等特点，主要用作轮胎内胎。

第三节　自由基聚合与离子聚合比较

离子聚合和自由基聚合同属于连锁聚合，但由于活性中心性质的差别，聚合过程具有不同特征，现比较如下。

（1）引发剂种类。自由基聚合的引发剂为过氧化物、偶氮化物等容易热分解产生自由基的物质，引发剂的性质只影响引发反应。离子聚合的引发剂为容易产生阴离子和阳离子的物质。阴离子引发剂主要是碱金属及其有机化合物，是亲核试剂；阳离子引发剂主要是路易斯酸，是亲电试剂；由于反离子一直存在于活性中心附近，因而离子型引发剂中反离子始终影响聚合反应过程。

（2）单体结构。离子聚合对单体有较高的选择性。具有推电子基的乙烯基单体，双键上电子云密度增加，易于阳离子聚合；具有吸电子基的乙烯基单体，则易于阴离子聚合；带有弱吸电子基的乙烯基单体，容易自由基聚合；共轭烯类单体能以三种机理聚合。环状单体和羰基化合物由于极性较大，一般不能自由基聚合，只能离子聚合或逐步聚合。

（3）溶剂的影响。在自由基聚合中，溶剂只参与链转移反应，并可以影响引发剂的分解速率。在离子聚合中，溶剂的极性和溶剂化能力，对引发和增长活性中心的形态有很大影响，活性中心可分别为共价键态、紧离子对、松离子对及自由离子。各种存在形式对聚合速率、分子量及产物立构规整性都有很大影响。离子聚合除用烃类溶剂外，阳离子聚合还可用卤代烃、CS_2、液态SO_2、CO_2等，阴离子聚合还可用液氨、液氯和醚类等。若颠倒使用，会引起链转移或链终止。

（4）聚合温度。自由基聚合温度取决于引发反应，通常为50~80℃，或者更高。离子聚合，因引发反应活化能很低，加上为防止链转移或重排、异构化等副反应，常在低温下进行，反应仍能维持快速进行。

（5）聚合机理。自由基聚合机理的特征是慢引发、快增长、有终止，多为双基终止。离子聚合活性中心带有相同电荷，不能双基终止。因此阴离子聚合机理是快引发、快增长、难终止或外加终止剂终止；阳离子聚合则是快引发、快增长、易转移、难终止。

（6）阻聚剂类型。自由基聚合阻聚剂一般为氧、苯醌等，它们对离子聚合则无阻聚作用。阴离子聚合阻聚剂采用酸性物质，阳离子聚合则用碱类物质，水、醇等极性物质是通用的离子聚合阻聚剂。

第四节　开环聚合

除了前面所介绍的连锁聚合和逐步聚合之外，还有一种获得聚合物的方法，就是开环聚合(ring-opening polymerization)。近年来，对开环聚合进行了比较广泛的研究，发现了很多种开环聚合的引发剂，得到了许多新型聚合物，开环聚合已成为高分子化学的一个发展较快的新领域。

开环聚合是环状单体在引发剂或催化剂作用下开环，形成线型聚合物的过程，其反应通式为：

$$n\ \overline{\text{R—X}} \longrightarrow \left[\text{R—X}\right]_n$$

式中　X——环状单体中的杂原子(O、P、N、S、Si)或官能团

$$(\text{—CH}_2\text{═CH—、—}\overset{\overset{\text{O}}{\|}}{\text{C}}\text{—O—、—}\overset{\overset{\text{O}}{\|}}{\text{C}}\text{—NH—})。$$

开环聚合的单体有环烷烃、环醚、环酯、环酰胺、环缩醛、环硅氧烷、环硫化物等。已经工业化的开环聚合单体有环氧乙烷、环氧丙烷、环氧氯丙烷、四氢呋喃、己内酰胺、三聚甲醛、3,3′-二(氯亚甲基)环氧丁烷等。

一、环状单体的聚合活性

环状单体的聚合活性即指能否开环及聚合能力的大小。有些环状单体容易进行开环聚合，如前述的单体；另一些环状单体却难以开环，如γ-丁内酯、六元环醚等；还有的单体，如己内酰胺，在聚合过程中，环状单体和线型聚合物构成平衡。环状单体的聚合活性取决于过程的热力学和动力学因素，主要是热力学因素，即环状单体和线型结构聚合物的相对稳定性。这可以由聚合体系自由焓的变化 ΔG 值作出定性或半定量判断。根据热力学第二定律

$$\Delta G=\Delta H-T\Delta S$$

式中　ΔH——过程的焓变，即聚合热；

ΔS——过程的熵变。

如果环状单体的自由焓大于线型聚合物的自由焓，则 $\Delta G<0$，开环聚合可以进行，反之则不能。

开环聚合的 ΔH 主要与环的张力有关。环的张力有两类：一类是键角变形所引起的角张力，另一类是氢或取代基间斥力所造成的构象张力。因此环的大小(元数)、环中杂原子的种类和数目、环上取代基等都会影响到环的张力。环状单体的张力以内能的形式储存在环内，开环聚合时，环的张力消失，内能减少，释放出聚合热，即 ΔH 为负值。一般环的张力越大，聚合自由焓负得越大，则环的稳定性越低，聚合倾向越大。

先以环烷烃为例，来说明环的大小对环张力及环稳定性、聚合活性的影响情况。可以借助一系列热力学参数来进行判断。首先是键角大小及键的变形程度。正四面体碳原子正常键角为 109°28′，环烷烃键角与正常键角差值的一半定义为碳—碳键的变形程度，单位为度。环烷烃中每一亚甲基的张力用环烷烃中和直链烷烃中亚甲基燃烧热的差值表示。环的张力能等于每一亚甲基的张力乘以环中亚甲基数。实测的聚合热即焓变与环张力能相近。聚合自由焓则由聚合热和熵计算得到。上述各参数的数据见表 6-7 和表 6-8。

表 6-7　环烷烃的张力能及有关热力学参数(25℃)

(直链烷烃中 CH_2 基的燃烧热=650.9kJ/mol)

环烷烃 $(CH_2)_n$ 的 n 值	平面形的键角	环烷烃中键的变形	CH_2 的燃烧热/ $kJ \cdot mol^{-1}$	CH_2 的张力/ $kJ \cdot mol^{-1}$	环的张力能/ $kJ \cdot mol^{-1}$	聚合热 $-\Delta H_{1C}$/ $kJ \cdot mol^{-1}$
3	60°	24°44′	697.6	38.6	115.8	113.0
4	90°	9°44′	686.7	27.7	110.8	105.1
5	108°	0°44′	664.5	5.5	27.5	21.8
6	120°	-5°16′	659.0	0.0	0.0	-2.9
7	128°34′	-9°33′	662.8	3.8	26.6	21.4
8	135°	-12°46′	664.1	5.1	40.6	34.8
9			664.9	5.9	53.1	46.9
10			664.1	5.1	51.0	48.2
11			663.2	4.2	46.2	45.2
12			660.3	1.3	15.6	14.2
13			660.7	1.7	22.1	22.2
14			659.0	0.0	0.0	7.1
15			659.5	0.5	7.5	12.1
16			659.5	0.5	8.0	8.0
17			658.2	-0.8	-13.0	8.4

表 6-8　环烷烃开环聚合热力学参数(25℃)

$(CH_2)_n^{-1}$ 中的 n 值	$-\Delta H_{1C}/kJ \cdot mol^{-1}$	$-\Delta S_{1C}/J \cdot (mol \cdot ℃)^{-1}$	$-\Delta G_{1C}/kJ \cdot mol^{-1}$
3	113.0	69.1	92.5
4	105.1	55.4	90.0
5	21.8	42.7	9.2
6	-2.9	10.5	-5.9
7	21.4	15.9	16.3
8	34.8	3.3	34.3

由表 6-7 可见，三元、四元环烷烃键的变形程度很大，环张力主要由角张力所引起，环张力大而不稳定。五元环键角为 108°，接近正常键角 109°28′，角张力甚小。六元环形成椅式结构，键角的变形程度趋于零，张力消失。七元和八元环由于邻近氢原子相斥，引起一定的

扭转应力而产生一些构象张力。八元以上的环带有跨环张力；十一元以上环，跨环张力消失。从表 6-8 可以看到，对三元和四元的环烷烃，ΔS 值不利于开环聚合，但 ΔH 绝对值很大，抵偿了 ΔS 值的不利影响，所以 ΔG 为负值。而对于五、六元环，环张力很小，熵变 ΔS 对反应亦不利，因此 ΔG 常为正值。对于较大的环，ΔH 与 ΔS 均为负值，且贡献相近，随着温度升高，ΔG 将逐渐变为小的负值；当达到聚合上限温度以上时，ΔG 变为正值，聚合难以进行。

根据以上分析，环状单体的热力学稳定性次序大致为：

$$3,4 \ll 5,7\sim11<6,12\text{ 以上}$$

实际上九元以上的环状单体较少遇到，因此，从热力学角度考虑，环烷烃容易开环聚合的次序为：

$$3,4>8>7,5$$

虽然环烷烃中除六元环外，在热力学上都有开环聚合的可能，但实际上只有少数可以开环聚合，并且只能得到分子量很低的产物，这主要与反应动力学因素有关。环烷烃的极性较小，不易于引发剂活性种的进攻，故工业上较少进行环烷烃的开环聚合。

对于杂环化合物，如环醚、环酯、环酰胺等，相当于环烷烃中一个—CH_2—被 O、S、N 等杂原子取代，由于 C—N、C—O 键的键长和键角与 C—C 键相差不大，因而可以推断环的大小对 ΔG 的影响与环烷烃类似，其开环聚合的能力次序可参照环烷烃得出结论。但是杂环化合物的开环聚合能力，还与环中杂原子的性质有关，杂原子提供了引发剂亲核或亲电进攻的位置，因此在动力学上它们比环烷烃更有利于开环聚合。

无论碳环还是杂环化合物，环上有取代基时，总会降低它的聚合能力，导致开环聚合困难。例如，己内酰胺虽然能聚合，但 *N*-甲基己内酰胺就不能聚合。

二、开环聚合的机理

（一）开环聚合反应类型

根据开环聚合前后环状单体及所得聚合物的化学组成与结构的变化情况，开环聚合可以分为三种类型。

聚合物的重复单元与环状单体的结构和组成相同，为一般型。绝大多数环状单体的开环聚合属于这一类，例如：

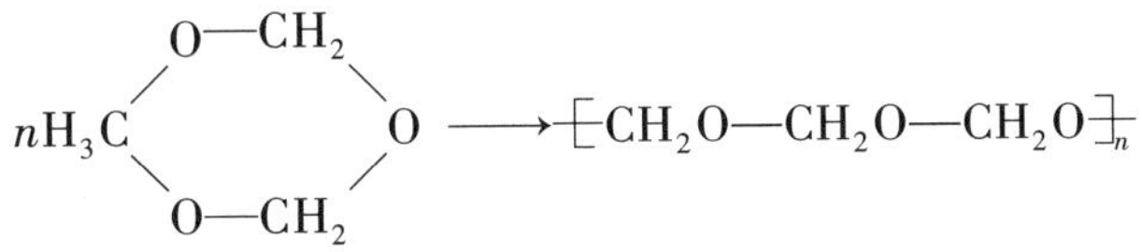

若单体开环过程中发生异构化，则聚合物的重复单元与单体开环时结构不同，但组成相同，这类开环聚合称为异构化开环。如亚磷酸酯的开环聚合。

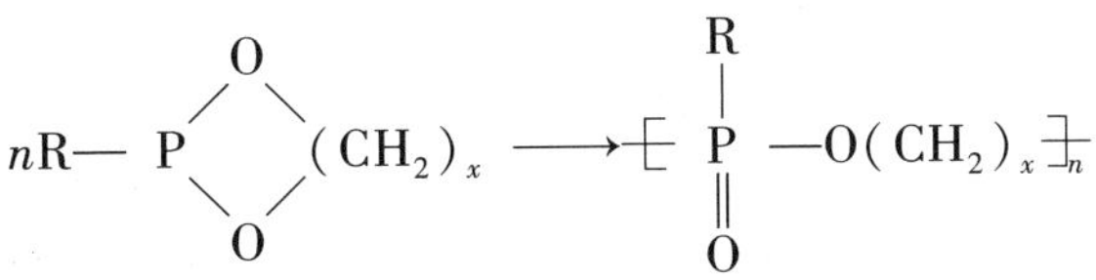

最后一类是开环聚合时，伴随着 CO_2、SO_2 等小分子的消去，例如 *N*-羧基-α-氨基酸酐的开环聚合；

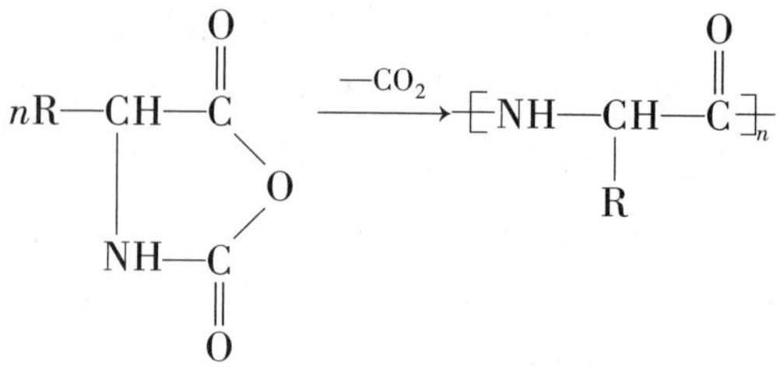

(二)开环聚合反应的特征

大多数开环聚合反应按照离子聚合机理(包括阳离子、阴离子及配位离子聚合)进行，少数可按逐步聚合及自由基聚合机理进行。不同种类的环状单体聚合机理及聚合实例列于表6–9中。

表6–9 不同种类环状单体聚合类型

单 体	聚合类型	实 例
环氧化合物	阳离子、阴离子、配位阴离子	聚环氧乙烷、聚环氧丙烷
环氧丁烷	阳离子	聚3，3′–二(氯亚甲基)环氧丁烷
四氢呋喃	阳离子	聚四氢呋喃
噻丙环	阳离子、阴离子、配位阴离子	聚硫化丙烯
环缩醛	阳离子	聚二氧五环、聚甲醛
环 酯	阳离子、阴离子、配位阴离子	素β–丙内酯、聚ε–己内酯
环酰胺	阳离子、阴离子、水解聚合	聚己内酰胺

开环聚合与烯类单体的连锁聚合或带官能团单体的逐步聚合，在机理上有很多相似之处，但开环聚合还具有另一些特征。

首先，环状化合物转化成线型聚合物时，不产生新的化学键，只是键的连接次序发生变换，即由分子内相连转变为分子间彼此相连，形成线型聚合物，这一点和连锁聚合及缩聚反应都不同。在连锁反应中，单体分子中的π键转变为聚合物分子中的σ键。在缩聚反应中，单体分子由于官能团之间发生缩合反应，析出小分子，形成聚合物的同时产生了新的化学键。但在开环聚合中，例如由己内酰胺开环聚合成聚己内酰胺时，只是分子内酰胺键转化成分子间酰胺键，并不析出小分子化合物，同时链结构中常含有官能团的结构特征如$-\overset{\overset{\displaystyle O}{\|}}{C}-NH-$等，见下式。

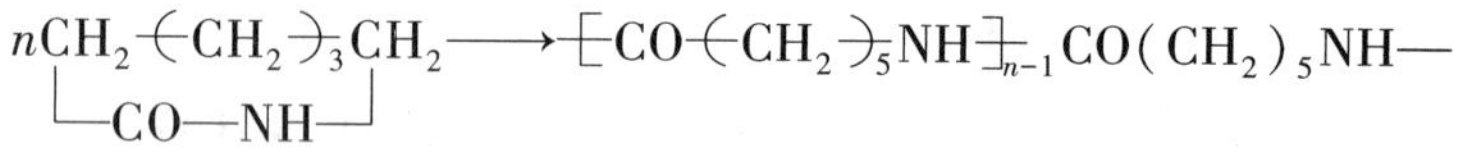

其次，开环聚合过程中，聚合自由焓ΔG变化较小，易形成单体–聚合物可逆平衡，聚合上限温T_c较低。如四氢呋喃$T_c = 80℃$；室温下聚合时，其最大转化率约为70%。

最后，环状单体可以用离子型引发剂或分子型引发剂引发开环聚合。离子型引发剂包括阴离子和阳离子，如Na、$RO^{\ominus}$、$HO^{\ominus}$和$H^{\oplus}$、BF_3等；分子型引发剂是水。离子型引发剂比分子型活泼，一般很活泼的环状单体才能用分子型引发剂引发。采用离子型引发剂引发开环聚合反应，表现出离子聚合的许多特征，例如溶剂和反离子的影响，单体只能与活性中心加成等，但机理却可以是连锁的或是逐步的，甚至两种兼有。区分机理的标志主要是分子量随时间变化的关系。许多开环聚合产物的分子量，随着时间逐渐增长，类似于逐步聚合，但又与逐步聚合不同，逐步聚合只有转化率很高时才能得到高分子量聚合物，而开环聚合具有离子活性聚合的特征，如环醚单体的阴、阳离子开环聚合，都具有活性聚合反应特征。

三、工业上重要的开环聚合

（一）环醚

环醚（cyclic ethers）一般只能用阳离子引发剂引发开环聚合。简单的环醚中，只有三、四、五元环可以开环聚合。由于阳离子开环聚合的活性中心是氧鎓离子，比碳阳离子稳定，所以其聚合速率慢，产物分子量不高，如四氢呋喃。复杂的环缩醚如三聚甲醛比较容易进行开环聚合。三元环醚由于环张力大，阳离子、阴离子、配位聚合都可以。

工业上有价值的环醚开环聚合，有环氧乙烷、环氧丙烷阴离子开环聚合成聚醚，3,3′-二（氯亚甲基）环氧丁烷阳离子聚合成聚氯醚。

1. 三元环醚的阴离子开环聚合

三元环醚主要有环氧乙烷（EO）、环氧丙烷（PO）等。

环氧烷烃是开环聚合的主要单体，工业上常用氢氧化物、烷氧基化合物等作为引发剂，以活泼氢化物为起始剂进行阴离子开环聚合，制得重要的聚醚类非离子表面活性剂。

环氧乙烷的阴离子开环聚合机理如下：

链引发

$$\underset{\diagdown\ O\ \diagup}{CH_2—CH_2} + Me^{\oplus}A^{\ominus} \longrightarrow A—CH_2CH_2O^{\ominus}Me^{\oplus}$$

链增长

$$A—CH_2CH_2O^{\ominus}Me^{\oplus} + \underset{\diagdown\ O\ \diagup}{CH_2—CH_2} \longrightarrow$$

$$A—CH_2CH_2OCH_2CH_2O^{\ominus}Me^{\oplus}$$

$$A\!\left(CH_2CH_2O\right)_n CH_2CH_2O^{\ominus}Me^{\oplus} + \underset{\diagdown\ O\ \diagup}{CH_2—CH_2}$$

$$\longrightarrow A\!\left(CH_2CH_2O\right)_{n+1} CH_2CH_2O^{\ominus}Me^{\oplus}$$

环氧烷烃聚合体系通常无终止反应，具有活性聚合特征。如环氧乙烷聚合后加入环氧丙烷会生成嵌段共聚物，是聚醚类表面活性剂的重要品种。

环氧烷烃阴离子开环聚合的聚合速率和聚合度的表达式，与活的阴离子聚合很相似。例如用甲氧基钠（CH_3ONa）为引发剂，在二氧六环溶剂中，聚合速率方程和聚合度分别为：

$$R_p = k_p[CH_3O^{\ominus}Na^{\oplus}][C_2H_4O] \tag{6-22}$$

$$\overline{X}_n = \frac{[C_2H_4O]_0 - [C_2H_4O]_t}{[CH_3O^{\ominus}Na^{\oplus}]_0} = \frac{[M]_0 - [M]_t}{[C]_0} \tag{6-23}$$

式中　$[M]_0$，$[M]_t$——起始和 t 时单体的浓度；

$[C]_0$——起始引发剂浓度。

许多环氧化物聚合过程中生成的聚醚，可以和起始剂醇发生交换反应：

$$R\!\left(CH_2CH_2O\right)_n O^{\ominus}Na^{\oplus} + ROH \rightleftharpoons$$

$$R\!\left(OCH_2CH_2\right)_n OH + RO^{\ominus}Na^{\oplus}$$

交换反应的结果，导致产物分子量降低，其聚合度为：

$$\overline{X}_n = \frac{[M]_0 - [M]_t}{[C]_0 + [ROH]_0} \tag{6-24}$$

2. 3,3′-二(氯亚甲基)环氧丁烷的阳离子聚合

四元环醚及其衍生物，具有亲电中心，所以都可用乙烯基单体的阳离子聚合引发剂如路易斯酸引发阳离子聚合。例如，3,3′-二(氯亚甲基)环氧丁烷用 BF_3 作引发剂，水为共引发剂，进行阳离子开环聚合得到氯化聚醚树脂，是用途广泛的工程塑料。

3,3′-二(氯亚甲基)环氧丁烷阳离子开环增长反应，如下式所示：

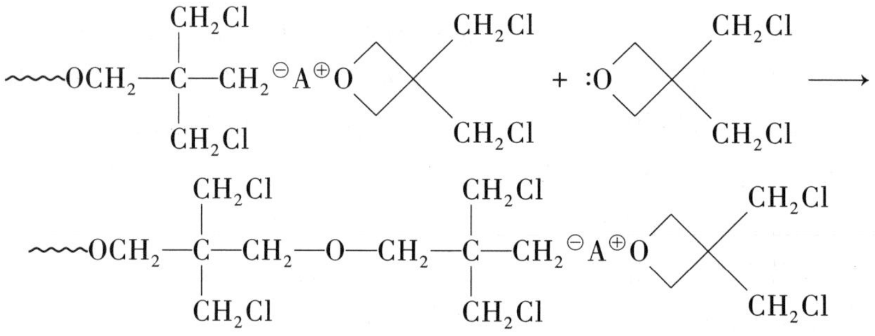

上式中阳离子开环聚合增长活性中心是三级氧鎓离子，带有正电荷，使 α-碳原子电子不足，有利于单体分子上氧的亲核进攻而加成增长，因而多数环醚的阳离子开环都是 SN_2 反应。

环醚的阳离子聚合，常常具有活性聚合的性质，聚合物分子量分布很窄。对于无终止的阳离子聚合，可按照活性阴离子聚合同样处理。

$$R_p = k_p[M^*][M] \tag{6-25}$$

式中 $[M^*]$——活性中心氧鎓离子的浓度。

无终止，但有聚合-解聚平衡时，即：

$$M_n^* + M \underset{k_{dp}}{\overset{k_p}{\rightleftharpoons}} M_{n+1}^*$$

聚合速率为：

$$R_p = -\frac{d[M]}{dt} = k_p[M^*][M] - k_{dp}[M^*] \tag{6-26}$$

平衡时，$R_p = 0$，则

$$k_p[M]_e = k_{dp} \tag{6-26a}$$

代入式(6-26)，得：

$$-\frac{d[M]}{dt} = k_p[M^*]([M] - [M]_e) \tag{6-27}$$

积分上式，得：

$$\ln\left(\frac{[M]_0 - [M]_e}{[M] - [M]_e}\right) = k_p[M^*]^t \tag{6-27a}$$

相应的聚合度为：

$$\overline{X}_n = \frac{[M]_0 - [M]_e}{[C]_0 - [C]_e} \tag{6-28}$$

式中 $[M]_e$ ——单体平衡浓度；

$[C]_e$ ——活性中心的平衡浓度。

(二)己内酰胺的阴离子开环聚合

己内酰胺水解开环聚合属逐步聚合机理，工业上用此法大规模生产尼龙-6，已在第二章

中介绍。其阳离子开环聚合，由于转化率和产物分子量都不高，所以不具有工业价值。采用阴离子聚合将己内酰胺制成预聚体，然后模内浇铸，继续聚合成整体铸件，成为工程塑料。

己内酰胺阴离子开环聚合的引发剂一般为碱金属和环酰胺单体的碱金属盐类。用弱碱时，引发效果较差，如 NaOH 或 RONa。己内酰胺阴离子开环聚合反应机理简述如下。

1. 链引发

己内酰胺在引发剂碱金属（Me）作用下，生成己内酰胺单体阴离子（Ⅰ）：

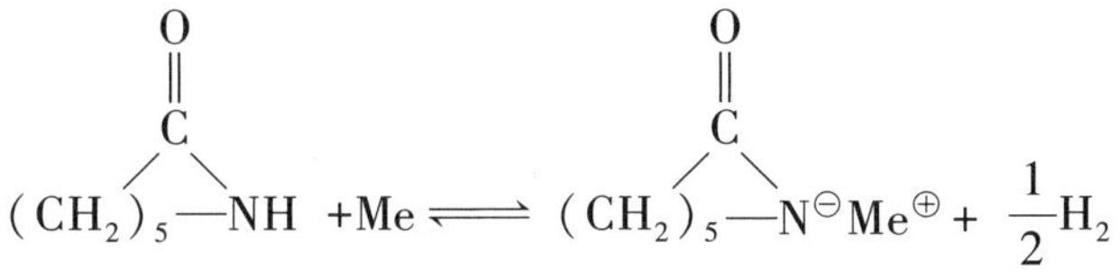

（Ⅰ）

式中　Me——碱金属。

第二步为己内酰胺单体阴离子（Ⅰ）与单体反应而开环，生成活泼的二聚体胺阴离子活性种(Ⅱ)。

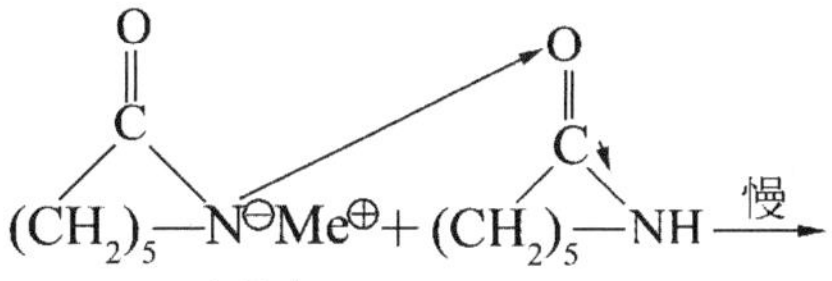

（Ⅰ）　（Ⅱ）

因为单体中酰胺键 —NH—C(=O)— 的碳原子上缺电子性不足，活性较低，不容易与己内酰胺阴离子作用，即由(Ⅰ)生成(Ⅱ)的反应很慢，这使得己内酰胺阴离子聚合开始常有一诱导期。

2. 链增长

单体阴离子(Ⅰ)由于同羰基共轭，比较稳定；而胺阴离子活性种(Ⅱ)无共轭的羰基相连，比较活泼，能夺取一个质子生成酰化的二聚体(Ⅲ)，同时产生己内酰胺单体阴离子(Ⅰ)。

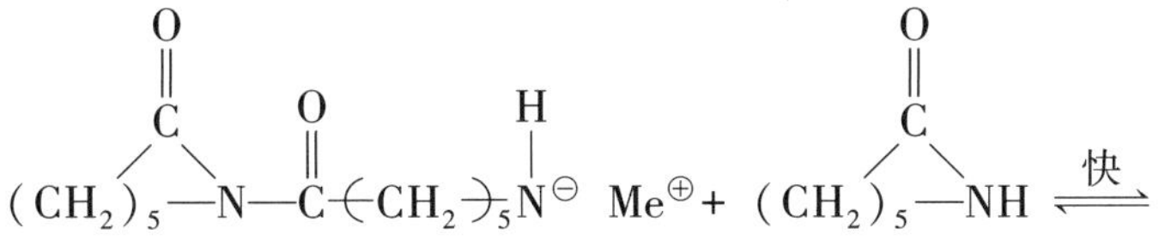

Ⅱ　（Ⅲ）　（Ⅰ）

当Ⅲ中环酰胺的氮原子上连接有羰基后，增加了环酰胺键的缺电子性，因而增加了环酰胺结构被己内酰胺阴离子亲核进攻的活性。增长反应是活性较高的 *N*-酰化内酰胺（Ⅲ）与己内酰胺阴离子反应，使 *N*-酰化内酰胺环开环，反应式如下：

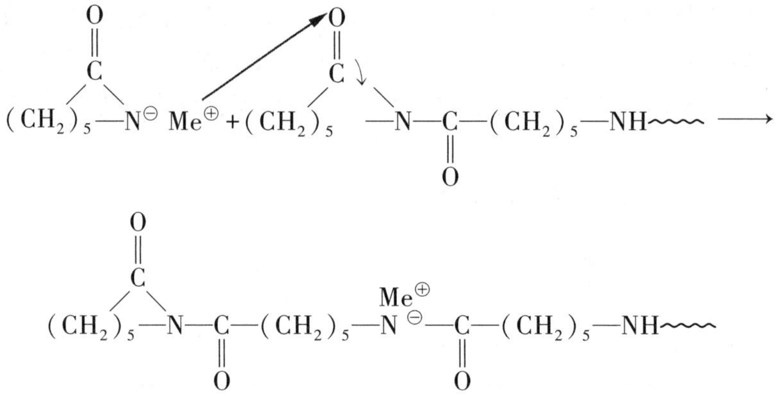

该反应形式上与生成(Ⅱ)的反应相似，但速度却快得多。然后，开环产物很快与单体发生质子交换反应，再生出己内酰胺阴离子和活泼的 *N*-酰化内酰胺。

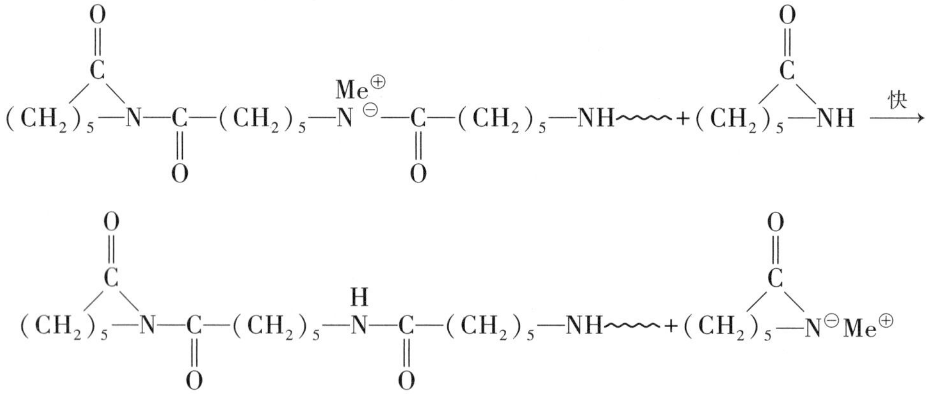

Ⅳ

上述两反应反复进行，使分子链不断增长，生成己内酰胺预聚体。

己内酰胺阴离子开环聚合有两个与其他聚合机理明显不同的特征。一是活性中心不是自由基、阳离子或阴离子，而是 *N*-酰化了的环酰胺键(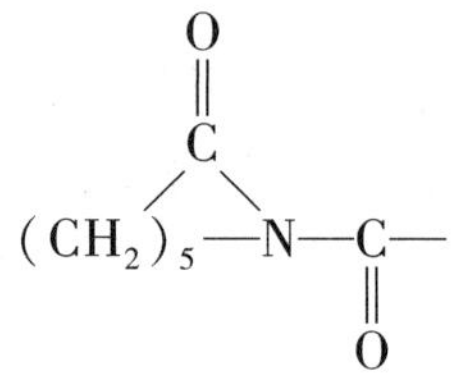)；二是增长反应不是单体加到活性链上，而是单体阴离子(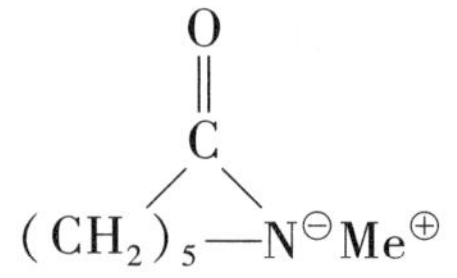 ，又称活化单体)加到活性链上。由于活性中心和活化单体的浓度由引发剂浓度所决定，因而反应速率取决于引发剂即碱金属的浓度；而且由于质子交换反应很快，所以增长速率与单体浓度无关，仅决定于活化单体的浓度，即碱的浓度。根据上述机理，在己内酰胺阴离子聚合时，预先将单体和酰化剂如酰氯、酸酐、异氰酸酯等反应，生成 *N*-酰化内酰胺，再将其加入反应体系中，以加快反应，消去诱导期，使反应在较低温度下进行。目前工业上生产铸型尼龙都加有酰化剂。

习　　题

1. 试从引发剂、单体、反应特点等方面比较自由基、阴离子和阳离子聚合。

2. 将下列单体和引发剂进行匹配，说明聚合反应类型，并写出引发反应式。

单体：$CH_2{=}CHC_6H_5$，$CH_2{=}C(CN)_2$，$CH_2{=}C(CH_3)_2$，$CH_2{=}CHO(n{-}C_4H_9)$，$CH_2{=}C(CH_3)COOCH_3$，$CH_2{=}CHCl$，CH_2O；

引发剂：$(C_6H_5COO)_2$，$(CH_3)_3COOH+Fe^{2+}$，Na+萘，BF_3+H_2O，$n{-}C_4H_9Li$。

3. 离子聚合反应过程中，活性中心的存在形式有几种？各种存在形式和单体的反应能力如何？有哪些因素影响活性中心的存在形式？

4. 什么是活性聚合物？为什么阴离子聚合能进行活性聚合？举例说明阴离子活性聚合的应用。

5. 当用 RK 为引发剂合成如下嵌段共聚物时，加料顺序如何？

(1) $-[\text{MMA}]_m-[\text{BD}]_n-$　　(2) $-[\text{S}]_m-[\text{BD}]_n-[\text{AN}]_p-$

(3) $-[\text{S}]_m-[\text{CH}_2\text{CH}_2\text{O}]_n-$　　(4) $-[\text{S}]_m-[\text{BD}]_n-[\alpha\text{-}m\text{S}]_p-$

6. 将 1.0×10^{-3}mol 的萘钠溶于四氢呋喃中，然后迅速加入 2mol 的苯乙烯，溶液的总体积为 1L。假设单体立刻混合均匀，反应时间 2000s 时单体的转化率为 50%，试计算聚合时间分别为 2000s 和 4000s 时的聚合度。

7. 以 H_2SO_4 为引发剂，在 $(CH_2Cl)_2$ 中引发苯乙烯聚合。已知 $k_p=7.6\text{L/(mol·s)}$，自发终止速率常数 $k_t=4.9\times10^{-2}\text{s}^{-1}$，向单体链转移常数 $k_{tr,m}=1.2\times10^{-2}\text{L/(mol·s)}$，反应体系中单体浓度为 2.1mol/L，计算聚合反应开始时聚苯乙烯的分子量。

8. 异丁烯聚合时向单体链转移为主要终止方式，聚合物末端为不饱和端基。若有 6.0g 聚异丁烯，使 6.0mL 的 0.15mol/L 的 $Br_2{-}CCl_4$ 溶液正好褪色，试计算聚合物的数均分子量。

本章小结

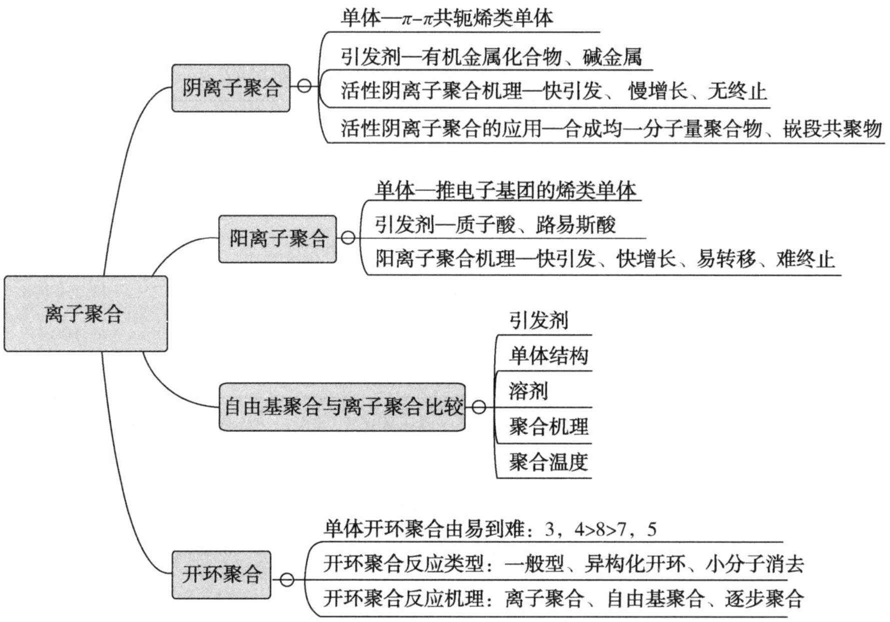

第七章　配位聚合

知识目标：

1. 理解聚合物的立构规整性及其对性能的影响；
2. 熟悉配位聚合的单体和 Ziegler-Natta 等引发剂种类和特点；
3. 理解丙烯配位聚合反应机理和影响因素；
4. 了解配位聚合实施方法。

第一节　引　　言

乙烯、丙烯和其他 α-烯烃是石油裂解的主要产物，但在 20 世纪 30 年代仅仅作为燃料使用，未能直接生产高聚物。后来发现在高温、高压条件下，以微量氧或过氧化物作为引发剂，可使乙烯聚合成聚乙烯，称为高压聚乙烯或低密度聚乙烯(LDPE)。

1953 年德国化学家 Ziegler 用三乙基铝和四氯化钛络合物作引发剂，使乙烯在常压和较低温度下(60~90℃)聚合，得到了低压高密度聚乙烯(HDPE)。与前述高压聚乙烯相比，其支链较少、熔点和结晶度较高，见表 7-1。

表 7-1　高压聚乙烯与低压聚乙烯性能比较

性　能	高压聚乙烯	低压聚乙烯
分子量	22000~23000	20000~30000
熔点/℃	~110	124~134
密度/g·cm^{-3}	~0.92	0.95~0.97
拉伸模量/MPa	10.8~24.5	41.2~108
伸长率/%	6000	100
介电常数	2~3	2~3

1954 年意大利化学家 Natta 用 $Al(C_2H_5)_3$ 和 $TiCl_3$ 络合物作引发剂，成功地将难以聚合的丙烯聚合成立构规整度很高的聚合物。接着 Goodrich-Tire 公司采用 $Al(C_2H_5)_3$ 和 $TiCl_4$ 使异戊二烯聚合，得到了顺-1,4 含量很高的(90%~94%)聚异戊二烯，宣布了合成天然橡胶的成功。差不多同时 Firestone 轮胎和橡胶公司发现用锂或烷基锂在控制的条件下，也可合成高顺-1,4(90%~94%)聚异戊二烯。Ziegler-Natta 为高分子科学开拓了

新的领域，于 1963 年获得了诺贝尔化学奖。应用 Ziegler-Natta 引发剂，可使难以自由基聚合或离子聚合的烯类单体，如乙烯、丙烯等进行配位聚合，并形成具有特殊性能的立构规整聚合物。

Natta 在解释 α-烯烃聚合机理时提出了配位聚合(coordination polymerization)的概念，它是指单体与引发剂首先配位形成络合物，再经反应生成聚合物的一种聚合反应。这类引发剂有两种作用：

(1) 起引发聚合的作用；

(2) 与单体发生强烈的配位络合作用。

配位聚合中有多种常用的术语，例如：络合聚合、定向聚合、有规立构聚合和 Ziegler-Natta 聚合等，现说明如下。

配位聚合和络合聚合是同义语，其含义都是采用具有配位(或络合)能力的引发剂，链增长(有时包括引发)都是单体先在活性种的空位上配位(络合)并活化，然后插入烷基-金属键(R—M)中。这是对聚合反应的发生和性质的描述，因此任何聚合反应只要包括单体的配位(或络合)、活化的单体在 R—M 键中插入增长，均属配位(或络合)聚合的范畴，聚合的结果可以形成有规立构聚合物，也可以是无规聚合物。这样，近代采用 Ziegler-Natta 引发剂的 α-烯烃、二烯烃、环烯烃和极性烯类单体的聚合，以及烷基锂引发的二烯烃聚合均为配位(或络合)聚合，而配位比络合表达的意义更为明确。

定向聚合和有规立构聚合是同义语，按照国际纯粹和应用化学联合会(IUPAC)的规定，二者都是指以形成有规立构聚合物为主的聚合过程。因此，任何聚合过程(包括自由基、正离子、阴离子和配位聚合等)或任何聚合方法(如本体、悬浮、乳液和溶液等)，只要它是以形成有规立构聚合物为主，都是定向聚合或有规立构聚合。乙烯等对称单体的聚合和形成无规共聚物的乙丙共聚合，尽管采用 Ziegler-Natta 引发剂，也为配位聚合，但不是定向聚合。有些书刊和文献还常把定向和有规立构的概念加以严格区分，定向专指聚合过程，而有规立构则专指聚合物的结构。

至于 Ziegler-Natta 聚合通常是指采用 Ziegler-Natta 引发剂的任何单体的聚合或共聚合。所得聚合物可以是立构规整的，也可以是无规聚合物。因此，采用非 Ziegler-Natta 引发剂的烷基锂引发二烯烃的配位阴离子聚合，以及采用单一金属引发剂(如 $Zr(\pi-C_3H_5)_3Br$ 引发的苯乙烯、丙烯全同聚合，$\pi-C_3H_5NiCl$ 引发的丁二烯顺式 1,4-聚合)引发的有规立构聚合，均不属 Ziegler-Natta 聚合之列。

第二节　聚合物的立构规整性

一、聚合物中的立体异构现象

在有机化学中将具有相同分子式而性质不同的化合物叫作异物体，这种现象叫作异构现象。高分子聚合物也存在异构现象，包括结构异构与立体异构两类。

结构异构也可称为同分异构，是由聚合物的化学组成相同、原子和基团的相互键接位置不同所引起的。如聚乙烯醇和聚环氧乙烷，就是化学组成相同，但结构不同的结构异构体。而聚氯乙烯分子中，结构单元有头-尾、头-头、尾-尾三种链接方式，一般以头-尾链接为主，杂以其他方式，形成结构异构体。由一种单元以一种链接方式构成的聚合物，称为序列规整聚合物。

分子中的原子或基团在空间的排列方式称为构型。由聚合物分子中原子和基团的空间排列方式不同所产生的异构称为立体(构型)异构。分为顺反异构(几何异构)和对映体异构(光学异构、手性异构)。

1. 顺反异构

顺反异构是由双键或环上的取代基在空间排列方式不同产生的，如丁二烯按照1,4加成进行聚合，由于双键无法旋转，则产生顺式1,4和反式1,4两种构型的几何异构体，见图7-1。

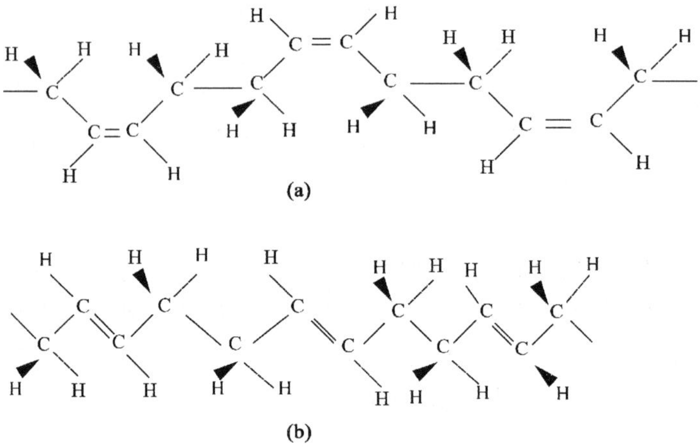

图7-1　1,4-聚丁二烯的几何异构体

(a)—顺式1,4-聚丁二烯；(b)—反式1,4-聚丁二烯

1,4-聚丁二烯的顺式和反式异构体性能有差异，反式异构体的分子链对称性好，所以结晶度高，相应的T_g(141℃)和T_m(-58℃)值较高，作为塑料应用；顺式聚丁二烯的结晶度低，T_g(1℃)和T_m(-102℃)值较低，是高弹性能良好的橡胶。

2. 对映体异构

直接与四个不相同的原子或原子团相连接的碳原子，称作不对称碳原子，又称为手性碳原子。一般手性碳原子具有两种构型，对偏振光的旋转方向相反，形成以碳原子为手性中心的对映异构体。按照连接在手性中心上的基团的次序规则不同，将手性中心分为*R*构型和*S*构型。

例如α-烯烃中的聚丙烯分子中含有多个手性中心C^*原子。C^*原子上连有H、CH_3和碳氢链段，紧邻C^*上碳氢链段长短不等，但差别极小，并不显示旋光活性，称作假手性中心。

$$n\underset{\textstyle CH_3}{CH_2{=}\underset{|}{CH}} \longrightarrow \sim\sim CH_2\underset{\textstyle CH_3}{\underset{|}{C^*}}H{-}CH_2\underset{\textstyle CH_3}{\underset{|}{C^*}}H{-}CH_2\underset{\textstyle CH}{\underset{|}{C^*}}H\sim\sim$$

如果将聚丙烯主链上C—C键角保持在109°28′的情况下，将大分子连拉直放在一个平面上，则成锯齿形，取代基 CH_3 处于平面的同侧，或相邻手性中心的构型相同，成为全同立构(或等规，isotatic)聚合物，即等规聚丙烯。若取代基 CH_3 交替处在平面的两侧，或相邻手性中心的构型相反并交替排列，则成为间同立构(间规，syndiotactic)聚合物，即间规聚丙烯。若手性中心构型呈无规排列，则成为无规立构聚合物。为了清楚地表示聚(atactic)合物的立体异构现象，曾广泛采用两种图示，一是平面锯齿形图示[图 7-(2a)]，另一种是 Fisher 投影式[图 7-2(b)]。

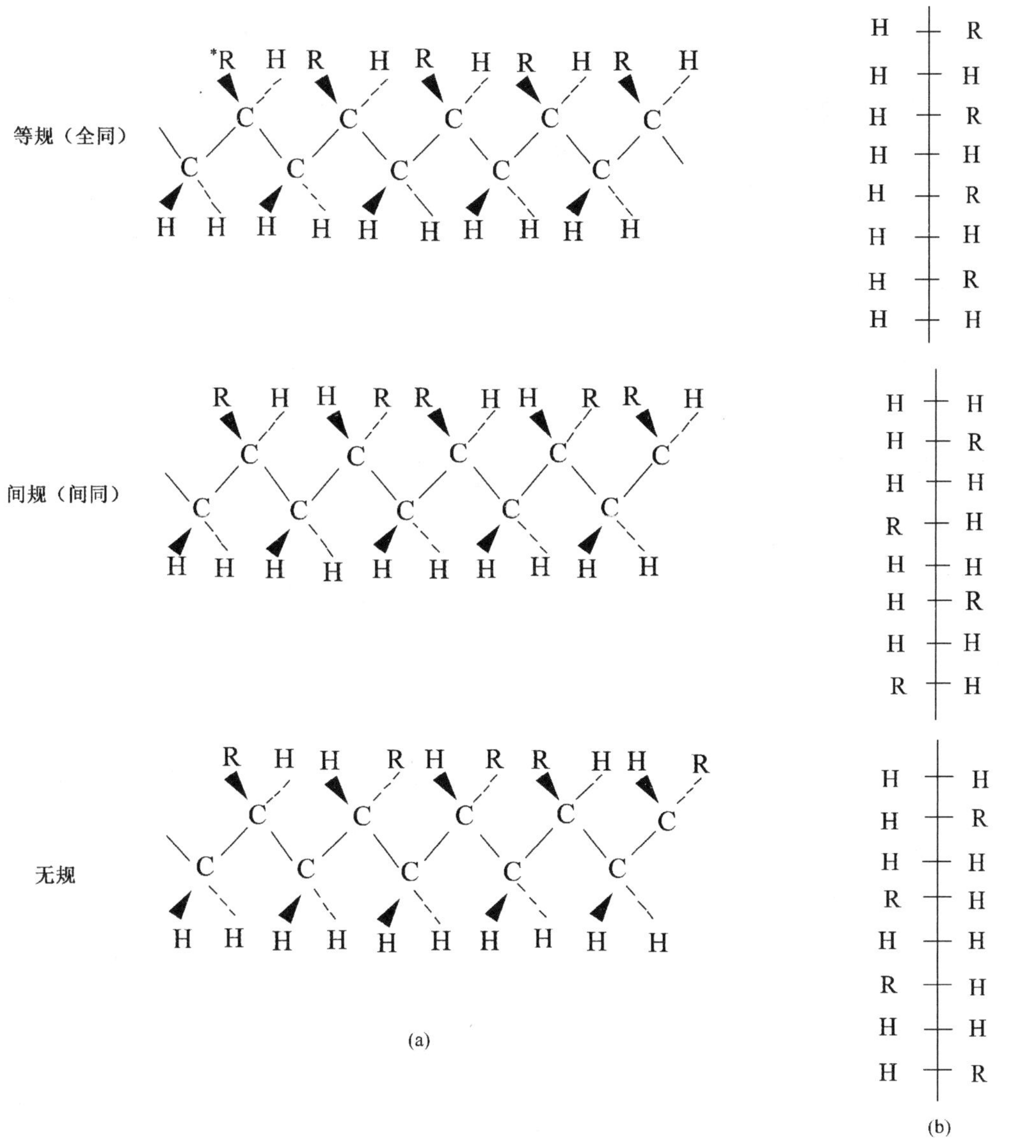

图 7-2　聚 α-烯烃的立构图像

(a)平面锯齿形；(b)Fisher 投影式

在聚合物分子链中，若存在着连续的构型相同的手性中心，则将这种聚合物称为立构规整性聚合物，如等规或间规聚合物都属于此类。立构规整聚合物与非规整聚合物之间的性能差别很大。聚合物的立构规整性首先改变大分子堆砌的紧密程度和结晶度，有序链结构易形成结晶，无序链结构不易形成结晶。结晶度进而影响聚合物的密度、熔点、溶解性、弹性、强度等一系列性能。例如无规聚丙烯熔点低(75℃)，易溶于烃类溶剂，强度差，用途少；等规聚丙烯是结晶性聚合物，熔点高(175℃)、耐溶剂、强度大。

当含有多个取代基或取代基上又有手性碳原子存在时，这样的不对称烯类单体，其立体异构现象就更加复杂了，现在已合成出真正具有旋光性的聚合物。

二、立构规整度的测定

立构规整度 IIP(又称等规度、全同指数)表示立构规整性聚合物占总聚合物的百分数。它是衡量一个聚合物主链上所具有的连续的重复构型单元规整度大小的尺度。在科研和生产中，常以所得聚合物的立构规整度表示引发剂的配位定向能力。

立构规整度可用红外光谱测定(如聚丙烯可由全同和间同立构特征峰 975cm^{-1} 和 867cm^{-1} 的强度比求得其 IIP)，也可用化学方法和物理方法如测定结晶度、密度、熔点和溶解度等间接测定。聚丙烯常用沸腾的正庚烷萃取法。一般全同结构聚丙烯在沸腾正庚烷中溶解度较低，这样根据全同与无规立构聚丙烯溶解度的差别可将它们分开。因此，常用萃取剩余物所占分数来表示全同指数。

$$\text{聚丙烯的全同指数}=\frac{\text{沸腾正庚烷萃取剩余的质量}}{\text{未萃取时聚合物的总质量}}\times 100\%$$

三、聚合物的立构规整度与聚合机理的关系

烯类单体聚合反应中，如何控制分子链的每一个增长步骤及形成何种立体结构的聚合物，取决于单体的预取向、单体与增长链的定向结合和反应活性中心的再生等三个阶段，其过程与引发剂、单体性质、反应条件有关。下面仅就自由基聚合、离子聚合、配位聚合的立体结构控制问题分别讨论。

(一)自由基聚合的立构控制

自由基聚合时增长链自由基末端的未成对电子与其所在链节平面互相垂直，见图 7-3。

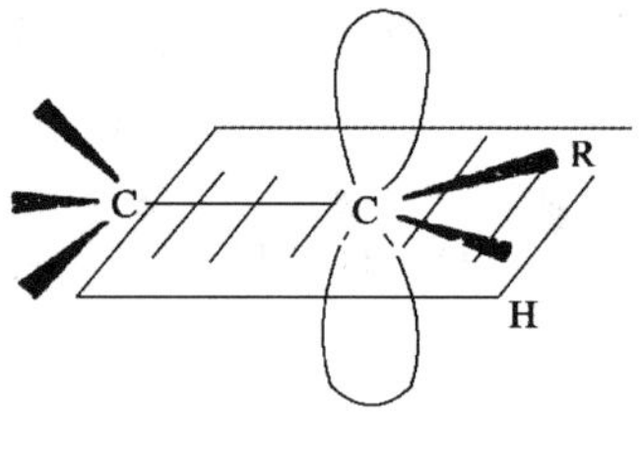

图 7-3　自由基结构示意图

链增长时单体可从上、下两个方向进攻自由基，没有倾向性，含有未成对电子的末端碳原子可以围绕 C—C 键旋转，单体在聚合物链上的构型不是由该单体向活性中心加成的瞬间决定的，而是在下一个单体加成后才决定的，即倒数第二个链节的构型要由单体取代基、增长链末端取代基的空间位阻效应和反应温度决定。因而，自由基聚合过程中，一般没有获得立构规整聚合物的特效性。低温下能减少 C—C 链的内旋转运动，而自由基聚合通常是在高温下进行的，聚合物多为无规立构体。

（二）离子聚合的立构控制

离子聚合时，若增长活性链末端是自由离子，与自由基聚合类似，没有有规立构聚合的特效性。若末端以离子对存在，且反粒子和增长链靠得紧密，当单体插入聚合时，形成立构规整性聚合物的可能性增大。其他有利于立构规整聚合的条件有：极性较小的溶剂有利于降低离子对的离解度；低温下单体分子热运动不激烈，容易稳定加成反应；单体浓度较低可保证加成反应有规化排列的机会。表 7-2 中列出了部分乙烯基单体的阴、阳离子聚合物的立构规整性。

表 7-2　几种单体离子型聚合物的立构规整性

种　类	单　体	引发剂	溶剂	温度/℃	聚合物结构
阳离子聚合	α-甲基苯乙烯	金属卤化物	非极性溶剂	低温	全同立构体
	异丁基乙烯基醚	BF_3·乙醚	丙烷	-60~80	全同立构体
	甲基乙烯基醚	$FeCl_3$·I_2	甲苯	-78	间同立构体
阴离子聚合	甲基丙烯酸甲酯	C_4H_9Li	甲苯	-78	全同立构体
	甲基丙烯酸甲酯	Na	甲苯	30	全同立构体
	苯乙烯	C_4H_9Li	烃	<-30	全同立构体
	苯乙烯	Na（收率低）	甲苯	30	全同立构体

（三）配位聚合的立构控制

配位聚合时单体首先与活性引发剂配位形成某种形式的络合物，然后单体插入增长，进行链聚合。单体与引发剂的络合能力和向活性络合物的加成方向，由它们的极性和空间位阻效应决定。一般带有极性官能团的单体容易发生配位作用，随单体以引发剂配位能力的增加，加成到活性链上的单体排列立构规整性增大。

第三节　α-烯烃的配位聚合

α-烯烃是指 C ═C 位于分子一端（α 位置）的烷基取代乙烯同系物。乙烯是最简单的 α-烯烃；丙烯是取代烯烃中最简单的 α-烯烃，其高级同系物是 1-丁烯、4-甲基-1-戊烯和苯乙烯。其中除丙烯在不同条件下可制得全同和间同聚丙烯（用 α-$TiCl_3$-$AlEt_3$ 于 30~70℃ 聚合得全同聚丙烯，用 VCl_4-AEt_2Cl 于-78℃ 得间同聚丙烯）外，其他高级的 α-烯烃只能聚合成全同聚合物。

但是从工业生产和有规立构聚合这两方面来看，它们远不如全同聚丙烯重要。为此，本章将以丙烯聚合成全同聚合物作代表加以讨论。

一、配位引发体系

配位引发剂主要有四类。

（1）Zigler-Natta 引发剂；

（2）π-烯丙基过渡金属引发剂；

(3) 烷基锂引发剂(引发二烯烃聚合);

(4) 茂金属引发剂。

其中以 Zigler-Natta 引发剂种类最多，组分多变，应用最多。

引发剂各组分和引发剂-单体之间的特定配合，对配位聚合获得立构规整性聚合物极为重要。一般地说 Ziegler-Natta 引发剂可使 α-烯烃定向聚合，又可使二烯烃、环烯烃进行有规立构聚合；π-烯丙基镍型(如 π-C_3H_5NiX)引发剂常专供引发丁二烯的顺 1，4 或反 1，4 聚合；烷基锂引发剂可在均相体系中引发极性单体和二烯烃形成有规立构聚合物。茂金属引发剂可用于多种烯类单体的聚合，是新近发展的引发剂。

最初 Ziegler-Natta 引发剂由 $TiCl_4$(或 $TiCl_3$)和 $Al(C_2H_5)_3$ 组成，后来发展为一大类引发剂的统称，它通常由两个组分构成。

1. 主引发剂

主引发剂是ⅣB～ⅧB 族过渡金属化合物，例如ⅣB～ⅥB 族过渡金属卤化物、氧卤化合物、乙酰丙酮(英文缩写为 acac)或环戊二烯()基过渡金属卤化物，其相应通式为 MtX_n、$MtOX_m$、$Mt(acac)_n$、Cp_2TiX_2。各式中 Mt＝Ti(Ⅳ)、V(Ⅴ)、Mo、W、Cr(Ⅵ)等；X＝Cl、Br、I；Cp＝  。这些组分主要用于 α-烯烃的配位聚合，其中 $MoCl_5$ 和 WCl_6 常专用于环烯烃的开环聚合，当它们起引发作用时 Mt 大都低于其最高氧化态。至于Ⅷ族过渡金属如 Co、Ni、Ru 和 Rh 等的卤化物或羧酸盐则主要用于二烯烃的配位聚合。

2. 共引发剂

共引发剂常用ⅠA～ⅢA 族的金属有机化合物，如 RLi、R_2Mg、R_2Zn、AlR_3，各式中 R 为 CH_3～$C_{11}H_{23}$的烷基或环烷基。其中有机铝化合物用得最多，其通式为 AlH_nR_{3-n}或 AlR_nX_{3-n}，式中 X＝F、Cl、Br 和 I。

$TiCl_3$-$Al(C_2H_5)_3$(或 $AlEt_3$)体系能使丙烯定向聚合，$TiCl_3$ 是阳离子引发剂，$AlEt_3$ 是阴离子引发剂，两组分适当反应，可形成烯烃配位聚合的活性中心。Ziegler-Natta 引发剂有数千种，根据两组分起反应后形成的络合物是否溶于烃类溶剂这一特性，可将其分为可溶性均相引发剂和不溶性非均相引发剂两类。非均相引发剂的固体结晶表面对形成立构规整聚合物具有重要作用。$TiCl_3$ 本身不溶于烃类，与 $AlEt_3$ 仅应后仍为非均相，对丙烯聚合有较高活性，并有定向作用。

二、配位聚合的反应历程

采用 Zigler-Natta 引发剂进行的 α-烯烃配位聚合主要有双金属机理和单金属机理，目前单金属机理更易被接受。不论机理如何，配位聚合过程可归纳为：形成活性中心(或空位)，吸附单体配位，络合活化，插入增长，类似模板地进行定向聚合，形成立构规整聚合物。

丙烯由非均相引发剂 $TiCl_3$-$Al(C_2H_5)_3$ 引发配位聚合反应历程，主要由链引发、链增长等基元反应组成，与活性阴离子聚合相似，难转移、难终止，下面分别对两种机理进行比较。

(一)Natta 双金属机理

1. 活性中心形成

Natta 等认为络合引发剂的活性中心是由两种金属组成的桥形络合物。络合引发剂一般是金属烷基化合物和过渡元素卤化物组成的，这两种金属都是正电性很强而离子半径很小的物质，由于两种金属正电性的差别，所以有可能形成桥键，以 $TiCl_3-Al(C_2H_5)_3$ 为络合引发剂时，可形成具有 Ti—C 键的网形结构络合物，见式(7-1)。

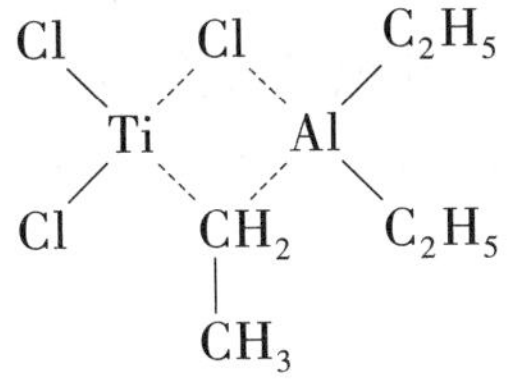

(7-1)

2. 链引发

(1) 富电子的单体丙烯在亲电性的过渡金属钛上配位，即在 Ti 上引发，使双键极化，见式(7-2)中Ⅱ。

(2) 该缺电子桥形络合物部分极化后，被络合的单体就和桥形络合物形成六元过渡状态，见式(7-2)中Ⅲ。

(3) 当极化单体插入 Al—C 键(即在 Al 上增长)，六元结构瓦解，重新形成四元环缺电子桥形络合物，见式(7-2)中Ⅴ。

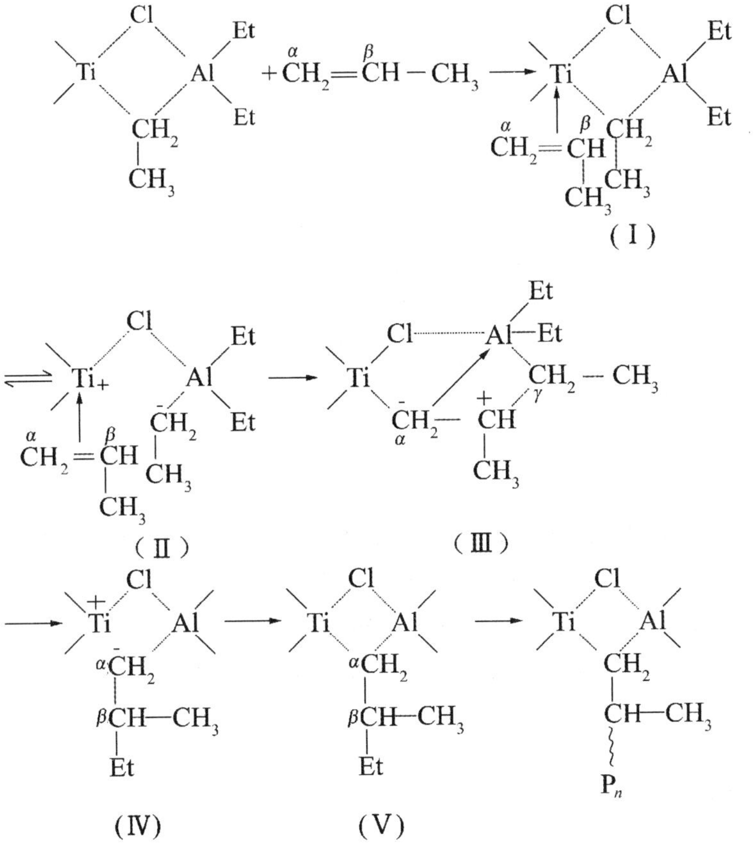

(7-2)

3. 链增长

丙烯单体继续在四元环缺电子桥形络合物的 Ti 上配位，在 Al—C 键间插入，在 Al 上增长，如此反应使聚合物链增长。

(二)Cossee Arlman 单金属机理

P. Cossee 和 E. J. Arlman 提出单金属机理，认为只有一种过渡金属 Ti 活性中心，单体在 Ti 上配位。烯烃单体聚合时的链增长，不是在碱金属—碳键上，而是在过渡金属—碳键上进行的。最有说服力的证据是发现了许多不含有ⅠA～ⅢA 族金属烷基化合物的烯烃聚合引发剂，这些引发剂除活性较低外，几乎具有两组分的 Ziegler-Natta 引发剂的各种特征。

1. 活性中心形成

如式(7-3)所示，$AlEt_3$ 在带五个 Cl^- 配位体的 Ti^{3+} 的暴露空位处，与钛配位，然后 Ti^{3+} 上的 $Cl_{(5)}$ 和 $AlEt_3$ 的 Et 发生烷基卤素交换反应，结果 Ti 发生了烷基化，并再生出一个空位。

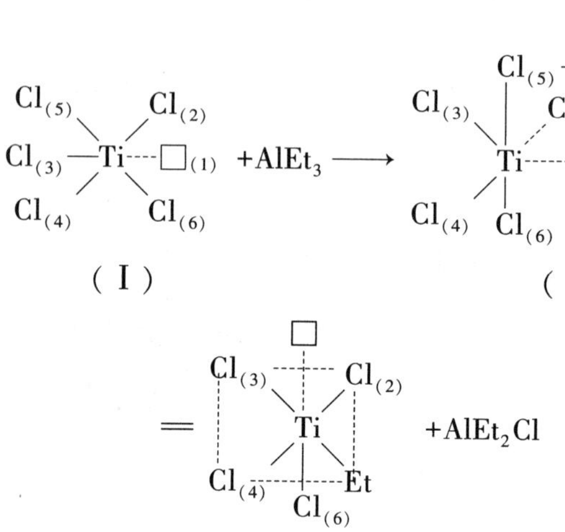

(7-3)

(Ⅲ)

由此可见对形成活性中心来说，$AlEt_3$ 起着通过可逆螯合使 Ti 烷基化的作用，并把相邻的 Cl^- 带走而留下空位。

2. 链引发和链增长

定向吸附在 $TiCl_3$ 表面上的单体(如丙烯)，在空位与 Ti 发生 σ-π 配位络合形成四元过渡态，然后插入 Ti—C 键之间。单体配位时，烯键平行于 $Et_{(5)}$—Ti-$Cl_{(6)}$，—CH_3 伸向晶面外而满足成键和空间位阻尽量小的要求。这种排列，使丙烯的 α-C 与 Et 接近形成过渡态 V，链增长是由 Et 转移到 α-C 上让出空位(5) 而完成的，如式(7-4)所示。

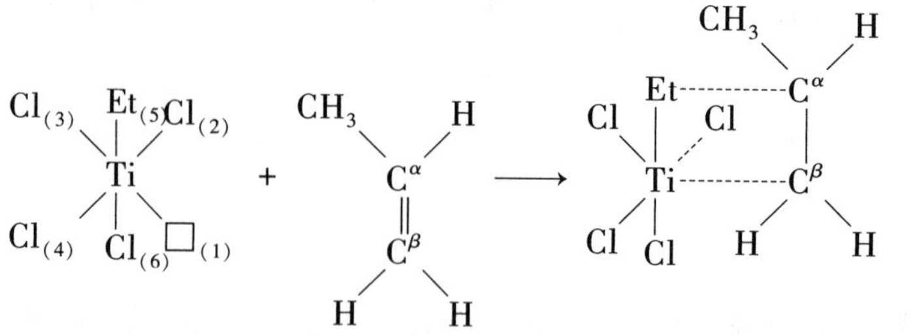

(Ⅳ)　　(Ⅴ)

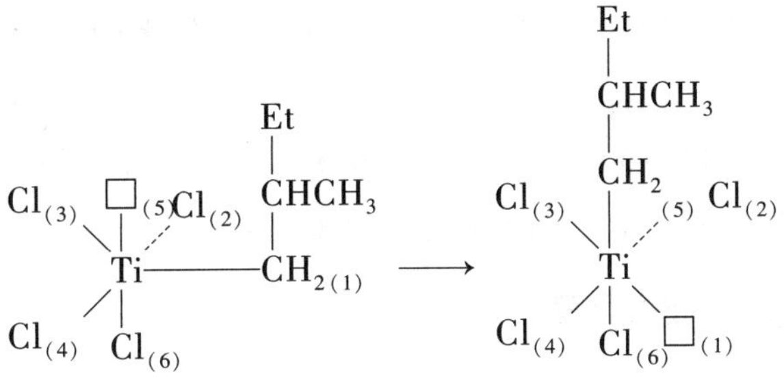

(Ⅵ) (Ⅶ) (7-4)

单体插入后，空位的方位发生了改变。如果单体继续配位插入，将生成间规立构物。根据生成等规立构物的要求，在单体每插入一次后，空位与生成链必须进行一次调位，使活性中心模型复原得以再生。Cossee 等人认为，(1) 的空间位阻比(5) 大，所以 Et 易从(1) 跳回(5) 位，使丙烯分子只能以一种方式在活性中心(1) 处配位进行链增长，从而保证得到等规聚丙烯。

3. 链终止和链转移

丙烯在 $TiCl_3$-$Al(C_2H_5)_3$ 存在下进行配位聚合时，难终止，但含活性氢的化合物如水、醇、酸、胺是配位聚合的终止剂。聚合前要尽量除去，聚合结束后可加入醇类等人为地结束聚合。在聚合过程中，活性链可能向分子链内的 β-H 转移而自发终止，也可能向烷基铝、丙烯转移终止，生产中则可采用外加氢控制分子量。

(1) 瞬时裂解终止(或称自发终止)。β 氢以 H^- 形式转移到 Ti 上，同时在大分子链上形成 $CH_2{=}C(CH_3)\sim\sim$ 不饱和端基。

$$Cat^{\oplus}—{}^{\ominus}\overset{\alpha}{C}H_2—\overset{\beta}{C}H(CH_3)\sim\sim R \longrightarrow Cat^{\oplus}\ H^{\ominus} + \overset{\alpha}{C}H_2{=}\overset{\beta}{C}(CH_3)\sim\sim R \qquad (7-5)$$

(2) 向单体转移终止。

$$Cat^{\oplus}—{}^{\ominus}CH_2—CH(CH_3)\sim\sim R + CH_2{=}CH(CH_3)$$

$$\longrightarrow Cat^{\oplus}—{}^{\ominus}CH_2—CH_2(CH_3) + CH_2{=}C(CH_3)\sim\sim R \qquad (7-6)$$

(3) 向共引发剂转移终止。

$$Cat^{\oplus}—{}^{\ominus}CH_2—CH(CH_3)\sim\sim R + AlR_3$$

$$\longrightarrow Cat^{\oplus}—R^{\ominus} + R_2Al - CH_2—CH(CH_3)\sim\sim R$$

(4) 向氢转移(或氢解)。当 α-烯烃用非均相 Ziegler-Natta 引发剂聚合时，常用 H_2 来调节分子量。

$$Cat^{\oplus}—^{\ominus}CH_2—\underset{\displaystyle CH_3}{\underset{|}{CH}}\sim\sim R + H_2 \longrightarrow Cat^{\oplus}—^{\ominus}H + CH_3—\underset{\displaystyle CH_3}{\underset{|}{CH}}\sim\sim R \qquad (7-7)$$

此反应使产物分子量降低，形成的 Cat—H 需同单体反应才能变成活性中心，这个反应有一定的活化能，所以用 H_2 调节分子量，同时也使聚合速率下降。

三、配位聚合的影响因素

影响配位聚合的因素很多，这里主要讨论引发剂、聚合温度和杂质对聚合速率、产物分子量及其定向指数的影响。

(一)引发剂组分的影响

等规度和聚合活性是衡量配位聚合引发剂的主要指标。聚合活性常以单位质量 Ti 所能形成聚丙烯质量(gPP/gTi)来衡量。生产上希望引发剂有较高的聚合活性及能得到等规度高的聚合物，引发剂组分之间和引发剂与单体之间要有适当匹配。如 $AlEt_2Cl$ 与 $CoCl_2$ 或 $NiCl_2$ 组合，容易使丁二烯聚合，却不能使 α-烯烃聚合；α-$TiCl_3$-AlR_3 可使乙烯、丙烯聚合，并能制得等规聚丙烯，而用于丁二烯聚合却得到反 1，4 结构的聚丁二烯。

表 7-3 列举了引发剂组分对聚丙烯立构规整度的影响。

表 7-3　引发剂组分对聚丙烯 IIP 的影响

	烷基金属化合物（共引发剂）	过渡金属化合物（主引发剂）	IIP
Ⅰ	$AlEt_3$	$TiCl_4$	30~60
	$AlEt_3$	$TiBr_4$	42
	$AlEt_3$	TiI_4	46
	$AlEt_3$	VCl_4	48
	$AlEt_3$	$ZrCl_4$	52
	$AlEt_3$	$MoCl_4$	50
Ⅱ	$AlEt_3$	$TiCl_3$(α，γ，δ)晶体	80~92
	$AlEt_3$	$TiBr_3$	44
	$AlEt_3$	$TiCl_3$(β)	40~50
	$AlEt_3$	TiI_3 晶体	10
	$AlEt_3$	$TiCl_2(OR)$，($R=C_4H_9$)	35
	$AlEt_3$	$TiCl(OR)_2$，($R=C_4H_9$)	10
	$AlEt_3$	VCl_3 晶体	73
	$AlEt_3$	$CrCl_3$ 晶体	36
	$AlEt_3$	$CrCl_3$ 晶体	55
Ⅲ	$BeEt_2$	$TiCl_3$(α，γ，δ)	94
	$MgEt_2$	$TiCl_3$(α，γ，δ)	81
	$ZnEt_2$	$TiCl_3$(α，γ，δ)	35
	$NaR(R=C_2H_5)$	$TiCl_3$(α，γ，δ)	0

续表

	烷基金属化合物（共引发剂）	过渡金属化合物（主引发剂）	IIP
Ⅳ	$Al(CH_3)_3$	$TiCl_3(\alpha)$	50
	$Al(C_2H_5)_3$	$TiCl_3(\alpha)$	85
	$Al(n-C_3H_7)_3$	$TiCl_3(\alpha)$	78
	$Al(n-C_4H_9)_3$	$TiCl_3(\alpha)$	60
	$Al(n-C_5H_{13})_3$	$TiCl_3(\alpha)$	64
	$Al(C_6H_5)_3$	$TiCl_3(\alpha)$	~60
Ⅴ	$AlEt_2F$	$TiCl_3(\alpha)$	83
	$AlEt_2Cl$	$TiCl_3(\alpha)$	83
	$AlEt_2Br$	$TiCl_3(\alpha)$	93
	$AlEt_2I$	$TiCl_3(\alpha)$	98
	$AlEt_2OC_6H_5$	$TiCl_3(\alpha)$	—
	$AlEt_2SC_6H_5$	$TiCl_3(\alpha)$	95

1. 主引发剂的影响

从表 7-4 的第Ⅰ、Ⅱ项可看出，主引发剂——过渡金属化合物的定向能力与过渡金属元素的种类、过渡金属化合物的相态(固体或液体)、晶型、配位体的性质和数量有关。

（1）不同的过渡金属组分，其定向能力的顺序为 $TiCl_3(\alpha, \gamma, \delta)>VCl_3>ZrCl_3>CrCl_3$。

（2）高价态的过渡金属卤化物，其 IIP 相差不大。

（3）同一过渡金属、不同价态的卤化物，其定向能力顺序为 $TiCl_3(\alpha, \gamma, \delta)>TiCl_2>TICl_4$。

（4）三价卤化钛定向能力的顺序为 $TiCl_3(\alpha, \gamma, \delta)>TiBr_3\approx TiCl_3(\beta)>TiI_3$；$TiCl_3(\alpha, \gamma, \delta)>TiCl_2(OR)>TiCl(OR)_2$

2. 共引发剂的影响

从表 7-4 中的第Ⅲ、Ⅳ项可看出，若所用的 $TiCl_3$ 相同，则 IIP 随共引发剂中金属种类的不同有显著变化，而对同一金属 IIP，也与共引发剂中烷基的大小有关。

（1）不同金属，相同的烷基，对聚丙烯 IIP 的影响顺序为 $BeEt_2>AlEt_3>MgEt_2>ZnEt_3>NaEt$。

（2）同一金属，不同烷基，对聚丙烯 IIP 的影响顺序为 $AlEt_3>Al(n-C_3H_7)>Al(n-C_4H_9)_3\approx Al(n-C_6H_{13})_3\approx Al(C_6H_5)_3$。

（3）共引发剂——烷基铝化合物中，若烷基被卤素取代后，则所得聚丙烯的 IIP 均有所提高，各种卤素对 IIP 的影响顺序为 $AlEt_2I>AlEt_2Br>AlEt_2Cl\approx AlEt_2F$。

通过以上 IIP 数据的对比和筛选，主引发剂以 $TiCl_3(\alpha、\gamma、\delta)$ 为最好，共引发剂似应选取 $AlEt_2I$ 或 $AlEt_2Br$，但是由于它们的价格较贵，而且其聚合速率也较低，见表 7-4，所以从制备方便、价格及聚合物质量考虑，在生产中大都选取 $AlEt_2Cl$。

表 7-4　$AlEt_2X$ 对丙烯聚合相对速率和 IIP 的影响

(主引发剂均为 α-$TiCl_3$)

$AlEt_2X$	相对聚合速率	IIP
$AlEt_3$	100	83
$AlEt_2F$	30	83
$AlEt_2Cl$	33	93
$AlEt_2Br$	33	95
$AlEt_2I$	9	98
$AlEt_2OC_6H_5$	0	—
$AlEt_2SC_6H_5$	0. 25	95

3. 主引发剂和共引发剂配比的影响

聚合物的立构规整度和聚合速率不仅取决于两组分的组成和搭配，而且还与引发剂两组分的适宜配比有关。对许多单体来说，聚合物立构规整度最高的 Al/Ti(对 $AlEt_3$-$TiCl_4$ 或 $AlEt_3$-α-$TiCl_3$ 体系)比和单体转化率最高的 Al/Ti 比相近，见表 7-5。

表 7-5　Al/Ti(物质的量比)与某些单体的转化率和立构规整度之间的对应关系

单　体	最高转化率的 Al/Ti 比	立构规整度最高时的 Al/Ti 比
乙烯	≥2. 5~3	—
丙烯	1. 5~2. 5	3
1-丁烯	2	2
4-甲基-1-戊烯	1. 2~2. 0	1
苯乙烯	2~3	3
丁二烯	1. 0~1. 25	1. 0~1. 25(反式 1,4)
异戊二烯	1. 2	1

Al/Ti 比还控制着聚合物分子量。一般来说，聚合物的分子量先随 Al/Ti 比的增大而提高，达到一定值后，转化率达最高值，分子量也达到最大，此时再增加 Al/Ti 比，分子量保持不变；若 Al/Ti 比再继续增大，则分子量和聚合速率均下降。如用 $AlEt_3$-α-$TiCl_3$ 引发丙烯聚合，在 Al/Ti≤2 时，聚丙烯分子量随 Al/Ti 之比的增大而提高，然后保持不变；至 Al/Ti>15 后，聚丙烯的分子量才随 Al/Ti 比继续增大而缓慢下降，其原因是 $AlEt_3$ 发生了链转移。

从以上对比和分析来看，从聚合物的立构规整度、聚合速率和所得聚合物的分子量综合考虑，丙烯的配位聚合宜采用 $AlEt_2Cl$-$TiCl_3$(α, γ, δ)引发剂，Al/Ti 比宜取 1. 5~2. 5。另外，需指出的是同一引发剂对不同 α-烯烃的聚合活性不同，对上述引发剂，α-烯烃的活性顺序为：$CH_2=CH_2 > CH_2=CH-CH_3 > CH_2=CH-C_2H_5 > CH_2=CH-CH_2-CH(CH_3)-CH_3 > CH_2=CH-CH(CH_3)-CH_2-CH_3 > CH_2=CH-CH(C_2H_5)-C_2H_5 \gg CH_2=CH-C(CH_3)_3$。这一活性顺

序显然是由取代基的空间位阻因素引起的。

4. 第三组分(或给电子体)

在两组分引发剂中，常加入第三组分，不仅可以改善引发剂的聚合活性，提高聚合物的立构规整性，而且也有助于探明反应机理。

有效的第三组分，都是含有给电子性的 N、S 与 O 等的有机化合物。第三组分给电子体对丙烯聚合的影响，如表 7-6 所示。

表 7-6 第三组分对引发剂活性和 IIP 的影响

(均同 α-$TiCl_3$ 组合，单体为丙烯)

铝化合物	第三组分		聚合速率/μmol·(L·s)$^{-1}$	IIP/%	[η]
	给电子体(B:)	B:/Al(物质的量比)			
$AlEt_2Cl$	—	—	1.51	≥90	2.45
$AlEtCl_2$	—	—	—	—	
$AlEtCl_2$	$N(C_4H_9)_3$	0.7	0.93	95	3.06
$AlEtCl_2$	HMPTA①	0.7	0.74	95	3.62
$AlEtCl_2$	$P(C_4H_9)_3$	0.7	0.73	97	3.11
$AlEtCl_2$	$(C_4H_9)_2O$	0，7	0.39	94	2.96
$AlEtCl_2$	$(C_4H_9)_2S$	0.7	0.15	97	3.16

①HMPTA 为六甲基磷酰胺，分子式为 $[(CH_3)_2N]_3P{=}O$。

5. $TiCl_3$ 粒度的影响

根据动力学研究，丙烯在恒压下聚合速率有三种情况，见图 7-4。通常未研磨的 $TiCl_3$ 粒子大，比表面积小，活性中心数目少，致使初期聚合速率较慢。在聚合过程中 $TiCl_3$ 粒子经不断机械破碎，才使反应达平稳速率(曲线 1)。

图 7-4 中曲线 3 的特点是初期聚合速率很快，后又下降，这种情况是配位引发剂中含有可溶性物，它很快就发生失活作用，结果聚合速率下降。一般被研磨过的正常情况如曲线 2 所示，聚合速率很快就达到平稳状态，以后才下降。在工业生产中总是将 α-$TiCl_3$ 或 γ-$TiCl_3$ 研磨成超微粒 δ-$TiCl_3$ 后用于聚合，它能较快达到平稳速率。

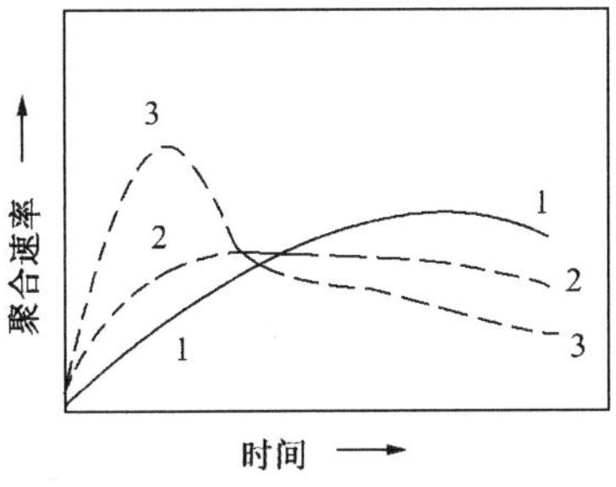

图 7-4 Ziegler-Natta 引发剂聚合时的动力学曲线

(二)聚合温度的影响

聚合速率随温度升高而增大，但超过 70℃，立构规整度与分子量都要下降。温度升高使配位引发剂的相对稳定性下降，造成规整度降低。同时由于链转移反应速率增加，所以分子量下降，温度对聚合度的影响见表 7-7。

表 7-7 温度对聚合度影响

聚合温度/℃	(相对)聚合速率	立构规整度/%
40	0.36	97.3
60	0.55	97.2
70	0.68	96.4
80	0.63	92.0

(三)杂质的影响

络合引发剂化学活性很高，因此极易与 O_2、CO、H_2、H_2O 等无机物和有机物质作用而破坏引发剂的活性。因此，一定要尽量保证聚合反应的各种原料的纯净，以保证聚合反应速率和聚合物的立构规整性。也可利用这一特点，将引发剂从聚合物中除去，如等规聚丙烯在聚合结束时加入大量乙醇，就可使引发剂生成醇钛、醇铝，用水洗而除去。

四、高活性茂金属引发剂

近几年来，世界各国广泛开展了高效引发剂的研究。研究的方向是：

①提高引发剂的活性及定向能力；

②控制分子量及分子量分布；

③控制产品的颗粒大小及分布，提高表观密度。

1980 年 Kaminsky 用二氯二锆茂(Cp_2ZrCl_2)作主引发剂、甲基铝氧烷(MAO)作共引发剂，对乙烯显示出超高的聚合活性，标志着新型高活性茂金属引发剂的出现，随后发展迅速，并与 Ziegler-Natta 引发剂相竞争。

茂金属引发剂(metallocene)是由五元环的环戊二烯基类(简称茂)、ⅣB 过渡金属、非茂配体三部分组成的有机金属络合物的简称。五元环可以是单环或双环戊二烯基(Cp)、茚基(Ind)或芴基，环上的氢可被烷基取代。过渡金属 M 为锆(Zr)、钛(Ti))或铪(Hf)；非茂配体 X 为氯、甲基等。二氯二锆茂是普通结构的代表，单独茂金属引发剂对烯烃聚合基本没有活性，常加甲基铝氧烷(MAO)作为共引发剂。茂引发剂引发聚合机理与 Ziegler-Natta 引发剂相似，即烯烃分子与过渡金属配位，在增长链端与金属之间插入而增长。

均相茂金属引发剂具有许多优点：

①高活性，几乎 100%的金属原子均可形成活性中心，比高效 Ziegler-Natta 引发剂聚合活性高两个数量级。

②立构规整能力强，可合成纯等规或间规聚丙烯。

③可制得高分子量、分布窄、共聚物组成均一的产物。

④可聚合烯类包括环烷烃、共轭二烯烃、氯乙烯、丙烯腈等。

茂金属引发剂已成功用来合成线型低密度聚乙烯、高密度聚乙烯等规聚丙烯、间规聚丙烯、间规聚苯乙烯、乙丙橡胶、聚环烯烃等。但由于合成困难，价格较贵，难以从聚合物中脱除，对氧和水分敏感，茂金属引发剂有待进一步研究和发展。

第四节　二烯烃的配位聚合

二烯烃(如丁二烯和异戊二烯等)的配位聚合和聚合物立构规整性比 α-烯烃更为复杂，这是由于以下原因造成的：

（1）加成方式不同，使形成的聚合物有多种立体异构现象。

（2）单体构象不同，如丁二烯在常温下反式构象占 96%，顺式构象为 4%；而异戊二烯则是顺式构象占 96%，反式构象为 4%。

（3）增长链端的键型不同，以丁二烯为例，其增长链端有两种键型，即 σ-烯丙基和 π-烯丙基：

$$\sim\sim CH_2—CH=CH—CH_2^- M^+$$

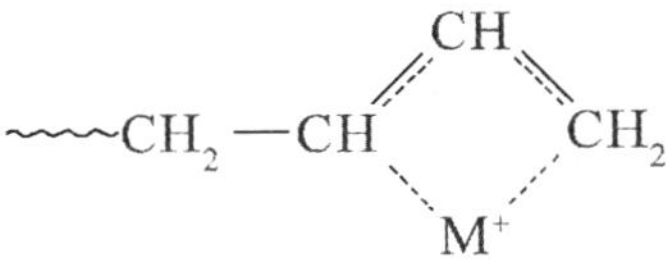

σ-烯丙基　　　　π-烯丙基

式中　M——过渡金属或锂。

σ-烯丙基是 M 和 CH_2 以 σ 键键合，π-烯丙基是 M 和三个碳原子成 π 键，二者互呈平衡。

上述三种原因使二烯烃配位聚合产生多种规整结构。

二烯烃的配位聚合在合成橡胶工业中占重要地位，占合成橡胶产量第二位的顺丁橡胶就是用配位聚合法生产的。用于二烯烃配位聚合的引发剂大致可分为三类：

①Ziegler-Natta 引发剂；

②含单一过渡金属的 π-烯丙基镍型引发剂；

③烷基锂引发剂。

一、Ziegle-Natta 引发剂

丁二烯和异戊二烯用 Ziegler-Natta 引发剂聚合可制得多种立构规整聚合物。可用的引发剂很多，现列举一些于表 7-8 中。

表 7-8　二烯烃配位聚合的某些 Ziegler-Natta 引发剂

	引发剂	共引发剂	Al/Mt⑤（物质的量比）	微观结构/%		
				顺 1,4	反 1,4	1,2 或 3,4
丁二烯						
Ti 系	$TiCl_4$	AlR_3	Al/Ti<1	6	91	3
	$TiCl_4$	$AlEt_3/AlEt_2I$	>1	50	45	5
	TiI_4	AlR_3	8	93	—	—
				95	2	3
	$TiCl_3(\alpha)$	AlR_3	1~1.25	3~4	87~90	8~6
	$TiCl_3(\beta)$	AlR_3	1	37	60	3
	$TiCl_3(\gamma)$	AlR_3	2	8	92	0
Co 系	$CoCl_2$	$AlEt_2Cl$ 或 $Al_2Et_3Cl_3$	5~20	93~98	3~1	4~1
	8 羟基喹啉钴	tBuCl/AlR_3		99	0.6	0.4
	$Co(acac)_2$①	AlR_3				>98，st
	$Co(CO)_8MoCl_5$					96~100，at

续表

	引发剂	共引发剂	Al/Mt⑤ (物质的量比)	微观结构/%		
				顺 1,4	反 1,4	1,2 或 3,4
丁二烯						
Ni 系	$NiCl_2$ $Ni(oct)_2$② $Ni(nap)_2$③	$AlEt_2Cl$ $AlEt_3/HF$ $Al(iBu)_3/BF_3 \cdot OEt_2$	1~20 1/3/3~6 Al/Ni=3 Al/B=0.3 ~0.6	93~96 96~98 96~98	2~4 1 1	2~3 1 1
U 系	$U(OR)_4$ $(\pi-C_3H_5)_4U$	$AlEtCl_2$ $AlEtCl_2$	Al/U=15 Al/U=0.8	99 99	0.7 0.7	0.3 0.3
稀土	$Ln(nap)_3$ Ln=La, Pr, Nb	$Al(iBu)_2H/$ $AliBu_2Cl$	Al/La=30 Cl/La=3	97~98	2	1
V 系	$VOCl_3$ VCl_3 $V(acac)_3$	$AlEt_2Cl$ $AlEt_3$ $AlEt_3$	Al/V=1~10 Al/V=4~10	少量 0 3~6	97~98 99 1~2	2~3 1 92~96
Cr 系	$Cr(CO)_{6-m}(Py)_m$④	AlR_3	Al/Cr=5	0~3	少量	97~100, 86%at
Mo 系	$MoO_2(OR)_2$	AlR_3	Al/Mo=4.5	4	1~2	92~96, 75%st
异戊二烯						
Ti 系	$TiCl_4$	$AlEt_3$	Al/Ti<1 >1	0 96	95 0	5(3, 4) 4(3, 4)
V 系	VCl_3 或 VCl_4 $Ti(OBu)_4$	$AlEt_3$ $AlEt_3$	Al/V=2~3.5 Al/Ti>1	— —	99 —	95(3, 4)

①acac 为乙酰丙酮基；②oct 为辛酸；③nap 为环烷酸；④Py 为吡啶。

从表 7-8 数据可看出，Co、Ni、U 和稀土系引发剂对丁二烯配位聚合显示高顺-1,4 特性，V 系引发剂为反-1,4 特性，ⅥB 族 Cr、Mo 引发剂则几乎是 1,2 聚合的特效引发剂。这些引发剂引发丁二烯聚合的详细机理尚不清楚。它们虽在引发活性上各有差异，但对丁二烯和异戊二烯聚合的定向效应几乎是一致的。

二、π-烯丙基镍型引发剂

过渡金属元素如 Ti、V、Cr、Ni、Co 等均可与 π-烯丙基形成稳定的络合物。但人们研究得最多的是 π-烯丙基 NiX(X=Cl、Br、I 或 $OCOCH_3$、$OCOCH_2Cl$ 等)引发丁二烯的聚合。由于它只含一种过渡金属，而且单一组分就有聚合活性，所以常专称为 π-烯丙基镍型引发剂。这类引发剂不仅容易制备、比较稳定，采用合适的配位体可获得高活性引发剂，而且 π-烯丙基 NiX 本身就是丁二烯增长链端的模型，因此它在理论上和实际上都十分重要。π-烯丙基 MtX 引发剂的种类很多，即使是 π-烯丙基 NiX 也多达上百种。表 7-9 是一些典型的 π-烯丙基 NiX 引发丁二烯聚合的结果。

表 7-9　π-烯丙基镍 NiX 单金属引发剂引发丁二烯聚合

π-烯丙基 NiX	共引发剂	微观结构/%		
		顺 1,4	反 1,4	1,2
$(\pi\text{-}C_3H_5)_2Ni$		得 1,3,5 环十二三烯环化产物		
$(\pi\text{-}C_3H_5NiCl)_2$		92	6	2
$(\pi\text{-}C_3H_5NiI)_2$	(水乳液)	4	93	3
$(\pi\text{-}C_3H_5NiI)_2$	CF_3COOH	87	5	8
$(\pi\text{-}C_3H_5NiI)_2$	I_2	84	15	1
$\pi\text{-}C_3H_5NiOCOCH_2Cl$		92	6	2
$\pi\text{-}C_3H_5NiOCOCF_3$		94	4	2
$\pi\text{-}C_3H_5NiOCOCF_3$	$CF_3COOH/Ni=1$	94	3	3
$\pi\text{-}C_3H_5NiOCOCF_3$	$CF_3COOH/Ni=5$	50	49	1

三、烷基锂引发剂

烷基锂引发剂，如 *n*-BuLi、*s*-BuLi 也可引发丁二烯、异戊二烯聚合，聚合物的微观结构主要取决于溶剂的极性。

在非极性溶剂(烷烃)中可制得顺 1,4 为 90%~94%的聚异戊二烯(常称合成天然橡胶)、顺 1,4 含量为 35%~40%的聚丁二烯(常称低顺丁橡胶)；在极性溶剂如 THF 中可获得 3,4 结构约为 75%的聚异戊二烯和 1,2 结构约为 80%的聚丁二烯；改变非极性和极性溶剂的比例又可获得 1,2 结构含量为 35%~55%的聚丁二烯(俗称中乙烯基橡胶)。所有这些品种均已进行了不同规模的工业化生产。

按照 O' Driscoll 的解释，烷基锂在非极性溶剂中引发异戊二烯或丁二烯聚合，其增长反应都是单体首先和 sp^3 构型的 Li^+ 配位，形成六元环过渡态后 1,4 插入 $C^-—Li^+$ 键中，见反应式(7-8)。

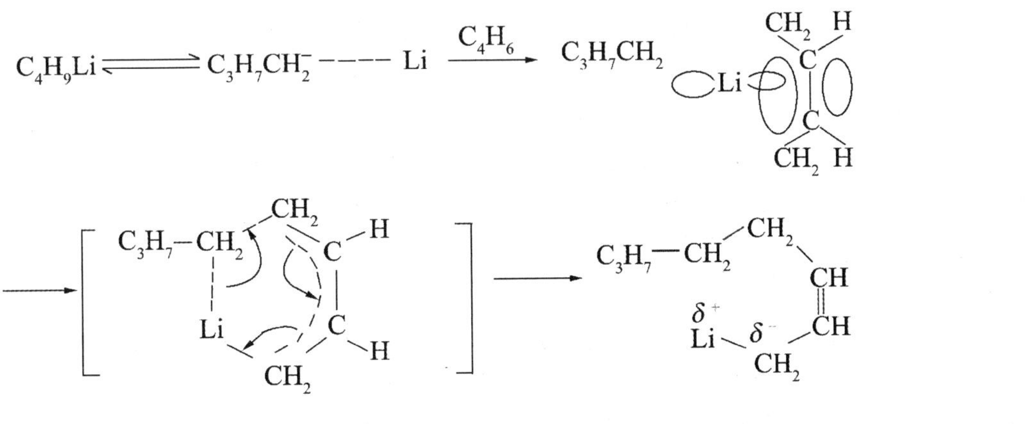

(7-8)

因此聚合物常是 1,4-结构占优势。

第五节 配位聚合的实施

按配位聚合的特点来选择聚合方法，常采用本体聚合和溶液聚合法。由于配位聚合的引发剂对水敏感，水会破坏引发剂，一般不宜采用以水为介质的乳液聚合和悬浮聚合法。

溶液聚合工艺可根据聚合物在溶剂中的溶解情况不同，分为聚合物溶于溶剂中形成均一溶液的溶液法，和聚合物不溶于溶剂而在溶剂中形成淤浆的溶剂淤浆法。溶液法用于中压聚乙烯、聚异戊二烯橡胶、溶液丁苯橡胶等的生产，溶剂淤浆法用于低压聚乙烯、聚丙烯、丁基橡胶等的生产。

本体聚合法有以单体为溶剂的液相本体聚合法和无溶剂气相本体聚合法两种。

一、气相本体法

美国联合碳化物公司乙烯气相本体聚合法是采用固体粒状引发剂，在流动状态下，吹入乙烯进行聚合的方法。

采用的引发剂是以特殊的铬化合物负载于脱水硅胶或其他载体上，特别是二茂铬或三苯基硅烷酸酯负载于脱水硅胶上的引发剂是高效引发剂，活性可达600kg(PE)/g(Cr)，所得聚乙烯密度为0.94~0.966g/cm^3，聚合物分子量分布较宽，分子量大小可加入氢气进行调节。

气相本体聚合法，由于不使用溶剂或因引发剂很活泼而使用极少量溶剂，并采用高效引发剂，因而工艺过程大为简化，生产成本大大降低，是很有发展前途的一种方法。

二、液相本体法

液相本体聚合生产等规聚丙烯，意大利海蒙特公司使用的高效引发剂体系由三部分构成：

(1) 主引发剂为在活性 $MgCl_2$ 载体上的 $TiCl_4$ 与给电子体作用所生成的固体化合物；

(2) 共引发剂为液体三乙基铝；

(3) 第三组分即给电子体为一种硅烷化合物。

聚合条件为压力3.3~3.4MPa，温度70℃，所得聚丙烯等规度可大于95%，熔融指数在0~25范围内调节，密度为0.9g/cm^3，产品的物理机械性能较好，可用作塑料或纤维。

三、溶剂淤浆法

聚丙烯(PP)的生产以溶剂淤浆法为最重要，早在1950年就已工业化，PP的密度约为0.90~0.91g/cm^3，其拉伸强度、表面硬度都高于HDPE，耐热性较高，若不受外力，150℃仍不变形，绝缘性及耐腐蚀性能都较好。

丙烯溶剂淤浆法聚合采用的引发剂为三组分：二乙基氯化铝、三氯化钛、二甘醇二甲醚。用量约为 $Al(C_2H_5)_2Cl : TiCl_3 : CH_3O(CH_2CH_2O)CH_3 = 1.05 : 1 : 0.1$，原料丙烯含量应≥99.5%，采用氢气调节分子量。

聚合反应以己烷为载体溶剂，在恒温恒压下进行。温度控制在 70℃左右，压力控制在 2.0MPa。温度控制要求十分严格，若温度升高，反应速度加快，可溶性产物(低分子无规聚合物)将会增加。其聚合物分子量与温度及氢气浓度成反比。如果工艺控制恰当，聚丙烯等规度可达 80%~85%。产品可作为塑料原料。

采用淤浆法生产 PP，溶剂回收是必不可少且较复杂的工艺过程，也是影响聚丙烯生产成本的主要因素。

四、溶液法

顺 1,4-聚丁二烯，当其含量为 96%~98%时，俗称顺丁橡胶。它有优异的性能，弹性大、发热少、耐磨损及耐低温，广泛用于汽车轮胎工业。它和丁苯橡胶及天然橡胶混合使用，可改善这两种橡胶的缺陷。

为解决橡胶生产中普遍存在的传热和挂胶问题，顺丁橡胶采用溶液法，类似于悬浮聚合的方法生产。当然这里分散介质不能用水，以免破坏引发体系，分散介质用的是惰性烃类溶剂，如丁烯、丁烷、异戊烷等脂肪烃类及二异丙醚等。对溶剂的要求是只能使聚丁二烯轻微溶胀而不溶解。

目前，我国采用环烷酸镍/三氟化硼+乙醚络合物/三异丁基铝作为引发剂体系，以加氢汽油(60~90℃抽余油)、苯或烷烃溶剂，生产顺丁橡胶。

其聚合配方及聚合工艺简介如下：

用 Ni、Al、B 分别代表环烷酸镍、三异丁基铝、三氟化硼乙醚络合物，并用[丁]表示丁二烯浓度。

[丁]=8~15g/100mL　　　　Ni/丁=$(1.0\sim1.5)\times10^{-4}$

Al/丁=$(1.0\sim1.75)\times10^{-3}$　　　　B/丁=$(1.0\sim1.3)\times10^{-3}$

聚合温度 50~80℃，聚合时间 3~4h，聚合系统压力≤0.6MPa，转化率≥80%。

生产顺丁橡胶的加料方式既影响转化率和分子量，又影响引发体系的活性。在配制镍-铝-硼引发剂体系时，我国曾采用以下三种加料(或称陈化)方式：

(1) 三元老化。用溶剂将 Al、Ni、B 各自配成溶液，然后按一定次序加入。

(2) 双二元老化。将烷基铝分为两部分，分别在两个陈化釜中陈化。

烷基铝 - BF_3OEt_2 - 丁二烯 ┐
　　　　　　　　　　　　　　├→在聚合釜内进行络合
烷基铝 - Ni - 丁二烯 ┘

(3) 硼单加。将 BF_3OEt_2 配成溶液，直接单独加入釜中，再与 Al-Ni 混合物进行络合。

许多生产实践证明，三元老化诱导期长，初期活性低，随反应的进行引发活性逐渐增大；双二元老化活性较差，易局部过浓，导致形成凝胶或胶团。目前生产上主要采用硼单加的方式。

顺丁橡胶位于世界合成橡胶产量的第二位，仅次于丁苯橡胶，且价格是合成橡胶中最低的品种，预计令后仍要大力发展。

习题

1. 解释下列术语：

(1) 配位聚合；(2) 定向聚合；(3) Ziegler-Natta 聚合；

(4) 有规立构聚合；(5) 插入聚合；(6)全同(聚合)指数

2. 何谓聚合物的立构规整性?

3. Ziegler-Natta 引发剂中两个组分各是什么?

4. 用化学反应式表达丙烯的配位聚合。

5. 试述温度对定向聚合的影响。

6. 采用 Ziegle-Natta 引发剂引发丙烯聚合，试以单金属机理说明是怎样进行引发与增长反应的。

7. 使用 Ziegle-Natta 引发剂做实验时，需采取哪些必要的措施？用什么方法除去残存的引发剂?

8. 丁二烯用 Ziegler-Natta 引发剂聚合，可形成几种立构规整聚丁二烯?

本章小结

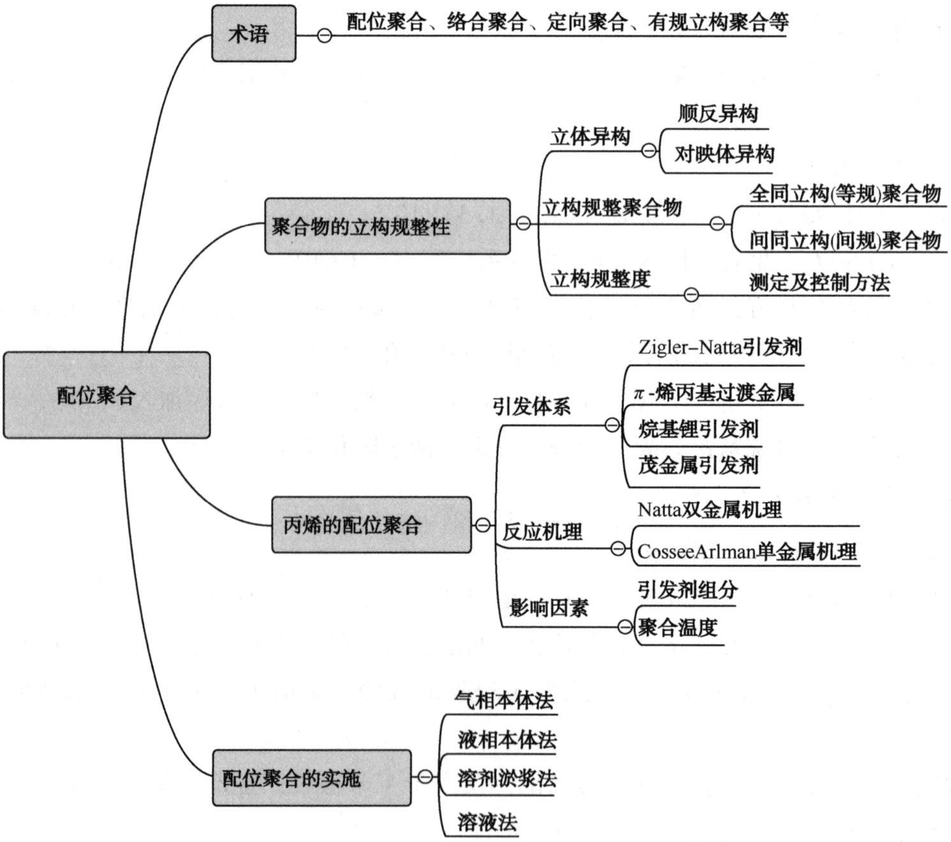

第八章　聚合物的化学反应

知识目标：

1. 熟悉聚合物化学反应的特点及影响因素。
2. 掌握聚合物化学反应的种类和机理
3. 了解功能高分子概念和分类。

聚合物的化学反应是聚合物分子链上或分子链间官能团相互转化的化学反应过程。通过研究聚合物的化学反应，可以了解聚合物的结构，以及聚合物性能变化的影响因素，从而提出防止措施，延长高分子材料使用寿命；还可将聚合物进行化学改性，合成具有特殊功能的高分子材料。

聚合物化学反应种类很多，根据聚合度和基团的变化，可分类如下：

（1）聚合度基本不变的反应。此类反应仅限于侧基或端基，也称相似转变，例如：纤维素转变成硝酸纤维素，聚醋酸乙烯酯水解成聚乙烯醇等。

（2）聚合度变大的反应，如交联、接枝、嵌段、扩链等。

（3）聚合度变小的反应，如解聚与降解。

第一节　聚合物化学反应特点及影响因素

一、聚合物化学反应的特点

聚合物的反应能力与小分子化合物相似，故一般小分子化学反应也适用于聚合物，如氧化、还原、加成、酯化、水解、卤化、硝化、磺化等。但由于聚合物结构及分子量有其特殊性，这些化学反应必然有别于小分子化合物。

1. 反应不完全性

小分子化合物反应式表示反应前后原料与产物的变化，而聚合物化学反应虽也可用反应式表示，但受到很大局限。例如聚醋酸乙烯酯水解制取聚乙烯醇的反应，可用下式表示：

$$\left[CH_2-\underset{\underset{OCOCH_3}{|}}{CH} \right]_n \xrightarrow{H_2O} \left[CH_2-\underset{\underset{OH}{|}}{CH} \right]_n \tag{8-1}$$

对式(8-1)所示的反应，不能认为大分子链上所有酯基都已转化，因此在聚合物化学反应中，不能用小分子化合物所用的产率来表示，而要用官能团转化程度来表示反应了的官能团的百分数。

2. 聚合物反应产物的不均匀性

反应过程中，高分子链上即使带有大量反应性基团，但也并非所有基团都能参与反应。因此，分子链上既有起始官能团，又有反应后形成的新官能团，例如聚丙烯腈水解制取聚丙烯酸，水解过程中大分子链上总是同时会有未反应的氰基和其他不同反应阶段的基团，如氨基、羧基、环状亚胺等。

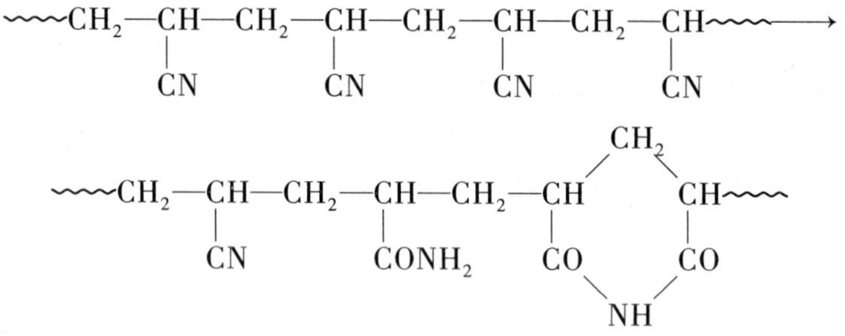

(8-2)

3. 聚合物化学变化的复杂性

反应往往可以向几个方向进行，产物就变得复杂了。例如聚乙烯醇的缩醛化反应，除了同一个分子相邻的羟基缩醛化外，还可以发生分子间的羟基缩醛化，生成交联的产物。

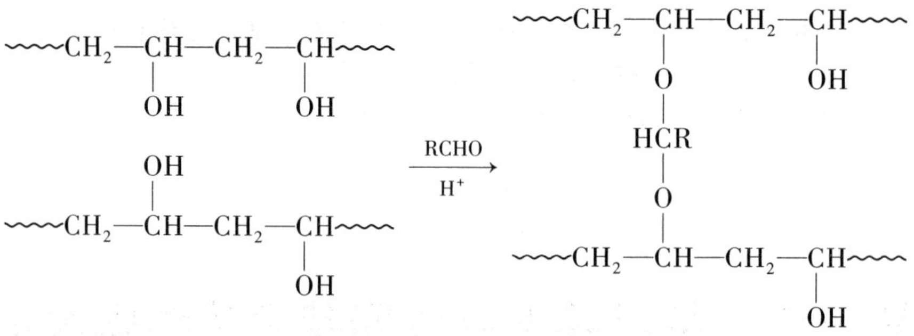

(8-3)

聚合物反应的不均匀性和复杂性造成研究的困难，但是利用这一点也可达到某些有利的目的，如上述具有少量交联的聚乙烯醇缩醛可以使产品耐热性提高。

二、聚合物化学反应的影响因素

(一)物理因素

聚合物的官能团反应也与其他化学反应一样，只有当相互反应的基团接近，并发生碰撞时，才能发生。因而物理因素的影响主要从反应物质的扩散速度和局部浓度来考虑。

对于部分结晶聚合物，小分子反应物很难扩散入晶区，反应往往限于非晶区。例如结晶度约60%~70%的聚乙烯醇纤维，经与甲醛反应使无定形部分缩醛化，可防止被水溶解或溶胀。而无定形聚合物处于玻璃态时，链段被冻结，也不利于小分子物的扩散，若要使反应进行均匀些，可把温度提高到玻璃化温度以上进行反应。

对于结晶或非晶聚合物，若能溶于适当的溶剂中成为均相溶液后进行反应，则得到的产物会均匀些。

轻度交联聚合物须用适当的溶剂溶胀后才进行反应，如离子交换树脂的制备。

(二)化学因素

1. 几率效应

高分子链上相邻基团的成对反应，只能达到一定限度，而不能100%转化，这就是几率效应。根据数理统计和实验结果，起始基团在反应后都有一定残留率，如聚乙烯醇缩醛化反应最高转化率只能达86%左右，有些羟基在分子链上成为单数而留下来。

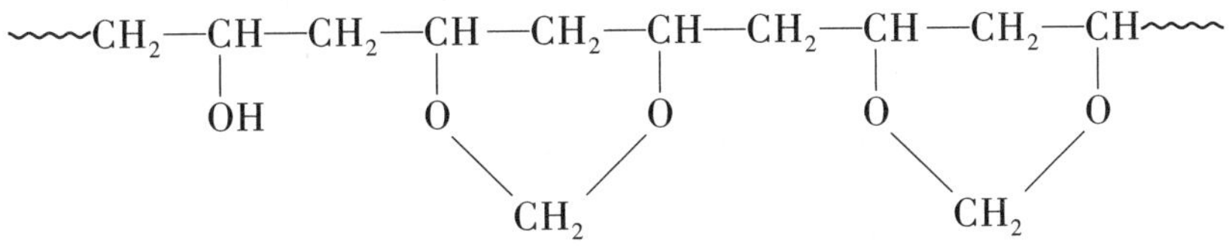

(8-4)

2. 邻基效应

高分子链上相邻基团通过静电作用和空间位阻等因素，改变官能团的反应能力，这种作用称为邻近基团效应。它普遍存在于高分子反应中。例如甲基丙烯酸酯类聚合物皂化时，反应后不久，随着阴离子的形成，酯基的水解并非羟基直接作用，而是通过相邻羧基阴离子的作用，形成环状酸酐而迅速水解，这是由于邻近羧基阴离子的亲核性，使酯基活化，从而加速了反应，见式(8-5)。

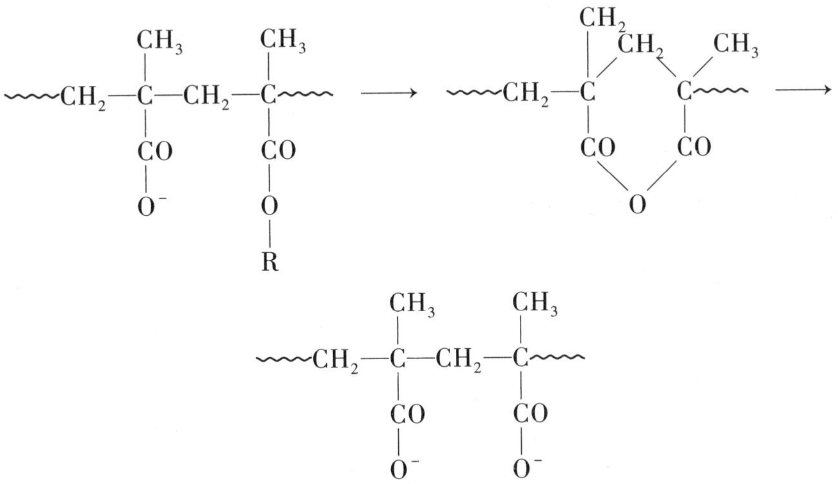

(8-5)

有些化学试剂与反应后的基团所带电荷相同，由于静电相斥作用，使反应速率降低，转化率低于100%。如聚甲基丙烯酰胺在强碱液中水解，某一酰胺基团两侧的基团若已水解成羧基，则对羟基(阴离子)有斥力，将阻碍水解，水解程度在70%以下。

第二节　聚合物的相似转变

聚合物的相似转变是大分子链上的侧基或端基与低分子化合物的反应，由于大分子链长不变，因而聚合度基本不变，故称相似转变。

一、饱和烃聚合物的氯化和氯磺化

聚乙烯、聚丙烯、聚氯乙烯及其他饱和烃的聚合物及共聚物都可氯化。反应属自由基连锁机理，热、引发剂及紫外光都可引发反应。例如，聚乙烯的氯化：

$$Cl_2 \xrightarrow{h\nu,\ I} 2Cl^{\cdot}$$

$$\sim\sim CH_2 \sim\sim + Cl^{\cdot} \longrightarrow \sim\sim \dot{C}H \sim\sim + HCl$$

$$\sim\sim \dot{C}H \sim\sim + Cl_2 \longrightarrow \sim\sim \underset{\displaystyle Cl}{\underset{|}{CH}} \sim\sim + Cl^{\cdot} \qquad (8\text{-}6)$$

氯化聚乙烯是改进 PVC 抗冲强度的重要添加剂。氯化聚乙烯因玻璃化转变温度比聚氯乙烯高，故可用作热水硬管；又因其溶解性能得到改善，故可作涂料。

聚乙烯若在二氧化硫存在下氯化时，产物中含有氯和磺酰氯基团，由于氯的取代范围广，破坏了聚乙烯的结晶，其产品既可用作塑料，也可用作弹性体。氯磺化聚乙烯在较高的温度下也保持较好机械强度，具有耐气候、难燃等优点，可用作填料和软管。

$$\sim\sim CH_2 \sim\sim CH_2 \sim\sim \xrightarrow[-HCl]{Cl_2,\ SO_2} \sim\sim \underset{\displaystyle Cl}{\underset{|}{CH}} \sim\sim \underset{\displaystyle SO_2Cl}{\underset{|}{CH}} \sim\sim \qquad (8\text{-}7)$$

聚氯乙烯在四氯化碳或氯仿中经氯化反应后，其产物易溶于丙酮、氯化烃等有机溶剂，可抽丝成纤维(氯纶)，优点是耐酸、碱性好、不易燃烧，但对光和热的稳定性差。

二、聚醋酸乙烯酯的醇解

聚乙烯醇是合成纤维维尼纶的原料，也是优良的乳化剂和胶黏剂。它不能由乙烯醇聚合制得。目前用醋酸乙烯酯，先聚合成聚醋酸乙烯酯，然后进行醇解反应而得。

$$\sim\sim CH_2-\underset{\displaystyle OCOCH_3}{\underset{|}{CH}} \sim\sim \xrightarrow[-CH_3COOCH_3]{CH_3OH} \sim\sim CH_2-\underset{\displaystyle OH}{\underset{|}{CH}} \sim\sim \qquad (8\text{-}8)$$

用作纤维的聚乙烯醇要求醇解度为 98%，这样的聚乙烯、醇不溶于冷水和甲醇中。

聚乙烯醇和醛类反应，可形成聚乙烯醇缩醛，常用醛类是甲醛和丁醛，见式(8-9)，R 为—H 或—C_3H_7。

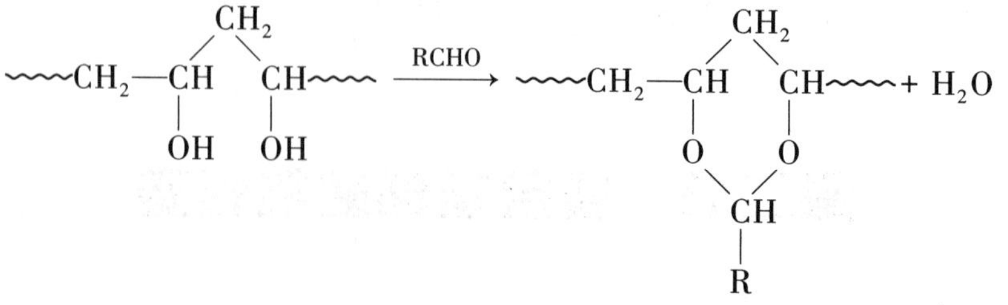

(8-9)

三、环化反应

有些聚合物热裂解时，通过侧基反应，可能环化。例如聚丙烯腈热裂解，可环化成梯形结构。

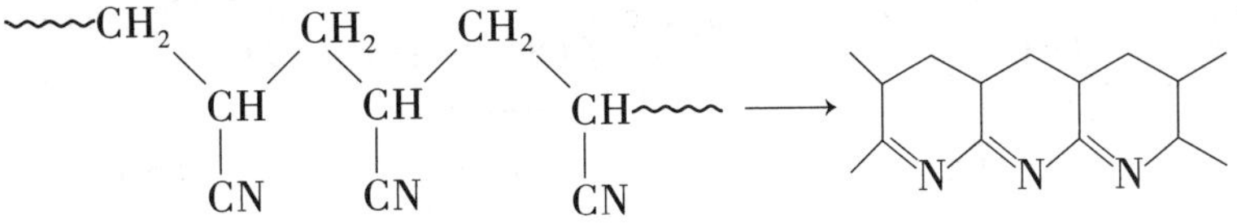

(8-10)

最后在 1500～3000℃下加热，可析出碳以外的所有元素，形成碳纤维。碳纤维是新发展起来的一种高强度、高模量纤维，它与树脂、金属、陶瓷等复合后，成为模量高、强度高、密度小、抗疲劳性好、耐腐蚀的复合材料，用于航空、航天、航海、化工等领域；作为结构材料使用，它部分取代了某些金属和非金属材料。

四、SBS 的加氢反应

SBS 即聚苯乙烯-*b*-聚丁二烯-*b*-聚苯乙烯嵌段共聚物，是一种热塑性弹性体，兼具橡胶和塑料的一系列优异性能，但分子链中段是含有双键的聚丁二烯，很易被氧化而使性能变差。近年来使用有机镍和烷基铝催化加氢的方法，可对中段进行控制加氢，其产物既具橡胶弹性，又可像塑料一样热塑性加工，还显著地提高了热加工稳定性和耐老化性能。作加氢用 SBS 共聚物中的聚丁二烯段的 1,2 结构含量约为 30%～50%，加氢后的物质称为 SEBS，可用作电缆料和屋面防漏剂的重要原料。

除上述例子外，还有其他许多聚合物的相似转化反应具有使用价值，如离子交换树脂，将在功能高分子中介绍。总之，聚合物的相似转化反应已成为聚合物科学发展的一个重要领域。

五、纤维素的改性

纤维素是自然界分布很广的天然聚合物，但在自然界中像棉花、亚麻等可用来直接制成织物的高含量纤维素的种类很少，存在于其他植物体内的纤维素必须经过分离及化学改性才能纺丝或成膜制成各种纤维素制品。

纤维素结构如下：

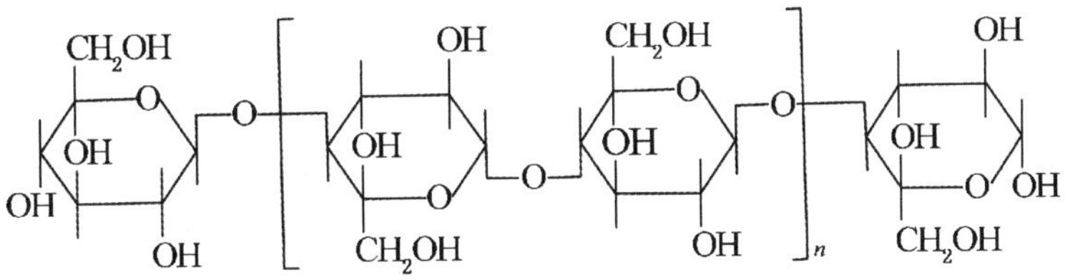

(8-11)

它是由葡萄糖单元组成，分子链上每个单元有三个羟基，都有可能参加反应。通过这些羟基的反应就可达到改性的目的。

(一) 纤维素的黄原酸酯化反应

含纤维素的浆粕，经浓碱溶液浸渍，生成碱纤维素，后者再与 CS_2 反应得纤维素黄原酸钠，它是黏胶纤维的中间产物，呈黏胶状。若将它纺丝，可经硫酸浴使黄原酸盐水解成黄原酸，黄原酸不稳定，发生分解，再生出纤维素，就可制得黏胶纤维。若将黏胶液通过窄缝后在酸浴中凝固，则成为玻璃纸。反应式如下：

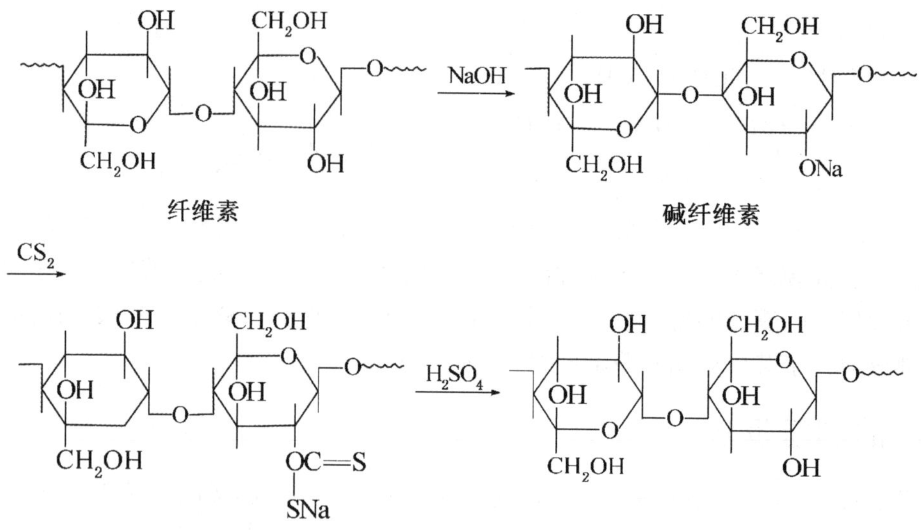

纤维素　　碱纤维素　　纤维素黄原酸钠　　再生纤维素

(8-12)

(二)纤维素酯化反应

纤维素与硝酸反应得硝化纤维素：

$$\text{Ⓟ}\!-\!OH + HNO_3 \rightleftharpoons \text{Ⓟ}\!-\!ONO_2 + H_2O \qquad (8-13)$$

式(8-13)中，Ⓟ代表纤维素母体。反应过程中并非全部羟基都被酯化，酯化程度高的称为高氮硝化纤维素(含氮量为12.5%~13.6%)，它是制造无烟火药的原料。酯化程度较低的为低氮硝化纤维素(含氮量为10%~12.5%)，可制赛璐珞、涂料或照相底片等。所有硝化纤维素都极易燃烧，除用作火药外，其余用途已被醋化维素所代替。

醋化纤维素是由醋酸和醋酸酐混合液在浓硫酸存在下反应而得：

$$\text{Ⓟ}\!-\!OH + HO\!-\!\overset{\overset{\displaystyle O}{\|}}{C}\!-\!CH_3 \rightleftharpoons \text{Ⓟ}\!-\!O\!-\!\overset{\overset{\displaystyle O}{\|}}{C}\!-\!CH_3 + H_2O \qquad (8-14)$$

反应中硫酸帮助纤维素溶胀，并兼作催化剂。醋化纤维素稳定性好，且不燃，强度大，透明，可制造人造丝、电影胶片、眼镜架及其他塑料制品等。

(三)醚化反应

纤维素在氢氧化钠水溶液中，与一氯代乙酸钠反应，可得羧甲基纤维素。羧甲基纤维素是水溶性纤维素醚，为白色粉末，无臭、无味、无害，在造纸、医药、石油、化工、陶瓷等工业中有广泛的应用。

第三节　聚合度变大的化学反应

一、接枝共聚

通过化学反应，在某些聚合物主链上接上结构组成不同的支链，这一过程称为接枝共聚，其产物为接枝共聚物。它通常具有两种均聚物的综合性能，且与支链的化学组成、长度和接枝点密度有关。

(一)以聚合物为引发剂的方法

这种方法是将聚合物主链上某些链节转变成自由基、阳离子或阴离子，然后引发单体聚合，得到接枝共聚物。由于活性种的不同，因此分别称为自由基型、阳离子型和阴离子型接枝聚合。

下面介绍自由基型接枝聚合。

在聚合物中设法引入键能较低的基团，在光或热的作用下分解成自由基，引发聚合而接枝。如聚苯乙烯在四氯化碳中用铁作催化剂进行溴化，有5%～10%的苯环被溴化，在光的作用下，C—Br键分解成自由基，可引发单体进行聚合，见式(8-15)。

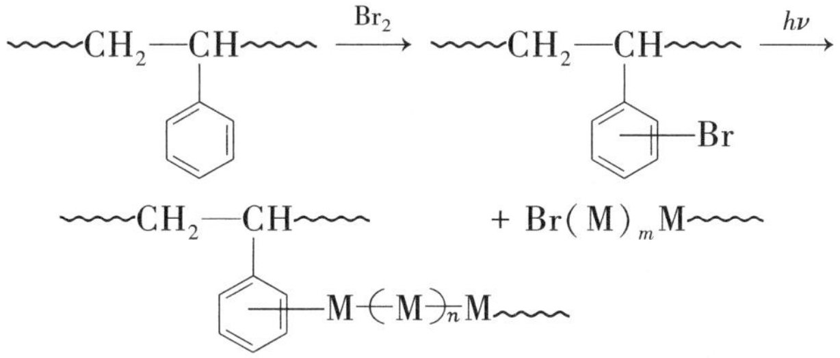

(8-15)

聚苯乙烯中的苯环也可在$AlCl_3$催化下与异丙基氯进行烷基化反应，得到少量的对异丙基苯乙烯结构单元，然后叔碳原子上的氢原子氧化形成氢过氧化物，其受热分解后，可引发单体聚合。

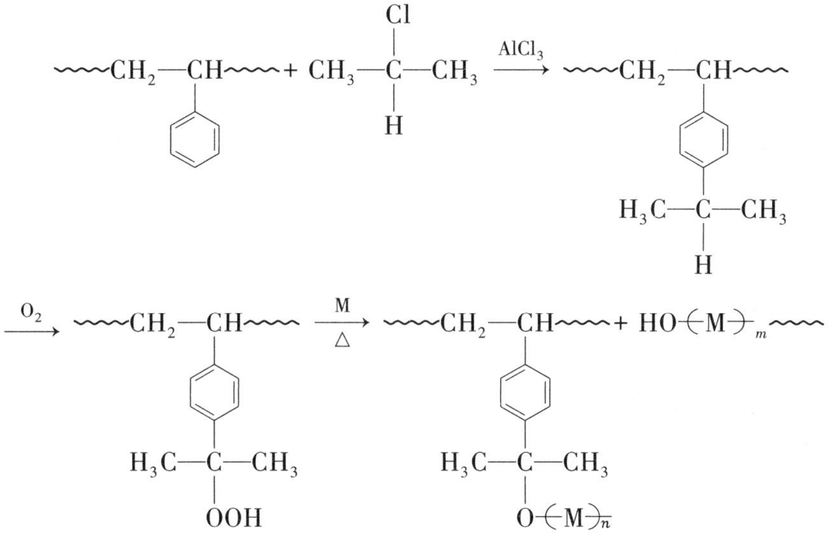

(8-16)

但在形成接枝聚合物的同时还有均聚物生成，因而不能使所有单体用于接枝，接枝效率低，一般在50%以下。若用氧化-还原引发剂引发聚合，可以提高接枝效率。如上述的氢过氧化物可与二价铁离子反应，形成大分子自由基，其引发单体接枝聚合，几乎可以得到纯接枝聚合物。

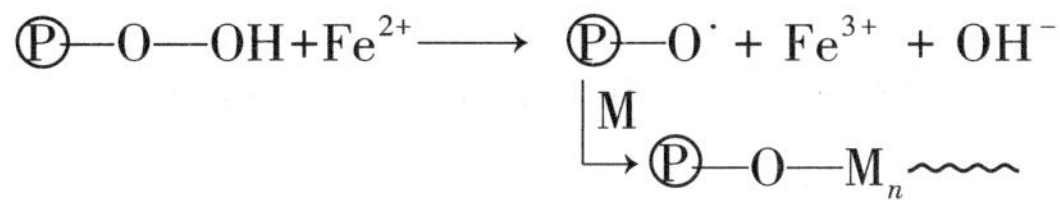

(8-17)

(二)向聚合物链转移的方法

此方法是利用自由基向聚合物链转移后，形成聚合物自由基，再引发单体进行接枝聚合。

将聚合物 A 溶于单体 B 中，加热后，引发剂引发单体均聚的同时，自由基向聚合物链转移，在主链中形成活性点，引发单体 B 接枝聚合。产物是 A 均聚物、B 均聚物和 AB 接枝共聚物的混合物。如果 A、B 均聚物不互溶，则 AB 接枝物有增进两者粘结的能力。

抗冲聚苯乙烯就是利用此法将制备的。将聚丁二烯橡胶溶于苯乙烯单体中，加引发剂 BPO，加热后苯乙烯发生均聚和接枝。初级自由基或链自由基夺取聚丁二烯大分子链上的氢原子而链转移，然后接枝增长。

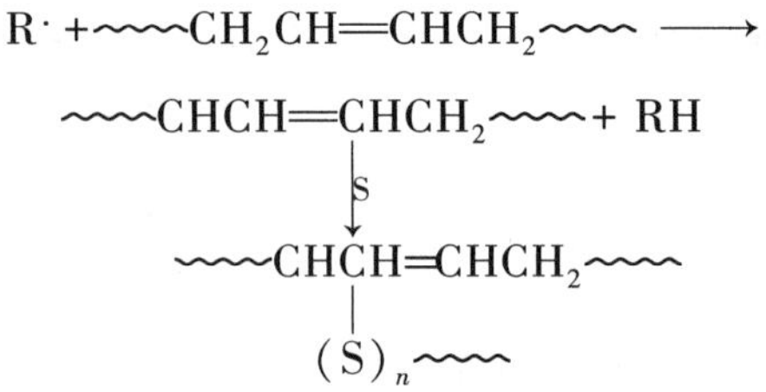
(8-18)

通常由于聚合物的链转移常数不大，故接枝效率不高。若把链转移常数大的基团如—SH、—NR_2、—CH_2R 等引入聚合物，则可提高接枝效率。例如，在聚合物中，当含有少量甲基丙烯酸缩水甘油酯的结构单元时，它与巯基乙醇反应，可把巯基引入链中。

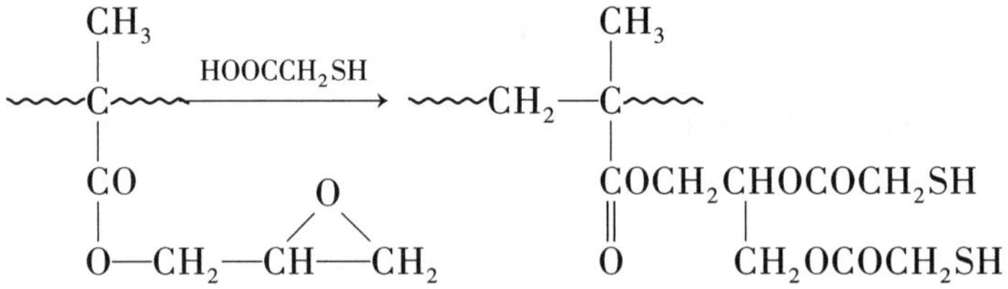
(8-19)

若烯类单体与其一起进行自由基聚合，就很易向巯基发生链转移，因而接枝率较高。

(三)由聚合物官能团之间反应的方法

该法是在聚合物侧基官能团与另一聚合物端基官能团之间发生反应，而形成接枝聚合物的方法。

例如，苯乙烯以氨基钠为催化剂进行聚合，产物为带有氨端基的聚苯乙烯，其与含有异氰酸酯侧基的甲基丙烯酸甲酯共聚物反应，可形成接枝物。

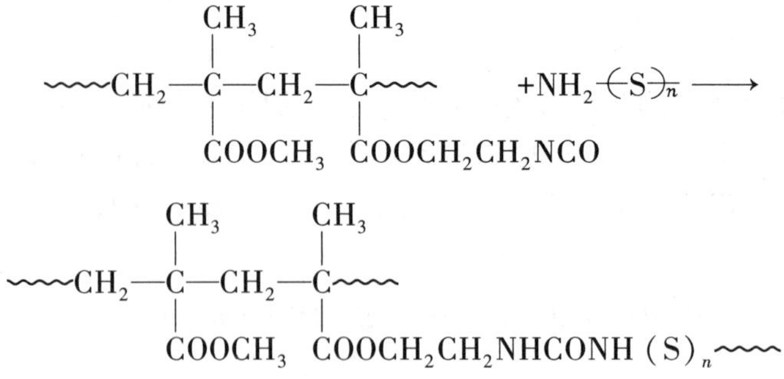
(8-20)

这一方法接枝效率高，实施方便。

二、交联

聚合物在光、热、辐射或交联剂作用下，分子链间形成共价键，产生凝胶或不溶物，这一过程称为交联(cross linking)。下面介绍一些通过化学方法产生交联聚合物的例子。

(一)橡胶的硫化

丁二烯、异戊二烯、氯丁二烯的1,4-聚合物及其共聚物是主要的橡胶品种，它们要制成有用的橡胶制品，就必须经补强和交联。这样，才能在发生形变以后，迅速完全恢复原状。对于含有双键的弹性体，一般用硫来交联，在橡胶工业中一般称为硫化。除用硫以外，也可用过氧化物或电离辐射来交联。

二烯烃聚合物用硫交联时，分子链间可通过硫桥交联起来，如Ⅰ和Ⅱ，当 S_n 中 n 太大时，如 $n=10$，将造成硫的浪费，Ⅱ中的相邻双交联也使硫化效率不高，因从物理性能上看，只起着单交联作用。另外，在硫化过程中，还可能生成环硫化合物Ⅲ，并不产生交联。

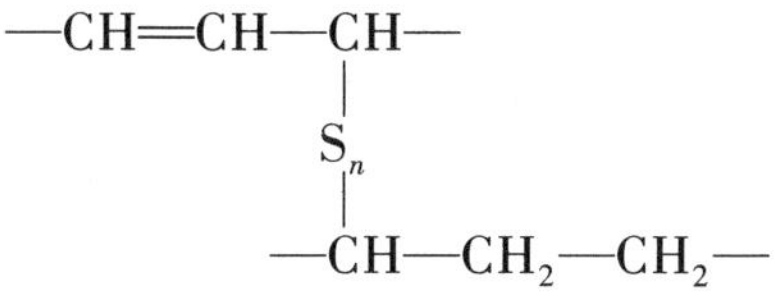

Ⅰ

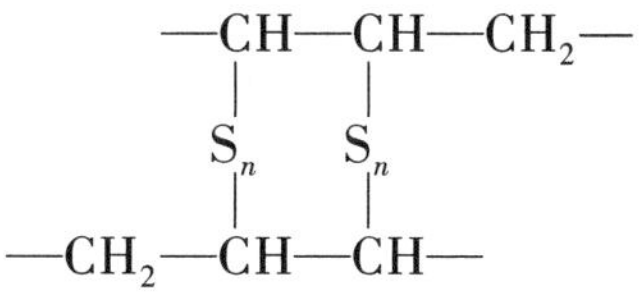

Ⅱ

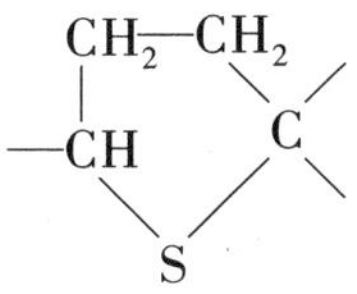

Ⅲ

为促进硫化反应并减少环硫化合物的生成，以提高硫化效率，目前，工业上很少单独用硫黄作硫化剂，而是与硫化促进剂一起使用。常用促进剂主要有有机硫化物，如：

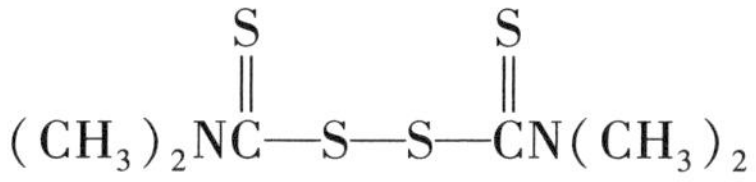

二硫化甲基秋兰姆

(促进剂 TMTD)

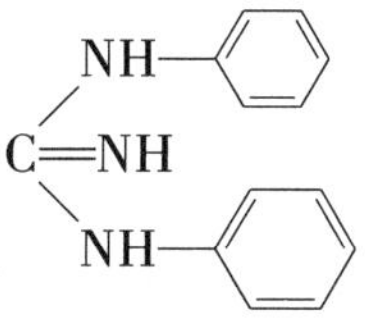

二苯胍(促进剂 D)

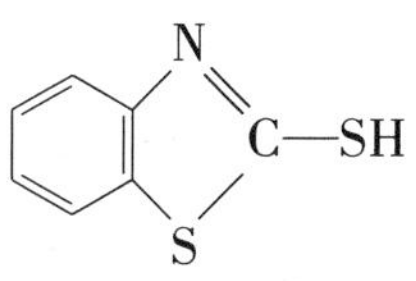

2-巯基苯并噻唑

(促进剂 M)

促进剂单独使用时，硫化效率增加不多。因此，还常加活化剂，以提高硫化效率。氧化锌和硬脂酸是常用的活化剂。通过对交联聚合物的分析，结果表明，促进剂和活化剂共用可大大减少硫化剂的浪费。

(二)聚烯烃的交联

聚乙烯、乙丙共聚物等是主链上没有不饱和键的聚合物，在工业上一般采用过氧化物进行交联，反应如下：

$$R—O—O—R \longrightarrow 2RO^{\bullet}$$

$$RO^{\bullet} + \sim\sim CH_2—CH_2 \sim\sim \longrightarrow ROH + \sim\sim CH_2—\dot{C}H \sim\sim$$

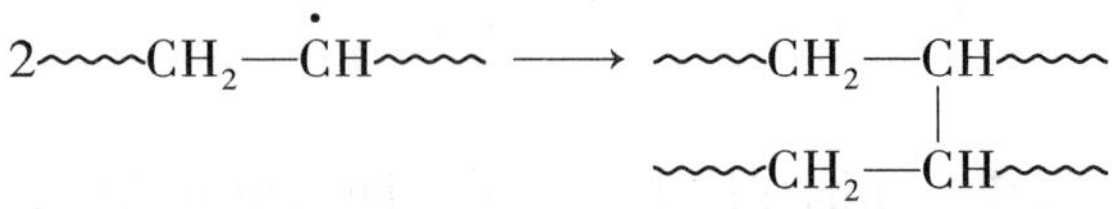

(8-21)

由于聚合物体系扩散力很小，大分子自由基相互靠近较困难，容易产生断链、脱氢及与小分子自由基反应等副反应。因此，式(8-21)中的交联效率较低。为了提高交联效果，可使乙烯、丙烯与少量环戊二烯一类非共轭烯烃共聚，形成带有不饱和基团的共聚物，然后用一般方法进行交联。

(三)不饱和聚酯的固化

由丁烯二酸、邻苯二甲酸和乙二醇所制成的不饱和聚酯树脂，或其他在聚合物链上有不饱和键的低分子聚合物，需要由低分子线型聚合物转化成体型聚合物才有使用价值。这一转化过程即所谓固化，其实质是烯类单体与不饱和聚酯共聚打开双键，在分子链间产生交联。烯类单体可用苯乙烯、甲基丙烯酸甲酯、丙烯腈、醋酸乙烯酯等。例如，不饱和聚酯的固化反应：

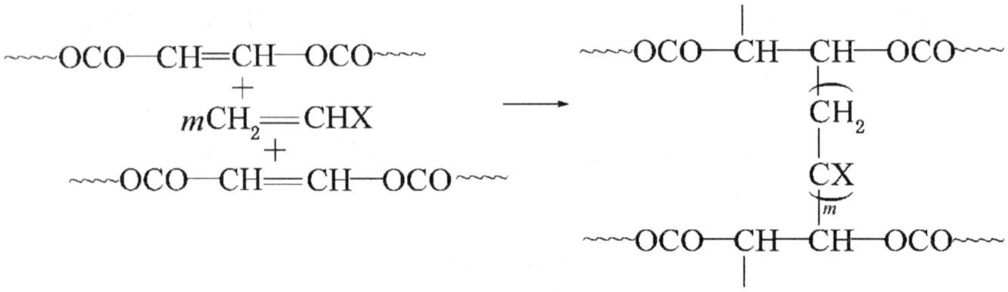

(8-22)

其固化后的力学性能与交联键的长度和数目有关，而交联点的数目和交联键的长短又与共聚单体的性质有关。例如由反丁烯二酸制成的聚酯，若分别用苯乙烯和甲基丙烯酸甲酯交联固化，前者所得的聚合物比后者的性能强韧得多。这主要是由于甲基丙烯酸甲酯的自聚能力较强，交联点少而交联链长，即式(8-22)中 m 值较大，而苯乙烯的共聚能力强，与不饱和聚酯交替共聚的倾向大，因而，交联点多，交联链短。因此在进行交联时，选择合适的共聚单体是很必要的。

三、嵌段共聚

嵌段共聚物的合成一般有下列几种方法：

1. 依次加入不同单体的活性聚合

活性阴离子聚合体系，依次加入不同单体进行聚合，可获得嵌段共聚物。例如，以烷基锂为催化剂，先引发单体 A 聚合，A 聚合完成后，再加入单体 B 聚合，最后加入终止剂，就可以分离出 AB 型嵌段共聚物。

2. 通过端基预聚物间的反应

如羟端基的聚苯乙烯与羧端基的聚丙烯酸酯类，通过端基的酯化反应，可得苯乙烯-丙烯酸酯嵌段共聚物；聚醚二醇或聚酯二醇与二异氰酸酯合成聚氨酯。

3. 缩聚中的交换反应

聚酯和聚酰胺共热，通过链交换反应，可以形成聚酯和聚酰胺的嵌段共聚物。

4. 力化学法

聚合物塑炼时，剪切力达到一定程度，能使主链断裂形成自由基。例如，天然橡胶用甲基丙烯酸甲酯溶胀，然后挤出，由机械作用形成自由基，该自由基引发单体，结果形成异戊二烯和甲基丙烯酸甲酯的嵌段共聚物。将两种均聚物混合在一起滚炼时，也能生成嵌段共聚物。

5. 特殊引发剂法

采用如下双功能引发剂，可获嵌段共聚物。

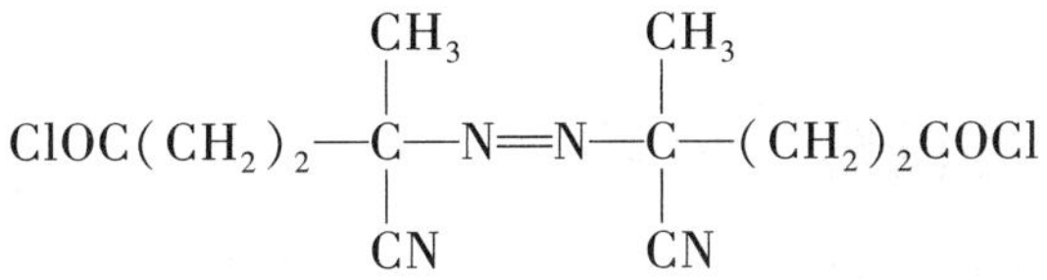

此化合物有偶氮部分又有活性官能团。因此，可通过自由基聚合和缩聚反应，形成加聚物和缩聚物组成的嵌段共聚物。

四、扩链反应

分子量不高(如几千)的聚合物，通过适当方法，使几个大分子连接在一起，而增大分子量的过程称为扩链。

先合成端基有反应能力的低聚物(端基预聚物)，由于活性基团居于分子链两端，像两只爪子一样，所以又称遥爪预聚物。端基预聚物之间或与其他带有功能团的预聚物或低分子进行反应，即可扩链。

端基预聚物及其扩链反应有以下几类：

(1) 异氰酸酯类。该聚合物易与水、二元醇、二元胺、二元酸、氨基醇和硫化氢等带有活泼氢的化合物反应而扩链。例如：

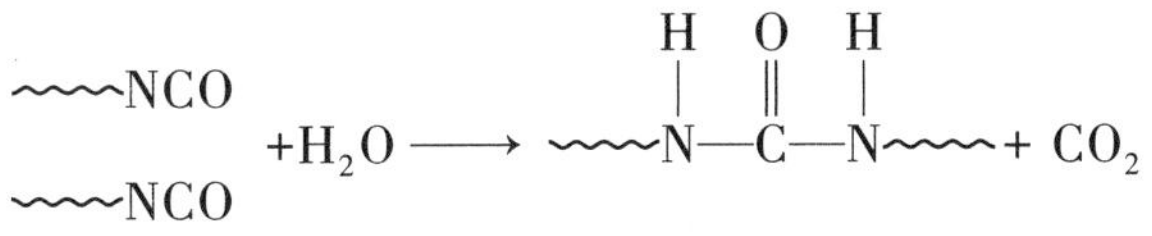
(8-23)

异氰酸酯类端基聚合物与多功能基化合物反应，则交联为体型结构大分子。

(2) 环氧类。此聚合物易与伯胺、仲胺、酰胺、羧酸和醇类反应而扩链。例如：

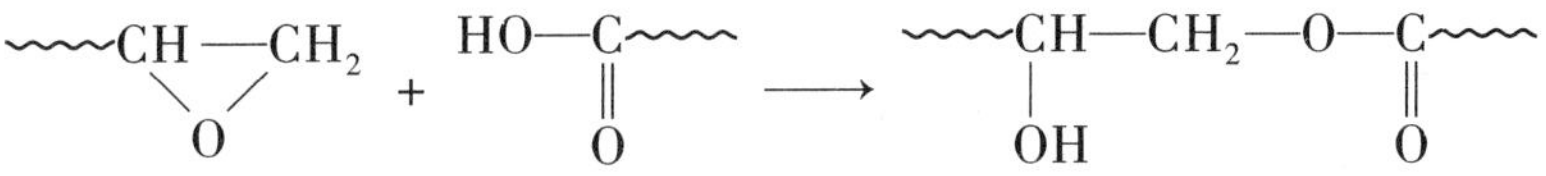
(8-24)

产物中的羟基还能进一步与环氧基反应而醚化。

(3) 巯基类。金属过氧化物、有机过氧化物、环氧化物和异氰酸酯等，均可与巯基类端基聚合物反应而扩链，例如：

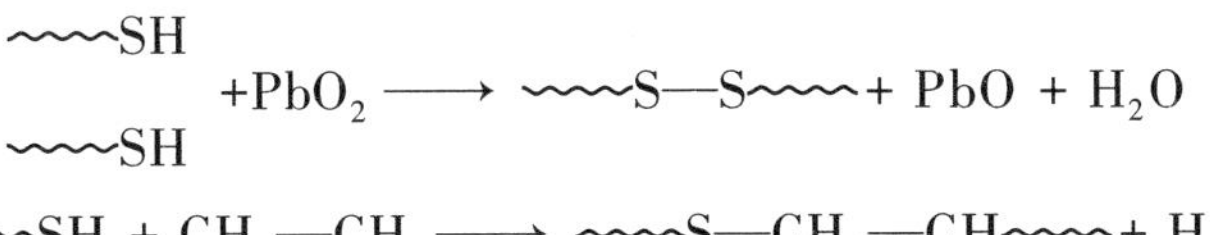
(8-25)

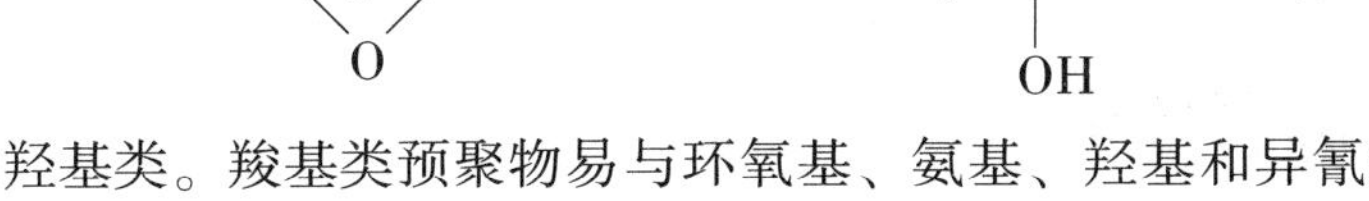
(8-26)

(4) 羧基类和羟基类。羧基类预聚物易与环氧基、氨基、羟基和异氰酸酯基化合物反应而扩链；羟基类预聚物易与羧基、环氧基和异氰酸酯化合物反应而扩链。

利用自由基聚合、阴离子聚合、缩聚反应等，都能得到反应性的端基预聚物。

第四节　功能高分子

一、功能高分子的概念与分类

功能高分子是高分子领域中发展最快的分支之一。功能高分子是指具有传递、转换或储存物质、能量或信息的高分子。其结构特征是聚合物上带有特殊官能团，其中聚合物部分起着载体的作用，不参与化学反应；基团承担物理功能、化学功能或生物功能的作用。按功能的不同，功能高分子分为三大类，每一大类又分为若干小类，如表 8-1 所示。

本节则要介绍化学功能高分子、物理功能及生物功能高分子。

表 8-1　功能高分子(材料)的分类

功能特性		种类	应用领域
化学功能	反应性	高分子试剂	化学化工科研及生产
	催化	催化剂、固定化酶	化工、医药、食品
	离子交换	离子交换树脂、交换膜	分离、提纯、水处理
	吸附	吸附树脂、絮凝剂	分离、环保、水处理
	螯合	螯合树脂	环保、稀贵金属提纯
物理功能	光化学	光敏树脂	精细加工、印刷
	光传导	塑料光纤	通信、显示、医疗器械
	偏光	高分子液晶	显示
	光色	发光、光变色高分子	显示、记录
	光电	光电导、光变色高分子	照相、光电池
	导电	高分子半导体、导体、超导体	电极、电池、电路材料
	导磁	光磁、磁性高分子	记录、存储
	热电	热电高分子	显示、测量、传感器
	声电	声音换能高分子	音响设备
	力电	压电、压敏高分子	传感器
	热光	热释光塑料	测量、显示
	热变形	形状记忆高分子	医疗、玩具
生物功能	机体功能	医用高分子	人工脏器、外科材料
	药理	高分子药物	医疗、计划生育
	仿生	仿生高分子	生物医学、遗传工程

二、化学功能高分子

化学功能高分子是发展最早和应用最广泛的功能高分子材料。具有某种特殊化学行为和功用是化学功能高分子的基本特征。除离子交换树脂和高分子试剂外，习惯上将那些虽然不具有特殊化学行为，但却主要以物质的化学成分分离为应用目的的高分子材料，如吸附树脂和高分子分离膜等，也归于化学功能高分子。

（一）离子交换树脂

离子交换树脂是一类带有可以离解和进行离子交换的官能团，不溶于一般酸碱溶液和各种有机溶剂，也不熔融的交联高分子粒状物质，一般为直径 0.3～1.2mm 的球形珠粒。每一粒树脂都是由交联成三维空间网状结构的高分子基体（骨架）和连接在基体上的可离解官能团所组成。在一定的条件下（一般是在水中），这些连接在骨架上的官能团进行离解，并按一定的规律与外界的离子进行交换反应。树脂骨架的交联网状结构的作用是使树脂不溶不熔，有一定机械强度，为交换反应的相关离子提供扩散通道。

1. 分类

离子交换树脂种类较多，分类方法也不很统一。根据树脂所带可交换官能团的酸碱特性，通常可分为四类：

（1）强酸性阳离子交换树脂，通常的功能基团是磺酸基（$—SO_3H$）。

（2）弱酸性阳离子交换树脂，功能基团多为羧基（—COOH）或磷酸基（$—PO_3H_2$）。

（3）强碱性阴离子交换树脂，官能团一般为季铵［$—N^+(CH_3)_3OH$ 或 $—N^+(CH_3)_2C_2H_4OH$］。

（4）弱碱性阴离子交换树脂，官能团为$—NH_2$、—NHR 或$—NR_2$。

另外，还有同时含有酸性和碱性官能团的两性离子交换树脂，含有螯合型官能团［如$—N(CH_2COOH)_2$］的螯合型离子交换树脂和含有可进行电子交换官能团的氧化还原型离子交换树脂等。

另一种分类方法是按照树脂的物理结构特征，将其分为凝胶型、大孔型和载体型三类：

（1）凝胶型离子交换树脂。其外观为均匀透明的均相珠粒，在使用介质中凝胶型树脂骨架可变动的链间距，为交换基团（离子）的扩散提供了通道。这些通道在树脂处于干态时便消失。

（2）大孔型离子交换树脂。外观为不透明的非均相珠粒。这类树脂在制造过程中采用特殊的工艺，珠粒内部拥有许多直径从数纳米到上千纳米，不仅彼此相通而且也与外界相通的毛细孔道，甚至在干态时也可检测这种毛细孔道的存在。

（3）载体型离子交换树脂。这是一种用在特殊场合，如作为高速液相色谱固定相的特殊离子交换树脂。由于一般离子交换树脂的骨架难以承受柱内可能高达 2MPa 的压力，所以采用高强度非活性材料（如玻璃微球）作为载体，在其表面覆盖一层厚度适当的离子交换膜即成。

2. 合成方法

离子交换树脂的合成方法主要有两种。一种是将烯类单体和交联剂悬浮共聚合制得球形珠粒，再通过反应引入官能团。这是现代离子交换树脂的主要合成方法。另一种是将具有官能团的低分子化合物通过缩聚反应制得，或者再通过官能团反应引入别的官能团。

（1）共聚珠粒——树脂骨架的合成。目前大都采用聚苯乙烯-二乙烯基苯（DVB）共聚物作为母体，而它可以很方便地在苯环上进行各种功能基反应，从而制成各种类型的离子交换树脂。

（2）官能团反应——交换基团的引入。用单体交联剂制成的共聚物珠粒来制备各种离子交换树脂的化学反应，实际上是将某些特定的、成熟的有机化学反应应用到交联的高分子聚合物的非均相反应。由于具有三维网状结构的交联共聚物珠粒不溶于一般溶剂和反应试剂，所以解决反应物分子在共聚物珠粒内部的扩散问题，是所有技术问题的关键。通常情况下，加入适当的溶剂使共聚物珠粒充分溶胀有利于反应物分子的扩散，有利于交换基团的引入。

①磺化反应——强酸性阳离子交换树脂的合成。苯乙烯-二乙烯基苯共聚物珠粒，在适量二氯乙烷存在下，与5~8倍质量的浓硫酸或发烟硫酸、氯磺酸，在80~120℃下反应8~10h，即得到强酸性磺酸型阳离子交换树脂。

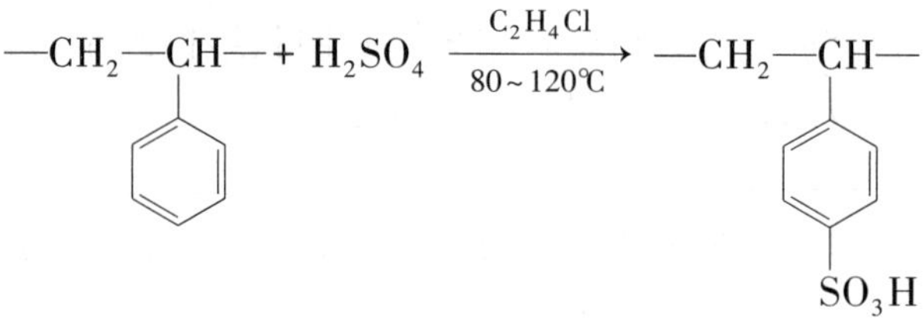

(8-27)

②氯甲基化和胺化反应——阴离子交换树脂的合成。在苯乙烯-二乙烯基苯共聚物珠粒骨架的苯环上引入氯甲基的反应，是合成阴离子交换树脂最重要的化学反应。苯环上引入具有高度化学反应性的氯甲基以后，不仅可以合成各种碱性阴离子交换树脂，而且也可以合成其他类型的树脂如螯合树脂、氧化还原树脂等。

在交联聚苯乙烯的氯甲基化反应中常用的氯甲基化剂是氯甲基甲醚(简称氯甲醚)。通常将其过量以兼作共聚物珠粒的溶胀剂，常用的催化剂为无水氯化锌，有时也用无水三氯化铝或无水三氯化铁。总的反应式为：

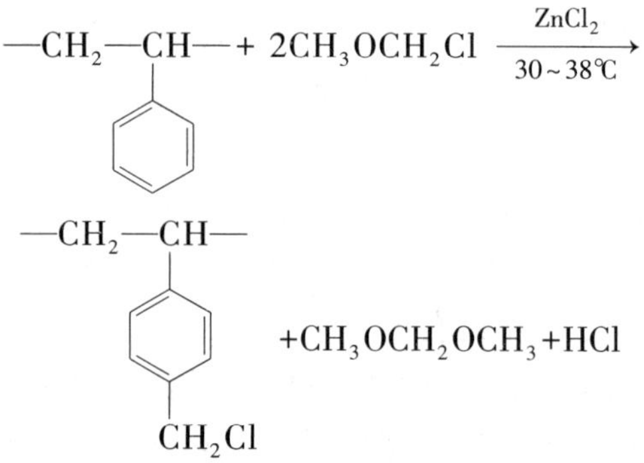

(8-28)

氯甲基化交联聚苯乙烯珠粒(俗称氯球)与各种有机胺进行胺化反应，可制得不同类型的阴离子交换树脂。如强碱Ⅰ型阴离子交换树脂的合成，见式(8-29)。

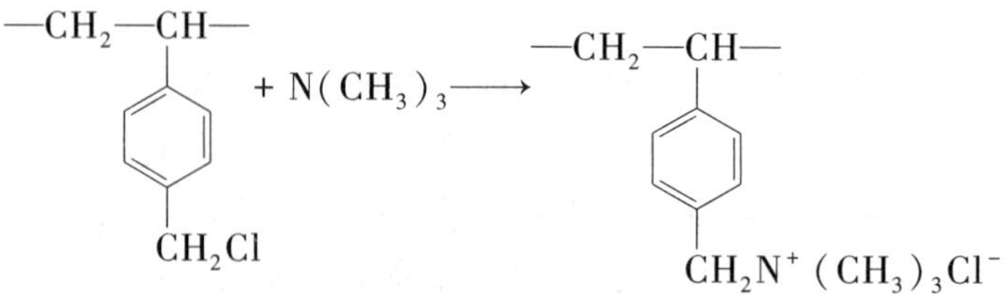

(8-29)

如果以六亚甲基四胺、甲胺、二甲胺作胺化剂，便可制得各种类型的弱碱性阴离子交换树脂。如果用 $NH(CH_2COOH)_2$ 作胺化剂，则制得氨基羧酸型螯合树脂。

如把丙烯酸酯-二乙烯基苯共聚物珠粒在甲醇中充分溶胀，然后加入一定量的NaOH水溶液，加热水解，可制得弱酸性阴离子交换树脂。

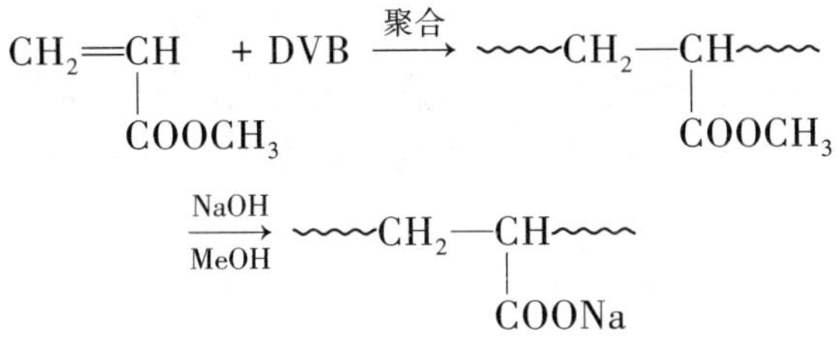

（8-30）

以上简要介绍了最为主要的各种离子交换树脂的合成方法。目前，除了最为普遍的苯乙烯和丙烯酸系离子交换树脂外，尚有少量的酚醛系、环氧系、乙烯基吡啶系和氯乙烯系离子交换树脂产品。

（二）高分子分离膜

高分子分离膜是一种具有特殊传质功能的高分子材料。由于膜分离技术具有简便、高效和成本低等优点，已发展成一门新兴的学科，并在许多领域取得重大成果。当前气体分离膜、电池用隔膜和仿生传质膜是研究开发的重点。

1. 分类

高分子分离膜对某种物质有特殊选择性透过能力，被分离物质的透过则需要在某种外力如重力、机械压力或电场力的作用下实现。其分类可从不同的角度进行。

（1）按膜的结构和功能进行分类，可分为微孔膜、离子交换膜和溶剂扩散膜三类。

①微孔膜。采用特殊工艺如高能辐射等，在高分子薄膜上穿刺大量均匀分布的细微孔洞而成。这类膜实质上就是孔洞极小的“筛子”，主要用于分离非电解质物质。

②离子交换膜。在高分子薄膜中引入特殊离子交换基团，从而使其能对电荷离子具有选择性的吸引或排斥能力。

③溶剂扩散膜。在高分子薄膜内吸附一定低溶解度的萃取剂，则可使其对有机物质具有再分配选择透过性能。

（2）按成膜材料结构分类，有均质膜、非均质膜、复合膜和离子交换膜等。均质膜是由结构均匀的成膜聚合物制成的分离膜。非均质膜是在均质膜中填充（嵌入）不连续的第二种组分制成的分离膜。复合膜是由两种不同的均质膜贴合在一起组成。

（3）按分离过程分类，有扩散透析膜、渗析膜（浓差膜）、电渗析膜（电位差膜）、超细过滤膜、反透析膜（液压差膜）、气体分离膜（气压差膜）、液膜等。

（4）按膜的外观形态分类，有平板膜、螺旋膜、管式膜、褶状膜、卷式膜和中空纤维膜。卷式膜和中空纤维膜已得到广泛的应用。

2. 分离膜的材料种类

分离膜除要求聚合物有较好的成膜性能外，还要求聚合物成膜后强度、韧性和抗折性都有较好的性能。下面几种高分子材料被广泛用于制作分离膜，如纤维素酯类，烯烃均聚物或共聚物，聚砜、聚碳酸酯等特种缩聚物，全氟羧酸或全氟磺酸共聚物，高分子电解质等。它们分别可用作反渗透膜、反透析膜、超过滤膜及电渗析膜等。

（三）反应性高分子

反应性高分子也叫高分子试剂，是各类高分子化了的化学试剂的总称。在化学反应中使用高分子试剂，能够使反应产物的分离操作大为简化，而且有时由于空间特殊的协同作用，可使反应顺利进行。

下面以采用高分子过氧酸使烯烃环氧化为例，来说明高分子试剂的应用情况。

氯甲基化的聚苯乙烯在二甲基亚砜中用碳酸氢钾处理，形成醛的衍生物，进一步氧化即成高分子过氧酸。

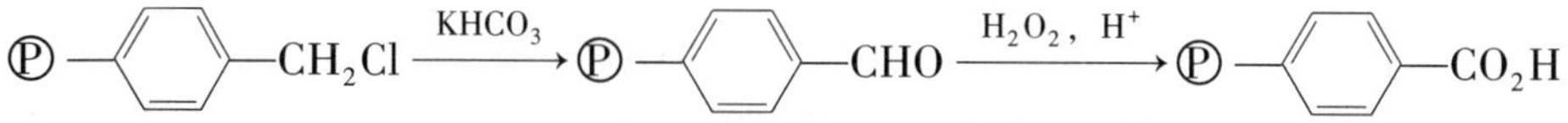

(8-31)

式中　Ⓟ——聚合物母体。

高分子过氧酸使烯烃环氧化的流程，示意如式(8-32)。

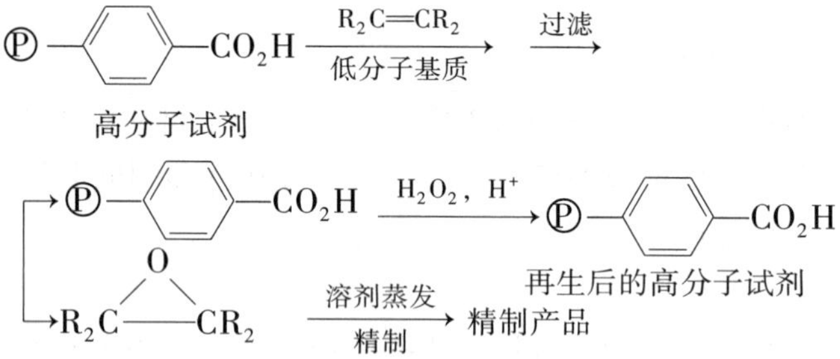

(8-32)

高分子试剂(过氧酸)与低分子基质(烯烃)进行反应，经常还加有低分子物的溶剂，反应后必须过滤，但由于是高分子试剂，所以分离比较方便。

高分子试剂可以用于许多合成反应，如氧化、还原、卤化、酰化、亲核取代、肽的合成等。

三、物理功能高分子

物理功能高分子是指对某种物理作用如光、电、磁、声、热、力等敏感，或能够将一种物理过程转变为另一过程的特殊高分子。物理功能高分子除少数已进入实用阶段外，大多数仍处于研究中。

(一)光活性高分子

光活性高分子也称为感光性高分子。它们在光的作用下，可以发光、显色、可逆变色、双折射或发生化学反应等。因此，可将这类聚合物用作光显示、记录、传导、转换材料，或者对别的材料进行精细的光蚀加工。

在特定波长光的作用下，感光性高分子上的光活性官能团，能发生分子内或分子间化学组成和结构的变化，或发生物理结构的改变，这类聚合物有时也叫感光树脂或光敏树脂。

光敏树脂已在印刷、微电子等工业部门获得广泛的使用，如光刻胶是微电子器件中精细图像加工的关键性材料。

感光性高分子所发生的物理化学变化大致可分为光分解型、光交联型、光致变色型三类。

1. 光分解型高分子

低分子的邻重氮氧化萘在紫外光照射下，可发生分解和分子内的重排反应，重排产物可水解为羧酸而溶于稀碱溶液中。

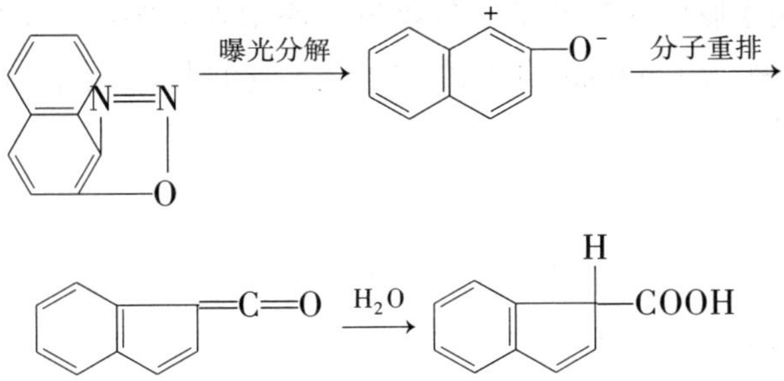

(8-33)

通过酚醛树脂的酯化反应，可以把这种含感光基的低分子引入高分子内，而感光基仍具有感光性质，从而制得光分解型的感光性高分子。

2. 光致变色高分子

在高分子侧基上引入可逆变色基团，得到光致变色性高分子。它在某种波长的光照下可以由一种颜色变成另一种颜色，而在另一波长的光照下又可引起颜色的可逆变化，如式(8-34)。这种遇到不同波长的光而产生的可逆变色，是由于吸收光谱的变化而引起的，实质上是分子结构发生变化的结果。

$$\mathrm{A} \underset{\triangle,\ h\nu}{\overset{h\nu}{\rightleftharpoons}} \mathrm{B} \qquad (8-34)$$

无色(a 色)　　有色(b 色)

3. 光交联型高分子

由聚乙烯醇与肉桂酰氯反应，可得聚乙烯醇肉桂酸酯。它是典型的光交联型感光树脂，是一种非常出色的抗蚀剂。在光照下双键打开，发生光二聚反应生成不溶性的交联产物，反应如下：

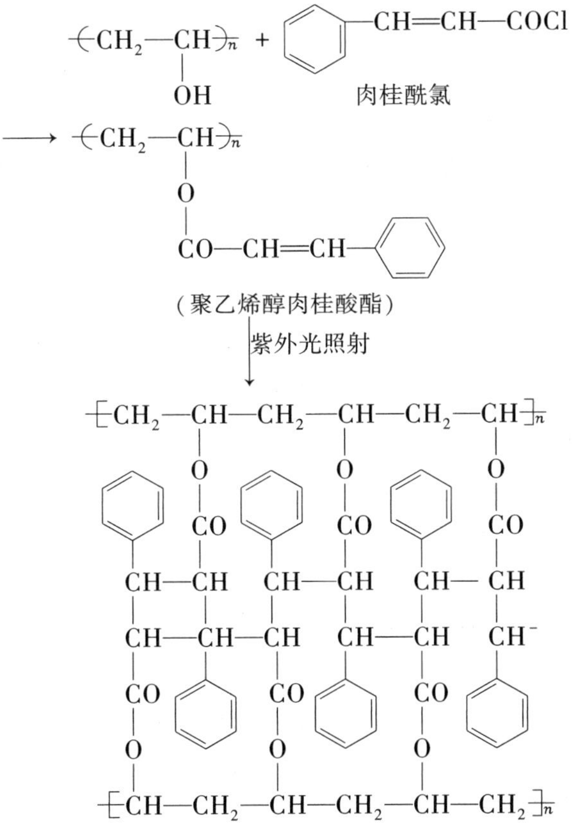

(8-35)

这个反应被广泛用于胶印制版技术，只要将交联型聚合物浓溶液涂覆在塑料软片上，放上待印稿件的照相底片，用 300nm 附近的紫外光(或波长略长于 300nm)照射，底片则被感光。

(二)导电性高分子

随着电子和信息技术的发展，导电性高分子材料的研究受到越来越广泛的重视。导电性高分子材料分复合型和本征型两大类。

1. 复合型导电性高分子

复合型导电性高分子材料系不具导电性的聚合物与金属、石墨等导电材料的复合物。按照聚合物种类又分为导电塑料、导电橡胶、导电胶黏剂、导电涂料等。其中聚合物使其有力学性能，金属或石墨等则使材料具有导电性。

如透明导电塑料薄膜，系以透明的聚酯薄膜为基底，薄膜上覆有一层极薄的金属层。这种导电薄膜可代替易碎的导电玻璃，应用于液晶显示、电致发光、电磁屏蔽等领域。

2. 本征型导电性高分子

与复合型不同，本征型导电高分子无需充填导电物，其自身的导电率就与无机半导体或金属导体的导电率接近。

科学家们发现，不导电的聚乙炔、聚苯撑、聚苯硫醚、聚吡咯和聚噻吩等，掺入微量碘、溴或五氟化砷等杂质后，能获得导电性。

由于聚乙炔等本征型导电聚合物，存在稳定性差，不溶于一般溶剂和难以加工等缺点，目前尚未广泛应用。

据报道，日美联合研究出一种导电性极好的新型本征型导电聚合物——聚异硫茚(PITN)。这种聚合物不必掺杂即有普通导电聚合物 $10^4 \sim 10^5$ 倍的导电率，稳定性较好，且易于加工成型。由于异硫茚单体极不稳定，工业规模的聚合还存在很大困难。

四、生物功能高分子

医用高分子材料及高分子药物都属于生物功能高分子。

有机硅材料、聚氨酯橡胶均可作为医用高分子材料。有机硅具有生理惰性、生物体适应性、抗凝血性好、耐生物老化、无毒、无味、耐高压蒸汽消毒等一系列优点。硅橡胶可制作各种导管、人工肺、人工心脏瓣膜、整形材料、牙科材料、人工关节、肌腱、人工骨、计划生育器材等。

聚氨酯橡胶具有较高的机械强度，在较宽的温度范围内具有较好的弹性，以及耐磨、耐油、耐低温、耐臭氧、耐辐射等优良性能。聚氨酯材料可用于制造人造心脏。

其他像氟树脂、聚乙烯、聚丙烯、聚乙烯醇和醋酸纤维素等也可作医用高分子。

将药物共价结合或络合在聚合物上，或将带有药效基团的单体聚合，可合成得到高分子药物，一般要求药物长效化和聚合物载体低毒化。选择适当的聚合物和药物，可按要求设计出合适的溶解度、扩散速度和活性的高分子药物，还有可能设计出能在特定部位发生药效的，或将两种或多种药物接在聚合物上的高分子药物。

第五节　聚合物的降解

聚合物降解是高分子链在机械力、热、超声波、光、氧、水、化学药品、微生物等作用下，发生解聚、无规断链及低分子物脱除等反应，降解可使聚合物分子量变小。某些场合可利用降解来达到某些目的，如天然橡胶硫化成型前的塑炼；废聚合物解聚回收单体；纤维素水解制葡萄糖等。聚合物在使用过程中，由于物理化学因素的影响，发生老化，性能变坏，主要是由于降解反应，同时伴有交联反应而造成的。因此，研究聚合物降解有助于人们掌握其老化规律，由此可提出有效防老措施，以延长聚合物的使用寿命，另外，对降解机理的研究有利于降解反应的应用。

一、热降解

聚合物对热不稳定，加热时会引起降解（degradation），热降解主要有解聚、无规断链、侧基脱除三类。

1. 解聚

聚合物解聚反应发生在末端链节上，使链节逐个脱落，脱除少量单体后，短期内残留聚合物的分子量变化不大。解聚反应按连锁机理进行，可以认为是链增长的逆反应，在聚合上限温度以上尤其容易进行。

如聚甲基丙烯酸甲酯的热解聚：

$$\sim\sim CH_2-\underset{\underset{COOCH_3}{|}}{\overset{\overset{CH_3}{|}}{C}}-CH_2-\underset{\underset{COOCH_3}{|}}{\overset{\overset{CH_3}{|}}{C}}\cdot \longrightarrow \sim\sim CH_2-\underset{\underset{COOCH_3}{|}}{\overset{\overset{CH_3}{|}}{C}}\cdot + CH_2=\underset{\underset{COOCH_3}{|}}{\overset{\overset{CH_3}{|}}{C}} \tag{8-36}$$

在270℃以上，聚甲基丙烯酸甲酯即有机玻璃可以全部解聚成单体，温度较高时，伴有无规断链。利用此原理，可处理废有机玻璃，回收单体。

除聚甲基丙烯酸甲酯以外，α-甲基苯乙烯和聚异丁烯都属这类，这类聚合物的聚合热和聚合上限温度一般都较低。

2. 无规断链

高分子链的断裂没有固定点，其主要产物是低分子量聚合物，所以分子量迅速下降，但单体收率很少。如聚乙烯的热降解反应：

$$\sim\sim CH_2-CH_2\sim\sim \longrightarrow \sim\sim CH=CH_2 + CH_3-CH_2\sim\sim \tag{8-37}$$

不少聚合物热降解时，既有解聚反应，又有无规断链反应，聚苯乙烯就是一个例子。

3. 取代基的脱除

聚氯乙烯、聚醋酸乙烯酯、聚丙烯腈、聚氟乙烯等受热时，取代基可脱除。

如聚氯乙烯须在 180~200℃下加工成型，但在较低的温度(如 100~120℃)下，即开始脱除氯化氢；在 200℃下氯化氢很快脱除，而使聚合物变成深色，强度变低，总反应可表达如下：

$$\sim\sim CH_2-\underset{\underset{Cl}{|}}{CH}-CH_2-\underset{\underset{Cl}{|}}{CH}\sim\sim \longrightarrow$$

$$\sim\sim CH{=}CH-CH{=}CH\sim\sim + 2HCl \qquad (8-38)$$

脱下的氯化氢对脱氯化氢有催化作用。

研究热降解的方法有热重分析法、恒温加热和差热分析法三种。

热重分析是将一定量的聚合物放置在热天平上，由室温开始，以一定的速率升温，记录失重随温度的变化，以重量的减少对温度作图，得到热失重曲线，由该曲线可研究聚合物的热稳定性或热分解情况。

图 8-1 是一些聚合物的热失重曲线，图中 1、2、3 属解聚，8、9、10 为取代基的脱除。

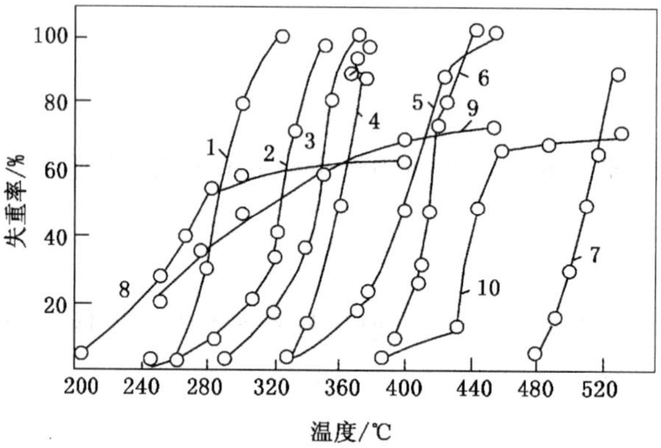

图 8-1　聚合物的热失重-温度曲线

1—聚 α-甲基苯乙烯；2—聚甲基丙烯酸甲酯；3—聚异丁烯；4—聚苯乙烯；5—聚丁二烯；6—聚甲醛；7—聚四氟乙烯；8—聚氯乙烯；9—聚丙烯腈；10—聚偏二氯乙烯

恒温加热法也是使用热天平进行的热重量分析的一种方法。它是将聚合物于恒温真空下加热 40~45min，用质量减少 50%时的温度作为半寿命温度 T_h 来评价热稳定性。表 8-2 即是用这种方法测定的 T_h，一般 T_h 越高，热稳定性越好。

表 8-2　聚合物的热分解特性

聚合物	T_h/℃	单体产率/%	活化能/kJ·mol^{-1}
聚甲基丙烯酸甲酯	238	91.4	125
聚 α-甲基苯乙烯	287	100	230
聚异戊二烯	323	—	—
聚异丁烯	348	18.1	202
聚苯乙烯	364	40.6	230
聚丙烯	387	0.17	243
支链聚乙烯	404	0.03	263
聚丁二烯	407	—	—
聚四氟乙烯	509	96.6	333

差热分析方法是研究物质在升温过程中产生的热焓 ΔH 的变化。它用来研究聚合物玻璃

化转变、结晶化、熔解、氧化、热分解等特性，是研究聚合物热老化强有力的手段。

近年来已普遍采用热重分析和差热分析联用的方法，在同一样品上同时作出热失重曲线和差热分析曲线。

二、机械降解

用机械力研磨、撞击、挤拉和强烈搅拌或超声波作用时，都会造成高分子链断裂。

聚合物降解时，分子量随时间的延长而降低，但到某一定数值时，不再降低，见图 8-2。聚苯乙烯这一数值为 0.7 万，聚氯乙烯为 0.4 万，聚甲基丙烯酸甲酯为 0.9 万，聚醋酸乙烯酯为 1.1 万。超声波降解，也有类似情况。

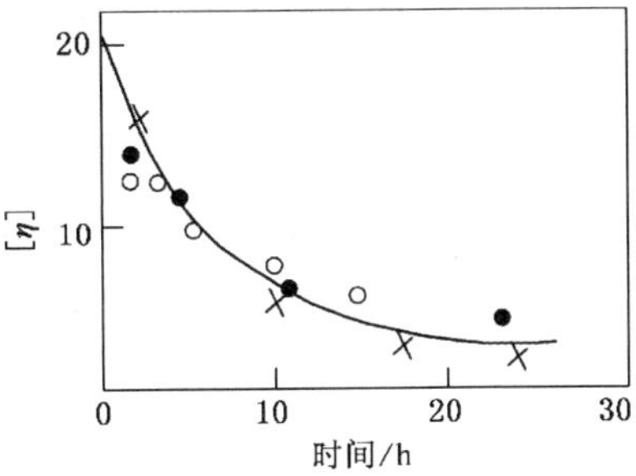

图 8-2　聚苯乙烯的特性黏度与研磨时间的关系

×—20℃；○—40℃；●—60℃

由图 8-2 可看出，在 20~60℃范围内机械降解时，[η] 随时间的变化落在同一曲线上，表明机械降解速率基本上不受温度影响，机械降解活化能为零。

天然橡胶的塑炼是常见的机械降解的例子。经过塑炼的天然橡胶分子量降低，塑性增加，加工性能明显改善。

机械降解属自由基机理，采用电子自旋共振(ESR)技术可以检测出自由基。在无氧情况下，聚合物在机械降解时形成的自由基可以双基歧化终止(形成不饱和端基)，也可发生链转移；当两种聚合物共同塑炼时，也可偶合终止而形成嵌段共聚物。

三、氧化降解

聚合物加工、使用时，曝露于空气中，都会与氧发生氧化作用，在分子链上形成过氧基团及含氧基团，从而引起分子链的裂解及交联，使聚合物黏度、强度和硬度发生显著变化。据研究表明，氧化降解属于自由基连锁反应机理，聚合物氧化过程中形成的氢过氧化物，对反应有自动催化作用。其反应机理可分为引发、传递、终止三步反应。

引发　聚合物+O_2 ⟶ ROO· (8-39)

传递　ROO· +R′H $\xrightarrow{慢}$ ROOH+R′·

R′· +O_2 $\xrightarrow{快}$ R′OO· (8-40)

终止　2R· ⟶分子间发生交联反应或歧化反应生成不饱和键 (8-41)

R· +ROO· ⟶ROOR(生成高分子过氧化物) (8-42)

2ROO· ⟶生成醇、醛、酮、羧酸、CO_2 等化合物 (8-43)

氧化降解反应与聚合物的分子结构有关，反应多发生在分子链的双键、羟基、叔碳原子等基团或原子上，生成氧化物或过氧化物，其进一步促使主链断裂，加速氧化。

根据实验结果，对聚合物结构与耐氧化性的关系，可归纳如下：

(1) 饱和聚合物的耐氧化性比含不饱和键的二烯类聚合物好；

(2) 线型聚合物比支链型聚合物较耐氧化；

(3) 结晶聚合物在其熔点以下时，比非晶聚合物耐氧化；

(4) 聚合物经交联可使耐氧化性提高。

热、光和臭氧的存在都会使氧化降解加速进行。为了降低聚烯烃的氧化速率，可以加入称为抗氧剂的物质(AH)。如聚丙烯的光氧(或热氧)降解是很明显的，若不加抗氧剂则无法进行加工。加入抗氧剂后，它能与过氧自由基迅速反应，形成不活泼的自由基 A·。

$$ROO\cdot + AH \xrightarrow{\text{极快}} ROOH + A\cdot \tag{8-44}$$

典型的抗氧剂是一些位阻较大的酚类、芳胺等。

四、化学降解和生化降解

化学降解就是聚合物在化学试剂作用下降解的过程。研究得最广泛的化学降解是水参与的聚合物降解反应。

聚乙烯、聚丙烯及其他乙烯类聚合物，除了在热氧、机械作用下的降解外，一般对化学试剂比较稳定，对水也比较稳定。而聚酯、聚酰胺、聚缩醛、聚甲醛等碳杂链聚合物，由于分子链上有 $-\overset{\overset{\displaystyle O}{\|}}{C}-O-$ 、 $-\overset{\overset{\displaystyle O}{\|}}{C}-NH-$ 、—O—等弱键，对化学试剂就不太稳定，容易发生化学降解。所以当这些杂链聚合物含水量不高，且在室温时，这些水分能起一定的增塑和降低刚性等作用；而一旦温度较高，且环境相对湿度较大时，就发生水解使聚合度降低，该过程为无规裂解过程。所以，聚碳酸酯、聚酯等在加工前，必须干燥除水，以免降解。

聚合物的化学降解也有其有利的一面，有些聚合物正由于容易降解而有其使用价值。如聚乳酸$\left[O-HC(CH_3)-CO \right]_n$，极易水解，若制成外科缝合线，在伤口愈合后，不必拆线，它可经体内水分水解成乳酸，参与正常代谢循环而排出体外。又如纤维素酸性水解可成葡萄糖；废涤纶树脂加过量乙二醇可醇解成对苯二甲酸乙二醇酯，这些都是聚合物易化学降解而被利用的实例。

温湿气候有利于微生物酶对天然及某些合成聚合物的作用。例如化纤厂油剂往往因微生物酶的发酵而变质。人们往往在某些聚合物中，加入某些酚类和铜、汞或锡等的有机化合物，来防止生化降解。天然橡胶经交联，纤维素经乙酰化后，可增强其抗生化降解的能力。

第六节 聚合物的老化

聚合物或其制品在加工、储存及使用过程中，物理化学性质及力学性能逐步变坏，这种现象称老化。橡胶的发黏、变硬或龟裂，塑料制品的变脆、破裂都是典型的老化现象。

导致老化的物理因素是热、光、电、机械应力等；化学因素是氧、酸、碱、水以及生物霉菌的侵袭。实际上，老化是上述各因素的综合作用的结果。

一、光氧老化

光氧老化是指在光和氧同时作用下所引起的老化。

太阳光对聚合物分子链有一定的影响，特别是其中紫外线可使分子链断裂，但由于射到地面上的紫外线不多，因而聚合物分子链多数不发生降解，只呈激发态，但是若存在氧，情况就不同。如前述的氧化降解反应，由于被激发了的 C—H 键与氧作用，容易把氢拉出来，故更易形成氢过氧化物，加速自动氧化过程。所以，聚合物若在氮气或真空中，光老化速度就很慢。

长期置于室外的聚乙烯薄膜，由于光氧化作用可使其韧性、抗张强度等急剧下降，以致最后完全破裂。在光氧老化过程中，结构上的改变主要是分子链断裂和交联；组成上的改变是形成羰基、羧基、羟基等含氧基团。图 8-3 表示聚乙烯用 313nm 紫外光照射的光氧老化试验中，各基团生成量与曝露时间的关系。

防止和延缓聚合物光氧老化最常用的方法，是在聚合物中添加光稳定剂。常用的光稳定剂有以下三种：

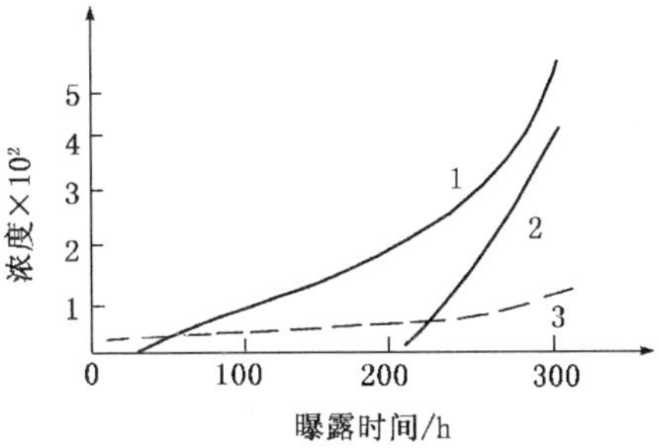

图 8-3　聚乙烯的光氧化降解产物

1—羰基；2—羟基；3—乙烯基

（1）光屏蔽剂。能反射紫外光，防止紫外光透射入聚合物内部，减少光激发效应。如粒度为 15～25nm 的炭黑是有效的光屏蔽剂，橡胶中的炭黑，不仅有补强作用，还可与含硫抗氧剂产生协同作用，防止橡胶光氧老化。但炭黑不宜与芳胺及酚类抗氧剂一起使用，因为这两者有对抗作用。又如聚乙烯的铝粉涂层也是光屏蔽剂。

（2）紫外光吸收剂。这类光稳定剂能透过可见光，并吸收、消散引起聚合物降解的紫外线辐射能。最常用的有邻羟基二苯甲酮类、水杨酸酯类化合物，例如：

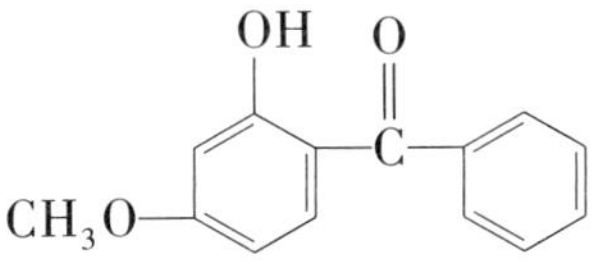

2-羟基-4-甲氧基-二苯甲酮

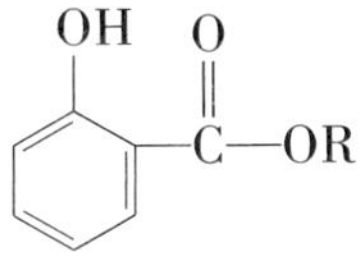

水杨酸酯

（3）淬灭剂。通过淬灭剂的作用，可转移掉被激发的聚合物分子的能量，使聚合物分子回复到原来的稳定状态。淬灭剂主要有二价镍的有机螯合物。

目前，光稳定剂已经成为塑料、合成纤维、橡胶制品及涂料的不可缺少的助剂。

光氧老化也有可利用的一个方面，如在聚乙烯分子链上引入光敏基团——羰基，使它能在短时期内发生光氧老化而碎裂，用这种聚乙烯制成的农用薄膜，最终可被土壤微生物分解，可解决环境污染问题。

二、热氧老化

聚合物的热氧老化是热和氧综合作用的结果，热的作用是加速了氧化，而氧化物的分解导致了主链断裂的自动氧化过程。聚合物的氧化速率与其本身结构有关。现在可合成抗热氧老化性能优良的聚合物，但成本较高或加工困难而未能广泛应用。

聚合物也可以通过化学改性来增强其抗热氧老化性能，但目前大多数聚合物仍是通过加入抗氧剂来降低热氧老化的速率。

抗氧剂按作用机理，可分为链终止剂（主抗氧剂）和过氧化物分解剂（辅助抗氧剂）。

链终止剂的功能是夺走聚合物氧化过程中产生的链自由基 $ROO^{\cdot}$，使自动氧化的连锁反

应终止。这种链终止剂可分为三种类型:

(1) 氢原子给予体。由于氢原子的活泼性,可与自由基反应,生成大分子氢过氧化物和稳定的自由基,而终止连锁反应。常用的有芳仲胺和位阻酚类,与自由基的反应如下:

$$ArOH+ROO^{\cdot} \longrightarrow ROOH+ArO^{\cdot} \quad (8-45)$$

$$Ar_2NH+ROO^{\cdot} \longrightarrow ROOH+Ar_2N^{\cdot} \quad (8-46)$$

(2) 自由基捕捉剂。它能与自由基反应,形成不再引发氧化反应的产物。

如 ArOH、Ar_2NH 在氢原子转移后,可生成自由基 $ArO^{\cdot}$、$Ar_2N^{\cdot}$,它们仍有捕捉自由基的能力,见式(8-47)、式(8-48)。

$$ArO^{\cdot}+ROO^{\cdot} \longrightarrow ROOOAr \quad (8-47)$$

$$Ar_2O^{\cdot}+ROO^{\cdot} \longrightarrow Ar_2NOOR \quad (8-48)$$

所以芳香仲胺与位阻大的酚类化合物是较好的热氧稳定剂。

炭黑含有酚羟基,能捕捉自由基,所以炭黑也是一种有效的氧化抑制剂。

(3) 电子给予体。如叔胺类化合物与自由基 $ROO^{\cdot}$ 相遇,由于电子转移,可使自由基终止。

过氧化物分解剂(辅助抗氧剂)的功能是及时与高分子过氧化物反应,生成稳定的化合物,阻止链的发展,抑制自动氧化的发生。硫醇、硫醚、亚磷酸酯等均属此列。

硫醇抗氧机理:

$$ROO^{\cdot}+R'SH \longrightarrow ROOH+R'S^{\cdot} \quad (8-49)$$

$$R'S^{\cdot}+ROO^{\cdot} \longrightarrow \text{稳定产物} \quad (8-50)$$

三、高能辐射老化

在高能辐射如 α、β、γ、X 射线等作用下,高聚物的结构会发生巨大变化,产生自由基或离子化,从而高聚物主链断裂,侧基脱除或互相交联,其物理状态及力学性能受到很大影响,发生老化。

聚合物在辐射作用下的老化,决定于分子链结构。若高分子链中 α 位置上的碳有氢,如 $\leftarrow\!\!\!\!(CH_2—CHX)\!\!\!\!\rightarrow_n$ 结构,则此聚合物经辐射后交联占优势。如聚乙烯、聚丙烯、聚苯乙烯、聚氯乙烯、聚丙烯等属于这类聚合物。若 α 位置上的碳原子无氢原子,如 $\leftarrow\!\!\!\!(CH_2—CRX)\!\!\!\!\rightarrow_n$ 的结构,则聚合物发生辐射降解。如聚四氟乙烯、聚 α-甲基苯乙烯、聚甲基丙烯酸甲酯等。

随着原子能工业和航天事业的发展,要求高分子材料不仅能耐高温,有高的比强度和比模量,同时也要求高分子必须具有耐高能辐射的性能。因此,研究聚合物在高能辐射下的防老化,是极其重要的。

除了以上采用防老剂的方法外,还可通过对聚合物改性,改变高聚物的大分子链结构或聚集态结构,来达到使高聚物防老化的目的,其方法有如下几种。

(1) 采用共聚、共混或交联的办法,对聚合物改性。

(2) 主链上引入芳环、杂环结构。

(3) 提高聚合物的立构规整性,一般立构规整度大的高聚物防老化能力大于无规高聚物。

(4) 在主链上引入硼、硅、磷等杂原子。

(5) 用极性取代基代替非极性取代基。一般取代基极性大,数量多,聚合物就相对稳定,如聚四氟乙烯的稳定性就比聚三氟乙烯高。

习　　题

1. 试述聚合物化学反应的特点。
2. 从单体醋酸乙烯酯到维尼纶，须经过哪些反应？写出反应式。
3. 写出强酸型聚苯乙烯阳离子交换树脂的合成和交换反应的反应式。
4. 有哪些方法可获得接枝聚合物和嵌段聚合物？举例说明。
5. 试述聚合物交联反应的应用。
6. 解释：几率效应、邻基效应、降解、老化、扩链、解聚。
7. 聚甲基丙烯酸甲酯、聚苯乙烯、聚乙烯、聚氯乙烯四种聚合物热降解的特点和差异有哪些？
8. 聚碳酸酯、聚酯等杂链聚合物在成型加工(或纺丝)前都要进行干燥除水，为什么？
9. 什么叫功能高分子？试述功能高分子的范围和分类。
10. 聚合物老化的原因有哪些？
11. 聚乳酸$\left[\!-OCHCH_3CO-\right]_n$为什么可以作为医用手术线，并且伤口痊愈后不用拆除？

本章小结

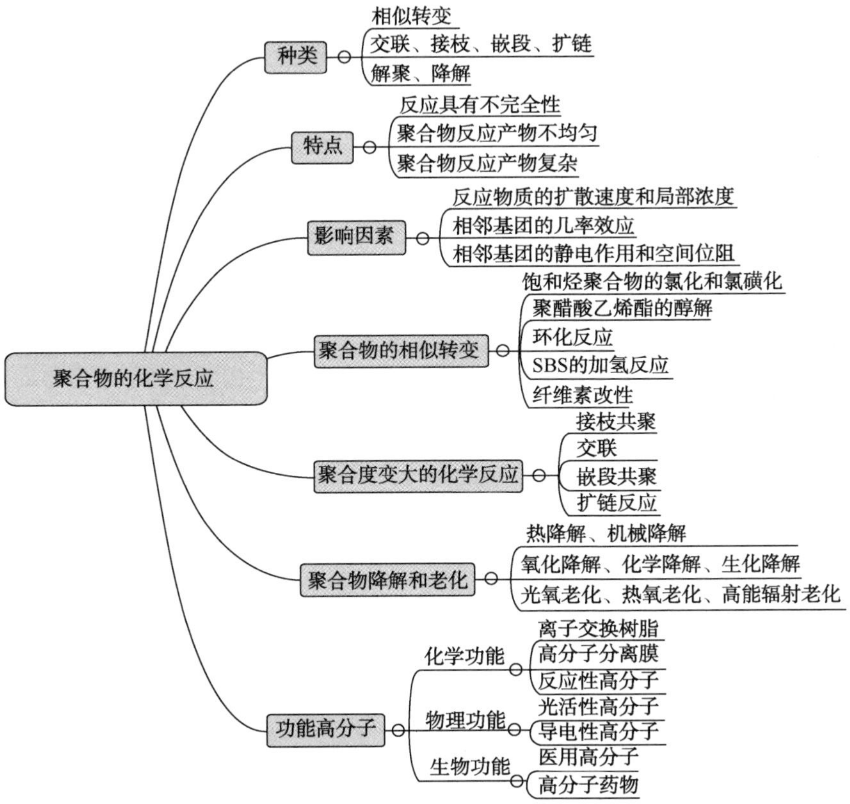

参考文献

[1] 潘祖仁．高分子化学(第5版)．北京：化学工业出版社，2014.
[2] 复旦大学高分子科学系．高分子化学．上海：复旦大学出版社，1995.
[3] 冯新德．高分子合成化学(上册)．北京：科学出版社，1981.
[4] 焦书科等．高分子化学．北京：纺织工业出版社，1983.
[5] 韩哲文，杨全兴．高分子化学．上海：华东理工大学出版社，1994.
[6] 林尚安，陆耕，梁北熙．高分子化学．北京：科学出版社，1982.
[7] 李群，王槐三．高分子化学．四川：成都科技大学出版社，1991.
[8] 卢江，梁辉．高分子化学．北京：化学工业出版社，2005.
[9] 焦书科，孙以实．高分子化学习题及解答．北京：清华大学出版社，1990.
[10] 潘祖仁，于在璋．自由基聚合．北京：化学工业出版社，1983.
[11] 应圣康，郭少华．离子型聚合．北京：化学工业出版社，1988.
[12] 应圣康，余丰年．共聚合原理．北京：化学工业出版社，1984.
[13] 林尚安，于同隐，杨士林，焦书科．配位聚合．上海：上海科学技术出版社，1988.
[14] Geoge Odian. Principles of Polymerization. 2nd ed. NewYork：John Wiley & Sons，Inc.，2004.
[15] Flory P L. Principles of Polymer Chemistry. New York：Cornell University Press，1953.
[16] Ham G E. Copolymerization. New York：John Wiley & Sons Inc.，1964.